普通高等学校“十四五”公共课程系列教材

概率论与数理统计

（第二版）

周　钢　王　玲　熊恺平◎主编

中国铁道出版社有限公司
CHINA RAILWAY PUBLISHING HOUSE CO., LTD.

内 容 简 介

本书根据教育部高等学校大学数学课程教学指导委员会的要求，结合应用型本科的实际需要编写，并根据近年来高中数学教学的实际情况，与高中数学相关内容紧密衔接，优化内容结构、强化软件应用、突出 Python 应用，旨在培养学生解决专业领域中复杂工程问题的统计分析能力和信息技术应用能力。

全书共 9 章。第 1～5 章是概率论部分，内容包括随机事件与概率、离散型随机变量、连续型随机变量、多维随机变量及其分布、大数定律和中心极限定理；第 6～9 章是数理统计部分，内容包括数理统计基础知识、参数估计、假设检验、回归分析与方差分析。每章末均附有习题，书后附有习题的参考答案。

本书适合作为应用型本科院校工学、经济学、管理学类专业概率论与数理统计课程教材，也可作为有关工程技术人员的参考书。

图书在版编目（CIP）数据

概率论与数理统计 / 周钢，王玲，熊恺平主编. 2 版. -- 北京 ：中国铁道出版社有限公司，2025. 5.
（普通高等学校“十四五”公共课程系列教材）. -- ISBN 978-7-113-32142-0

Ⅰ. O21

中国国家版本馆 CIP 数据核字第 2025TF0204 号

书　　名： 概率论与数理统计

作　　者： 周　钢　王　玲　熊恺平

策　　划： 潘星泉　　**编辑部电话：**（010）51873090

责任编辑： 潘星泉　徐盼欣

封面设计： 刘　颖

责任校对： 苗　丹

责任印制： 赵星辰

出版发行： 中国铁道出版社有限公司（100054，北京市西城区右安门西街 8 号）

网　　址： https://www.tdpress.com/51eds

印　　刷： 天津嘉恒印务有限公司

版　　次： 2015 年 12 月第 1 版　2025 年 5 月第 2 版　2025 年 5 月第 1 次印刷

开　　本： 710 mm×1 000 mm 1/16　**印张：** 14.75　**字数：** 302 千

书　　号： ISBN 978-7-113-32142-0

定　　价： 48.00 元

前　　言

当今世界,人工智能(artificial intelligence,AI)正在迅速而深刻地改变着人们的生活,重塑着各个行业。人工智能的主流算法是深度学习,其中的贝叶斯决策就来自概率论。而深度学习中的一个重要应用就是预测,如预测图中是否存在一只狗,预测浏览网页的客户是否会买某件商品,等等,这是一个二元问题。二元问题的近似分布就是概率中的二项分布。同时,数理统计也是人工智能中数据处理和模型分析的重要基础。因此,修订再版朱泰英、周钢主编的《概率论与数理统计》教材以适应时代发展需要显得尤为重要。

本书第二版考虑了概率论与数理统计内容对人工智能学习和应用的支撑作用,借鉴了其他概率论与数理统计教材的优点,做到了结构条理清楚、内容简明扼要、应用结合软件,注重与高中新课标数学内容的衔接。鉴于现在学生在高中已学过概率的定义、条件概率、贝叶斯公式、离散型随机变量的概念和相关分布等内容,本书在内容安排上进行了重构,同时融入课程思政,特别强调了统计思维的培养。

全书分为9章。第1~5章是概率论部分,内容包括随机事件与概率、离散型随机变量、连续型随机变量、多维随机变量及其分布、大数定律和中心极限定理;第6~9章是数理统计部分,内容包括数理统计基础知识、参数估计、假设检验、回归分析与方差分析。

本书适合作为应用型本科院校工学、经济学、管理学类专业概率论与数理统计课程教材,也可作为有关工程技术人员的参考书。

本书由周钢、王玲、熊恺平任主编,并承担全书的统稿工作。各章编写分工如下:第1、5、6章由王玲编写;第2~4章由周钢编写;第7~9章由熊恺平编写。

本书的修订再版得到了上海电机学院教务处的支持,在此表示衷心的感谢。

由于编者水平有限,书中难免存在不妥及疏漏之处,恳请读者提出宝贵意见,以便以后改进。

编　者

2024年12月

目　录

第1章 随机事件与概率

概率论与数理统计是一门研究客观世界随机现象规律性的数学学科，在自然科学及社会科学等领域具有广泛的应用.本章重点介绍的随机事件及其概率是概率论中两个最基本的概念，主要包括随机试验、随机事件及其概率与性质、古典概型与几何概型、条件概率与全概率公式等计算概率的基本模型方法.

§1.1 随机事件

1.1.1 随机试验

在客观世界中经常遇到各种各样的现象，这些现象一般可以分为两大类：一类为必然现象（或称确定性现象）；另一类为随机现象（或称不确定性现象）.

所谓**必然现象**，是指在一定条件下必然会发生或必然不会发生的现象.这种现象不受随机因素的影响，其发生是可以准确预测和确定的.例如，地球的自转导致了昼夜的交替；标准大气压下纯水加热到100 ℃必然会沸腾；同性电荷必然相互排斥；平面上任意三角形两边之和必然大于第三边；等等.

所谓**随机现象**，是指在一定条件下有多种可能的结果，但事前无法确切地预知究竟会出现哪一种结果的现象.例如，抛掷一枚均匀的硬币，可能正面朝上也可能反面朝上，但在每次抛掷之前无法预知哪一面朝上；从一批产品中任取一件产品，这个产品可能是正品也可能是次品，但在抽取之前无法预知其是正品还是次品；对于股票市场的涨跌，影响股票市场的因素非常多，包括经济状况、政策变化、公司业绩等，这些因素的变化都可能导致股票价格的波动；对于天气的变化，无法准确预测明天的天气会是晴天、雨天、雪天还是风暴，即使目前气象学家通过复杂的数学模型和观测数据来预测，也只能给出一个概率性的预测，而不能百分之百确定；等等.

虽然随机现象个别观测结果具有偶然性，但是人们通过长期实践并深入研究之后，发现这类现象在大量重复试验或观察下，其结果呈现出某种统计规律性.例如，历史上曾有人观察过抛掷硬币的结果，多次重复抛掷一枚均匀硬币，正面和反面出现的次数大致相同，几乎各占抛掷次数的一半.这种随机现象所呈现出的规律性称为随机现象的**统计规律性**，概率论正是研究和应用随机现象统计规律性的一门数学学科.要研究随机现象的统计规律性，就必须对其作一定次数的观察和实验.

对在相同条件下可以重复的随机现象的观察、记录、实验称为**随机试验**，简称**试**

验,记作 E.随机试验有以下三个特点:

(1)**可重复性**:试验可以在相同的条件下重复进行;

(2)**所有结果的确定性**:每次试验的结果不止一个,试验前可以预知所有可能的结果;

(3)**一次试验结果的随机性**:每次试验前无法预知会出现哪一个结果.

要注意的是,也有很多随机现象不可重复,如某日高速公路的车流量;本学期概率论与数理统计课程的期末平均成绩. 概率论与数理统计主要研究大量能重复的随机现象,但也十分注意研究不能重复的随机现象.

例 1.1.1 几个随机实验示例.

(1)E_1:抛掷一枚均匀硬币,观察正面 H、反面 T 出现的情况;

(2)E_2:抛掷一枚均匀的骰子,观察出现的点数;

(3)E_3:将一枚硬币连抛两次,观察正面 H 出现的次数;

(4)E_4:在一批电子产品中任取一只,测试其寿命;

(5)E_5:记录某城市 120 急救台在一段时间内接到的求救呼唤次数.

1.1.2 随机事件

对于随机试验,虽然在每次试验之前不能确定出现的试验结果,但试验的一切可能结果都是已知的,我们把在随机试验中每一个可能出现的结果称为该随机试验的一个**样本点**,记为 ω.全体样本点组成的集合称为该随机试验的**样本空间**,记为 Ω(或 S),即 $\Omega=\{\omega_1,\omega_2,\cdots,\omega_n\}$.

例 1.1.2 写出例 1.1.1 中随机试验的样本空间.

解 (1)$E_1:\Omega_1=\{\mathrm{H},\mathrm{T}\}$;

(2)$E_2:\Omega_2=\{1,2,3,4,5,6\}$;

(3)$E_3:\Omega_3=\{0,1,2\}$;

(4)$E_4:\Omega_4=\{t\mid t\geqslant 0\}$(这里 t 是指电子产品的寿命,单位为 h);

(5)$E_5:\Omega_5=\{0,1,2,\cdots\}$.

注意:(1)样本空间的元素可以是数,也可以不是数.

(2)从样本空间包含的样本点个数来区分,可将样本空间分为有限和无限两类.如 $\Omega_1,\Omega_2,\Omega_3$ 中的样本点个数为有限个,Ω_4,Ω_5 中的样本点个数为无限个. 但由于 Ω_5 中的样本点可与自然数集建立一一映射,因此称 Ω_5 中样本点个数为**可列**(**或可数**)**无限个**. Ω_4 中样本点个数为**不可列无限个**. 在后续的数学处理中,常常将样本点个数为有限个或可列无限个的情况归为一类,称为**离散样本空间**,而将样本点个数为无限不可列个的情况归为一类,称为**连续样本空间**. 这两类样本空间有着本质上的差异.

在随机试验中,人们常常关心其中某一事件是否出现.例如,明天某只股票是否能涨停;下期的彩票能否中大奖;今晚某位老师的答疑是否排队等待;等等.在随机试验中可能发生也可能不发生的事件称为**随机事件**，简称**事件**，一般用 A,B,C 等大写字母表示事件.

在理解随机事件概念时，注意以下几点：

(1)随机事件就是随机试验 E 的样本空间 Ω 的某个子集.在例 1.1.2 的 E_2 中，样本空间 $\Omega_2=\{1,2,3,4,5,6\}$，记事件 $A=\{$出现偶数点$\}$，事件 A 是一个可能发生也可能不发生的随机事件，也可以表示为 $A=\{2,4,6\}$，A 是 Ω_2 的一个子集.因此从集合的角度看，随机事件可以看成样本空间的子集.

(2)若设 A 为一个事件，当且仅当试验中出现的样本点 $\omega\in A$ 时，称事件 A 在该次试验中发生.在例 1.1.2 的 E_2 中，若事件 $A=\{$出现偶数点$\}$，那么意味着结果无论是"出现 2 点""出现 4 点"还是"出现 6 点"，则事件 A 都发生.若结果"出现 3 点"，则事件 A 不发生.在例 1.1.2 的 E_4 中，若测试出产品寿命 $t=1\ 000$ h，则事件 $A=\{t\mid t>900\}$ 在该次试验中发生；若测试出产品寿命 $t=600$ h，则在该次试验中事件 A 没有发生.

(3)把仅由一个样本点组成的单点集称为**基本事件**.在每次试验中总是发生的事件称为**必然事件**.样本空间 Ω 包含了试验所有可能的结果，每次试验中它总是发生，所以它是必然事件.在每次试验中都不可能发生的事件称为**不可能事件**，记作 $\varnothing$.它是样本空间的一个空集.

例 1.1.3　在例 1.1.2 中 E_2 的样本空间 $\Omega_2=\{1,2,3,4,5,6\}$，试验结果"出现 1 点""出现偶数点""点数不大于 4"等都是随机事件；"出现 1 点""出现 2 点"……"出现 6 点"都是基本事件；"点数不大于 6"是必然事件；"点数大于 6"是不可能事件.

1.1.3　随机事件之间的关系与运算

在一个随机试验中许多随机事件之间都是相互关联的，概率论的主要任务之一就是通过较简单事件的规律去掌握复杂事件的规律，为此有必要研究随机事件间的关系与运算.由于任何随机事件都是样本空间的子集，因此，随机事件的关系和运算与集合之间的关系和运算相同，可以按照集合论的方法来定义随机事件之间的关系和运算.

设 Ω 是试验 E 的样本空间，$A,B,C,A_k(k=1,2,\cdots)$ 是 E 中的随机事件.

1. 包含关系

若事件 A 发生必然导致事件 B 发生，则称事件 B **包含**事件 A，或事件 A **包含于**事件 B，记作 $A\subset B$，或 $B\supset A$，如图 1.1 所示. 在例 1.1.1 的 E_4 中，事件 $A=\{$电子产品寿命不超过 600 h$\}$ 的发生必然导致事件 $B=\{$电子产品寿命不超过 800 h$\}$ 的发生，故 $A\subset B$.

对任一事件 A，一定有 $\varnothing\subset A\subset\Omega$.

2. 相等关系

若事件 A 发生必然导致事件 B 发生，且事件 B 发生必然导致事件 A 发生($A\subset B$

且 $B \subset A$),则称事件 A 与事件 B 是**相等**的,记作 $A=B$.

3. 互不相容关系

若事件 A 发生时事件 B 一定不发生,且事件 B 发生时事件 A 一定不发生,即事件 A 与事件 B 不能同时发生,则称事件 A 与事件 B **互不相容**(或**互斥**).显然,若事件 A 与事件 B 互不相容,则 $A \cap B=\varnothing$,如图 1.2 所示.例如,对任一个随机试验 E,其基本事件是两两互不相容的.

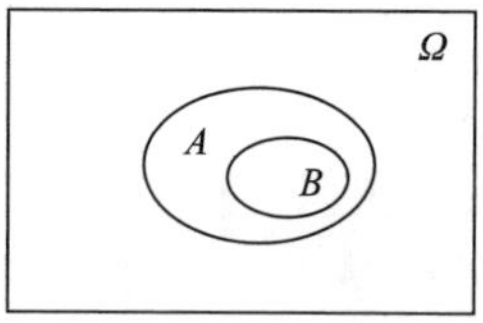

图 1.1

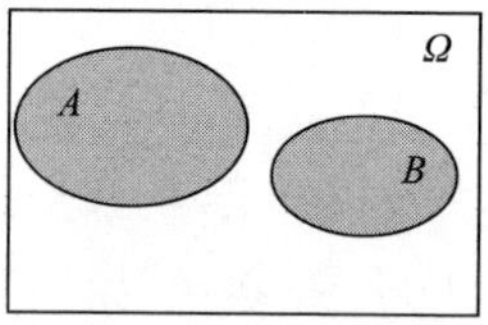

图 1.2

一般地,若 n 个事件 $A_1,A_2,\cdots,A_n$ 两两满足 $A_iA_j=\varnothing(i \neq j;i,j=1,2,\cdots,n)$,则称事件 $A_1,A_2,\cdots,A_n$ 是**两两互不相容**的.

4. 事件的和(或并)

事件 A 与事件 B 中至少有一个发生的事件,称为事件 A 与事件 B 的**和**(**或并**),记作 $A \cup B$.显然事件 $A \cup B$ 发生表示事件 A 发生或者事件 B 发生,如图 1.3 所示.在例 1.1.1 的 E_2 中,记事件 $A=\{$出现偶数点$\}$,事件 $B=\{$出现奇数点$\}$,则 $A \cup B=\Omega_2=\{1,2,3,4,5,6\}$.

一般地,称 $\bigcup\limits_{k=1}^{n} A_k=\{A_1,A_2,\cdots,A_n$ 中至少有一个发生$\}$ 为 n 个事件 $A_1,A_2,\cdots,A_n$ 的和事件;称 $\bigcup\limits_{k=1}^{\infty} A_k=\{A_1,A_2,\cdots$ 至少一个发生$\}$ 为可列个事件 $A_1,A_2,\cdots,A_n,\cdots$的和事件.

5. 事件的积(或交)

事件 A 与事件 B 同时发生的事件,称为事件 A 与事件 B 的**积**(**或交**),记作 $A \cap B$,或者 AB.显然事件 AB 发生表示事件 A 发生与事件 B 同时发生,如图 1.4 所示.在例 1.1.1 的 E_2 中,记事件 $C=\{$点数小于 5$\}$,事件 $B=\{$出现奇数点$\}$,则 $AB=\{1,3\}$.

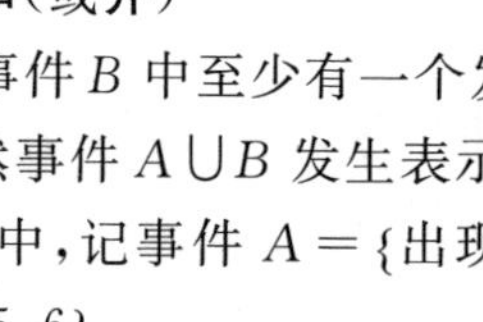

图 1.3

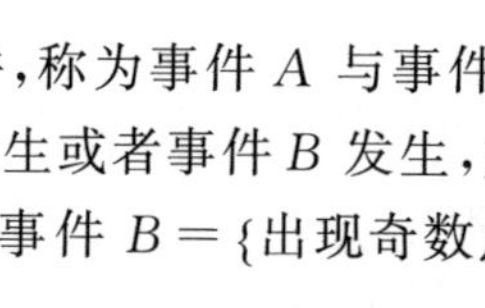

图 1.4

一般地,称 $\bigcap\limits_{k=1}^{n} A_k=\{A_1,A_2,\cdots,A_n$ 都发生$\}$ 为 n 个事件 $A_1,A_2,\cdots,A_n$ 的积事件;称 $\bigcap\limits_{k=1}^{\infty} A_k=\{A_1,A_2,\cdots$ 都发生$\}$ 为可列个事件 $A_1,A_2,\cdots,A_n,\cdots$的积事件.

6. 事件的差

事件 A 发生而事件 B 不能发生的事件，称为事件 A 与事件 B 的差，记作 $A-B$，如图 1.5 所示. 显然 $A-B=A-AB$. 例如，在例 1.1.1 的 E_2 中，若记事件 $A=\{$出现偶数点$\}$，事件 $D=\{2,4\}$，则 $A-D=\{6\}$.

7. 事件的逆与对立关系

若事件 A 与事件 B 必有一个发生，且仅有一个发生，则称事件 B 为事件 A 的**对立事件**（**或逆事件**），记作 $B=\overline{A}$，如图 1.6 所示. 事实上，事件 A 与事件 B 互为对立事件，即若 $B=\overline{A}$，则 $A=\overline{B}$. 显然，若事件 A 与事件 B 互斥，则有 $A\cup B=\Omega$，$AB=\varnothing$.

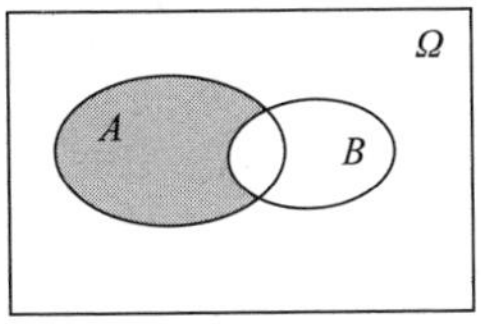

图　1.5

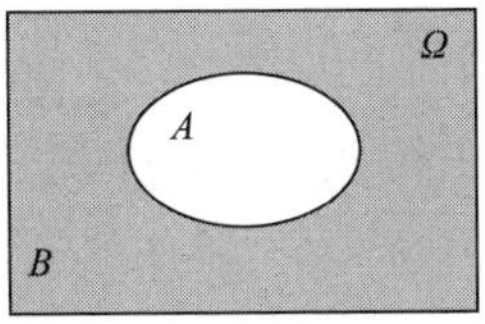

图　1.6

注意：(1) 按照事件的差与对立事件的定义，显然有 $A-B=A\overline{B}=A-AB$.

(2) 由对立事件与互不相容事件定义知，对立事件必为互不相容事件，反之不然. 例如，在例 1.1.1 的 E_2 中，若记 $A=\{$出现偶数点$\}$，$B=\{3,5\}$，则事件 A 与事件 B 是互不相容事件，但它们不是对立事件.

与集合论中集合的运算性质一样，随机事件之间的运算满足下述运算规律：

设 $A,B,C,A_k(k=1,2,\cdots)$ 为随机事件，则：

(1) **交换律**：$A\cup B=B\cup A$，$A\cap B=B\cap A$；

(2) **结合律**：$(A\cup B)\cup C=A\cup(B\cup C)$，$(A\cap B)\cap C=A\cap(B\cap C)$；

(3) **分配律**：$(A\cup B)\cap C=(A\cap C)\cup(B\cap C)$，$(A\cap B)\cup C=(A\cup C)\cap(B\cup C)$；

(4) **对偶律（德 · 摩根定律）**：$\overline{A\cup B}=\overline{A}\cap\overline{B}$，$\overline{A\cap B}=\overline{A}\cup\overline{B}$.

一般地，对 n 个事件 $A_i(i=1,2,\cdots,n)$ 或者可列个事件 $A_i(i=1,2,\cdots)$，也有类似的结果，即有

$$\overline{\bigcup_{i=1}^{n}A}=\bigcap_{i=1}^{n}\overline{A}_i,\quad \overline{\bigcup_{i=1}^{\infty}A}=\bigcap_{i=1}^{\infty}\overline{A}_i,$$

$$\overline{\bigcap_{i=1}^{n}A}=\bigcup_{i=1}^{n}\overline{A}_i,\quad \overline{\bigcap_{i=1}^{\infty}A}=\bigcup_{i=1}^{\infty}\overline{A}_i.$$

有了事件之间的关系与运算，可以通过一些简单的事件来表示一些相关的复杂的事件，这对后续计算随机事件的概率起着重要的作用.

例 1.1.4　设 A,B,C 表示三个随机事件，试将下列事件用 A,B,C 的运算关系式表示出来.

(1) A 与 B 发生，而 C 不发生；

(2) A 发生，B,C 都不发生；

(3)A 发生,且 B 与 C 至少有一个发生;

(4)A,B,C 中恰有一个发生;

(5)A,B,C 中至少有两个发生;

(6)A,B,C 中至多有两个发生;

(7)A,B,C 中不多于一个发生.

解 分别用 $A_i(i=1,2,3,4,5,6)$ 表示(1)、(2)、(3)、(4)中所给出的事件.

(1)事件"A 与 B 发生,而 C 不发生"$=AB\overline{C}$;

(2)事件"A 发生,B,C 都不发生"$=A\overline{B}\,\overline{C}$;

(3)事件"A 发生,且 B 与 C 至少有一个发生"$=A(B\cup C)$;

(4)事件"A,B,C 中恰有一个发生"$=A\overline{B}\,\overline{C}\cup\overline{A}B\overline{C}\cup\overline{A}\,\overline{B}C$;

(5)事件"A,B,C 中至少有两个发生"$=AB\cup BC\cup AC$;

(6)事件"A,B,C 中至多有两个发生"$=\overline{ABC}$;

(7)事件"A,B,C 中不多于一个发生"$=\overline{AB\cup BC\cup AC}$

或$\overline{A}\,\overline{B}\,\overline{C}\cup A\overline{B}\,\overline{C}\cup\overline{A}B\overline{C}\cup\overline{A}\,\overline{B}C$.

§1.2 概率的概念与性质

随机事件在一次随机试验中是否发生,事先是无法确定的,有的事件发生的可能性大,有的事件发生可能性小,而每一个随机事件发生的可能性大小是由事件自身所确定的客观属性,是可以进行度量的,概率就是用定量描述随机事件发生可能性大小的一种度量.

概率的定义以及求概率的方法是概率论中的一个重要话题.概率论发展的过程中,对概率的定义的探索一直延续了 3 个多世纪,曾有过概率的古典定义、概率的几何定义、概率的统计定义和概率的主观定义.这些定义各适合一类随机现象. 那么,怎么给出适合一切随机现象概率的最一般定义呢? 1900 年,德国数学家希尔伯特(Hilbert,1862—1943)公开提出建立概率的公理化体系,即从最少的几条本质特性出发去刻画概率的概念. 1933 年,苏联数学家柯尔莫哥洛夫(Kolmogorov,1903—1987)在《概率论基本概念》一书中首次提出概率的公理化定义,这个定义既概括了历史上几种概率定义中的共同特性,又避免了各自的局限性和不明确性.不管什么随机现象,只有满足该定义中的三条公理,才能说它是概率. 这一公理化体系很快获得举世公认,是概率论发展史上的一个重要里程碑.有了这个公理化定义后,近代概率论得到了迅速发展.

1.2.1 频率

定义 1.2.1 设在相同条件下,进行 n 次试验,如果事件 A 在 n 次重复试验中发生了 n_A 次,则称比值$\frac{n_A}{n}$为事件 A 发生的**频率**,记为 $f_n(A)$,即 $f_n(A)=\frac{n_A}{n}$.

由频率定义知，它具有下述基本性质：

(1)$0\leqslant f_n(A)\leqslant 1$(非负性)；

(2)$f_n(\Omega)=1$(规范性)；

(3)若 $A_1,A_2,\cdots,A_k$ 是一组两两互不相容的事件，则 $f_n(\bigcup\limits_{i=1}^{k} A_i)=\sum\limits_{i=1}^{k} f_n(A_i)$(有限可加性).

历史上有几位统计学家做过抛掷硬币的试验，表 1.1 记录了几个人的试验结果.

表　1.1

试　验　者	抛硬币次数 n	出现正面次数 n_A	频率 $f_n(A)$
德·摩根(De Morgan)	2 048	1 061	0.518 1
蒲丰(Buffon)	4 040	2 048	0.506 9
皮尔逊(Pearson)	12 000	6 019	0.501 6
皮尔逊(Pearson)	24 000	12 012	0.500 5
维纳(Wiener)	30 000	14 994	0.499 8

从表 1.1 可以看出，频率 $f_n(A)$ 随着试验次数的变化而变化，具有随机波动性，但随着试验次数 n 的增大，$f_n(A)$ 总是围绕在 0.5 附近摆动，且逐渐稳定于 0.5，这表明频率又具有稳定性.

1814 年，法国数学家拉普拉斯(Laplace，1749—1827)在《概率的哲学探讨》一书中记载了以下有趣的统计.他对伦敦、彼得堡、柏林和全法国的人口统计资料进行研究，发现女婴出生频率总是在 21/43≈0.488 4 左右波动. 可奇怪的是，当他统计 1745—1784 整整 40 年间巴黎女婴出生频率时，却得到 24/49≈0.489 8，与前者相差 0.14%. 对于这 1.4‰的微小差异，拉普拉斯感到困惑不解，他深信自然规律，他觉得这 1.4‰的后面，一定有深刻的因素.于是，他深入进行调查研究，终于发现：当时巴黎人“重女轻男”，有抛弃男婴的陋俗，以至于歪曲了出生率的真相，经过修正，巴黎的女婴出生频率依然是 0.488 4.

出生人口性别比也称婴儿性别比，正常情况下，每出生 100 个女婴，相应地出生 103～107 个男婴. 这个性别比例是人类在长期进化过程中形成的自然选择，这个比例偏高和偏低都不利于人类的繁衍和社会的稳定.

事实表明，在大量重复实验中，事件 A 事件发生的频率呈现稳定性，会逐渐稳定于某个常数，这种稳定性就是随机事件的统计规律性. 频率的稳定性表面事件 A 发生的可能性大小是可以度量的：频率稳定于较大的值时，表明事件 A 发生的可能性大，频率稳定于较小的值时，表明事件 A 发生的可能性小.因此频率的稳定值反映了事件 A 在一次试验中发生的可能性大小.

1.2.2 概率的概念

定义 1.2.2(概率的统计定义) 设在相同条件下重复进行大量试验,若事件 A 出现的频率 $f_n(A)$ 随着试验次数 n 的增大,在某一确定常数 $p(0\leqslant p\leqslant 1)$ 的附近摆动,且逐渐稳定在该常数 p,则称该常数 p 为事件 A 的**概率**(或称**概率的统计定义**),记作 $P(A)$,即 $P(A)=p$.

随机事件概率的统计定义给出了随机事件概率的近似计算方法,在很多实际应用中,当随机事件的概率不容易计算时,往往可用试验次数足够大时的频率来近似估计概率的大小,且随着试验次数的增加,精度相应越来越高.

由于概率的统计定义 $P(A)$ 是频率 $f_n(A)$ 的稳定值,因此,$P(A)$ 也同样具有非负性、规范性及有限可加性,由此可给出概率的公理化定义.

定义 1.2.3(概率的公理化定义) 设随机试验 E 的样本空间是 Ω,对于 E 中的每一事件 A 赋予一个实数,记为 $P(A)$,$P(\cdot)$ 满足下列三个公理:

公理 1(非负性) 对于任意事件 A,总有 $P(A)\geqslant 0$;

公理 2(规范性) 对于必然事件 Ω,$P(\Omega)=1$;

公理 3(可列可加性) 对于两两互不相容时间 $A_1,A_2,\cdots,A_n,\cdots$,即 $A_iA_j=\varnothing$,$i\neq j$,$i,j=1,2,\cdots$,有

$$P\left(\bigcup_{i=1}^{\infty} A_i\right)=\sum_{i=1}^{\infty} P(A_i);$$

则称 $P(A)$ 为事件 A 的**概率**(或称**概率的公理化定义**).

概率的公理化定义刻画了概率的数学本质.概率论的理论方法都是建立在概率的公理化定义基础之上的.概率的公理化定义没有给出如何去确定概率的方法.它给出了概率必须满足的三个条件,只要其中一个不满足就不能称其为概率.

1.2.3 概率的性质

由概率的公理化定义及事件之间的关系运算,可以得到概率的一些常用性质,熟悉掌握这些性质对概率的计划非常重要.

性质 1 $P(\varnothing)=0$.

证明 不妨设 $A_n=\varnothing(n=1,2,\cdots)$,则 $\bigcup\limits_{n=1}^{\infty} A_n=\varnothing$,$A_iA_j=\varnothing$,$i\neq j$,$i,j=1,2,\cdots$,由可列可加性公理可得,$P(A)\geqslant 0$,$P(\varnothing)=P(\bigcup\limits_{n=1}^{\infty} A_n)=\sum\limits_{n=1}^{\infty} P(A_n)=\sum\limits_{n=1}^{\infty} P(\varnothing)$,由非负性公理,$P(\varnothing)\geqslant 0$,以此 $P(\varnothing)=0$.

性质 2(有限可加性) 若事件 $A_1,A_2,\cdots,A_n$ 两两互不相容,即

$$A_iA_j=\varnothing,\ i\neq j,\ i,j=1,2,\cdots,n,$$

则

$$P\left(\bigcup_{i=1}^{n} A_n\right)=\sum_{i=1}^{n} P(A_i).$$

证明　在可列可加性公理中,令 $A_i=\varnothing, i=n+1,n+2,\cdots$,则

$$P(\bigcup_{i=1}^{n} A_i)=P(\bigcup_{i=1}^{\infty} A_i)=\sum_{i=1}^{\infty} P(A_i)=\sum_{i=1}^{n} P(A_i)+\sum_{i=n+1}^{\infty} P(\varnothing)=\sum_{i=1}^{n} P(A_i).$$

性质 3(逆事件的概率)　对任一事件 A,有 $P(\overline{A})=1-P(A)$.

证明　因为 $A\cup\overline{A}=\Omega, A\overline{A}=\varnothing$,所以 $1=P(\Omega)=P(A\cup\overline{A})=P(A)+P(\overline{A})$,得

$$P(\overline{A})=1-P(A).$$

性质 4　设 A,B 是任意两个事件,若 $A\subset B$,则有

$$P(B-A)=P(B)-P(A),\quad P(B)\geqslant P(A).$$

证明　由 $A\subset B$,可得 $B=A\cup(B-A)$, 且 $A(B-A)=\varnothing$,由性质 2,得

$$P(B)=P(A\cup(B-A))=P(A)+P(B-A),$$

则

$$P(B-A)=P(B)-P(A),$$

再由 $P(B-A)\geqslant 0$,可得 $P(B)\geqslant P(A)$.

推论 1　对于任意两个事件 A,B,有

$$P(B-A)=P(B)-P(AB).$$

证明　因为 $AB\subset B$,由性质 4 可得,$P(B-A)=P(B-AB)=P(B)-P(AB)$.

推论 2　对于任意事件 A,$P(A)\leqslant 1$.

证明　因为 $A\subset\Omega$,由性质 4 可得,$P(A)\leqslant P(\Omega)=1$.

性质 5(加法公式)　对于任意两个事件 A,B,有

$$P(A\cup B)=P(A)+P(B)-P(AB).$$

证明　因为 $A\cup B=A\cup(B-AB)$,且 A 和 $B-AB$ 互不相容,所以性质 1 可得

$$P(A\cup B)=P(A)+P(B-AB)=P(A)+P(B)-P(AB).$$

性质 5 可推广到有限多个事件的情形.例如,设 A_1,A_2,A_3 为任意三个事件,则有

$$P(A_1\cup A_2\cup A_3)=P(A_1)+P(A_2)+P(A_3)-P(A_1A_2)-P(A_2A_3)-P(A_1A_3)+P(A_1A_2A_3).$$

一般地,对任意 n 个事件 $A_1,A_2,\cdots,A_n$,有

$$P(\bigcup_{i=1}^{n} A_i)=\sum_{i=1}^{n} P(A_i)-\sum_{1\leqslant i<j\leqslant n} P(A_iA_j)+\sum_{1\leqslant i<j<k\leqslant n} P(A_iA_jA_k)+\cdots+(-1)^{n-1}P(A_1A_2\cdots A_n).$$

例 1.2.1　设 A,B 是两个事件,且 $P(A)=0.3,P(B)=0.5,P(AB)=0.1$,求:(1)$P(A\overline{B})$;(2)$P(A\cup B)$;(3)$P(\overline{A}\,\overline{B})$;(4)$P(\overline{AB})$.

解　(1)$P(A\overline{B})=P(A-B)=P(A-AB)=P(A)-P(AB)=0.2$;

(2)$P(A\cup B)=P(A)+P(B)-P(AB)=0.7$;

(3)$P(\overline{A}\,\overline{B})=P(\overline{A\cup B})=1-P(A\cup B)=0.3$；

(4)$P(\overline{AB})=1-P(AB)=0.9$.

1.2.4 古典概型

古典概型是概率论中最早被研究的概率模型之一，其起源可以追溯到 17 世纪. 它简单、直观，不需要做大量的重复试验，容易理解，虽然古典概型已经被更为复杂的概率模型所取代，但它仍然是概率论中最基础、最重要的概率模型之一.

定义 1.2.4 若一类随机试验满足以下两个特征：

(1)试验的样本空间只含有限个样本点，即 $S=\{\omega_1,\omega_2,\cdots,\omega_n\}$；

(2)试验中每个样本点出现的可能性相等，即 $P(\{\omega_1\})=P(\{\omega_2\})=\cdots=P(\{\omega_n\})$.

则称这类试验为**古典概型**(或**等可能概型**).

设试验 E 是古典概型，由于基本事件之间两两互不相容，因此

$$1=P(\Omega)=P\left(\bigcup_{i=1}^{n}\{\omega_i\}\right)=\sum_{i=1}^{n}P(\omega_i)=nP(\omega_i),$$

从而

$$P(\omega_i)=\frac{1}{n}\quad(i=1,2,\cdots,n).$$

若事件 A 含有 k 个基本事件，即 $A=\{\omega_{i_1}\}\cup\{\omega_{i_2}\}\cup\cdots\cup\{\omega_{i_k}\}$，这里 $i_1,i_2,\cdots,i_k$ 是 $1,2,\cdots,n$ 中某 k 个不同的数，则有

$$P(A)=\sum_{j=1}^{k}P(\{\omega_{i_j}\})=\frac{k}{n}=\frac{A\text{ 包含的样本点数}}{S\text{ 包含的样本点总数}}$$

古典概型概括了很多实际的随机现象问题，在概率论中具有很重要的作用.不难验证，古典概型满足概率公理化定义中所要求的三个性质.在运用古典概型计算事件概率的时候，经常会涉及排列和组合的相关知识.

排列与组合公式的推导都基于以下两条计数原理.

(1)加法原理.加法原理是分类计数原理.如果完成一件事共有 m 类方式，其中第一类方式有 n_1 种方法，第二类方式有 n_2 种方法，……，第 m 类方式有 n_m 种方法，无论通过哪种方法都可以完成这件事，则完成这件事总共有 $n_1+n_2+\cdots+n_m$ 种方法.

(2)乘法原理.加法原理是分步计数原理.设完成一件事共有 m 个步骤，其中第一个步骤有 n_1 种不同方法，第二个步骤有 n_2 种不同方法，……，第 m 个步骤有 n_m 种不同方法，完成该件事必须通过每一步骤才算完成，则完成这件事总共有 $n_1\times n_2\times\cdots\times n_m$ 种方法.

加法原理和乘法原理是两个基本原理，它们的区别在于一个与分类有关，另一个与分步有关. 运用以上两个原理的关键在于**分类要恰当，分步要合理**. 分类必须包括所有情况，不要交错在一起产生重复，要依据同一标准划分；而分步则应使各步依次完成，保证整个事件得到完成，不得多余、重复，也不得缺少某一个步骤.

分类计数原理、分步计数原理回答的都是有关做一件事的不同方法种数的问题．两者的区别在于：分类计数原理针对的是“分类”问题，其中各种方法相互独立，用其中任何一种方法都可以做完这件事；分步计数原理针对的是“分步”问题，各步骤中的方法相互依存，只有各个步骤都完成才算做完这件事．两个计数原理渗透了“以简驭繁、化难为易”的基本思想．

排列公式：从 n 个不同的元素中任取 $k(k\leqslant n)$ 个不同元素排成一列的排列总数为

$$\mathrm{A}_n^k=n(n-1)(n-2)\cdots(n-k+1)=\frac{n!}{(n-k)!}.$$

从 n 个不同的元素中有放回地任取 $k(k\leqslant n)$ 个元素排成一列的排列总数为 n^k．

组合公式：从 n 个不同的元素中任取 $k(k\leqslant n)$ 个不同元素并成一组的组合总数为

$$\mathrm{C}_n^k=\frac{\mathrm{A}_n^k}{k!}=\frac{n!}{(n-k)!\ k!}.$$

从 n 个不同的元素中可重复地任取 k 个不同元素并成一组的组合总数为 C_{n+k-1}^k．

规定 $\mathrm{C}_n^0=1, 0!=1$．

组合性质：$\mathrm{C}_n^k=\mathrm{C}_n^{n-k}$．

例 1.2.2　将一枚硬币抛掷三次，观察正面 H，反面 T 出现的情况．

(1)设事件 A_1 为“恰有一次出现正面”，求 $P(A_1)$；

(2)设事件 A_2 为“第一次出现正面”，求 $P(A_2)$；

(3)设事件 A_3 为“至少有一次出现正面”，求 $P(A_3)$．

解　S 中包含有限个样本点，且每个样本点出现的可能性相同，属于古典概型．

样本空间 $S=\{\mathrm{HHH},\mathrm{HHT},\mathrm{HTH},\mathrm{THH},\mathrm{HTT},\mathrm{THT},\mathrm{TTH},\mathrm{TTT}\}, n=8$．

(1)由于 $A_1=\{\mathrm{HTT},\mathrm{THT},\mathrm{TTH}\}$，所以 $P(A_1)=\frac{3}{8}$．

(2)由于 $A_1=\{\mathrm{HHH},\mathrm{HHT},\mathrm{HTH},\mathrm{HTT}\}$，所以 $P(A_2)=\frac{4}{8}=\frac{1}{2}$．

(3)由于 $A_3=\{\mathrm{HHH},\mathrm{HHT},\mathrm{HTH},\mathrm{THH},\mathrm{HTT},\mathrm{THT},\mathrm{TTH}\}$，所以 $P(A_3)=\frac{7}{8}$；

或由于 $\overline{A}_3=\{\mathrm{TTT}\}$，所以 $P(A_3)=1-P(\overline{A}_3)=1-\frac{1}{8}=\frac{7}{8}$．

例 1.2.3　设袋中装有 5 只黑球 3 只白球，现分别按下列三种不同方式抽取其中 2 只球：

(1)第一次取 1 只球不放回袋中，第二次从剩余的球中再取 1 只球(不放回抽取)；

(2)第一次取 1 只球观察其颜色后放回袋中，第二次从袋中再取 1 只球(有放回抽取)；

(3)一次性任取袋中 2 只球．

设事件 $A=$“所取 2 只球均为黑球”，求 $P(A)$．

解 (1)不放回地抽取方式是元素不可以重复的排列问题.

8 只球中不放回地抽取 2 只球的所有抽法为 $A_8^2=8\times7=56$,事件 A 包含的抽法为 $A_5^2=5\times4=20$,所以 $P(A)=\dfrac{A_5^2}{A_8^2}=\dfrac{20}{56}=\dfrac{5}{14}$.

(2)有放回地抽取方式是元素可以重复的排列问题.

8 只球中有放回地抽取 2 只球的所有抽法为 $8^2=64$,事件 A 包含的抽法为 $5^2=25$,所以 $P(A)=\dfrac{5^2}{8^2}=\dfrac{25}{64}$.

(3)一次性任取方式是组合问题.

8 只球中一次性任取 2 只球的所有抽法为 $C_8^2=28$,事件 A 包含的抽法为 $C_5^2=10$,所以 $P(A)=\dfrac{C_5^2}{C_8^2}=\dfrac{10}{28}=\dfrac{5}{14}$.

例 1.2.4 设在箱中装有 100 个产品,其中有 3 个次品,现从这箱产品中任意抽取 5 个产品:

(1)设事件 A_1 为"恰有一个次品",求 $P(A_1)$;

(2)设事件 A_2 为"没有次品",求 $P(A_2)$;

(3)设事件 A_3 为"至少有一个次品",求 $P(A_3)$;

(4)设事件 A_4 为"至多有一个次品",求 $P(A_4)$.

解 100 件产品中任意抽取 5 个产品的所有抽法为 C_{100}^5.

(1)由于事件 A_1 包含的抽法为 $C_3^1C_{97}^4$,所以 $P(A_1)=\dfrac{C_3^1C_{97}^4}{C_{100}^5}=0.138$.

(2)由于事件 A_2 包含的抽法为 C_{97}^5,所以 $P(A_2)=\dfrac{C_{97}^5}{C_{100}^5}=0.856$.

(3)由于事件 A_3 包含的抽法为 $C_3^1C_{97}^4+C_3^2C_{97}^3+C_3^3C_{97}^2$,所以

$$P(A_3)=\frac{C_3^1C_{97}^4}{C_{100}^5}+\frac{C_3^2C_{97}^3}{C_{100}^5}+\frac{C_3^3C_{97}^2}{C_{100}^5}=0.144.$$

例 1.2.4 还可以利用逆事件的概率解,由于事件 A_2 和事件 A_3 是互逆事件,因此 $P(A_3)=1-P(A_2)=0.144$.

(4)由于事件 A_4 包含的抽法为 $C_3^1C_{97}^4+C_{97}^5$,所以 $P(A_4)=\dfrac{C_3^1C_{97}^4}{C_{100}^5}+\dfrac{C_{97}^5}{C_{100}^5}=0.994$.

例 1.2.5 从 1~2 000 的整数中任取一个数,试求取到的整数既不能被 6 整除又不能被 8 整除的概率.

解 设 A="取到的数能被 6 整除",B="取到的数能被 8 整除",

C="取到的数既不能被 6 整除,也不能被 8 整除",则有 $C=\overline{A}\,\overline{B}$.

且 $P(C)=P(\overline{A}\,\overline{B})=P(\overline{A\cup B})=1-P(A\cup B)=1-\big(P(A)+P(B)-P(AB)\big)$.

由于 $333<\frac{2\,000}{6}<334$，因此，$P(A)=\frac{333}{2\,000}$.

同理，$\frac{2\,000}{8}=250$，可得 $P(B)=\frac{250}{2\,000}$.又由于一个数同时能被 6 与 8 整除，就相当于能被 24 整除，因此，由 $83<\frac{2\,000}{24}<84$，得到 $P(AB)=\frac{83}{2\,000}$.

所以，$P(C)=1-\left(P(A)+P(B)-P(AB)\right)=1-\left(\frac{333}{2\,000}+\frac{250}{2\,000}-\frac{83}{100}\right)=0.75$.

例 1.2.6(超几何分布)　一批产品共有 N 件，其中 D 件次品，$N-D$ 件正品. 现从中不放回任取 $n(n\leqslant N)$件，问其中恰有 $k(k\leqslant D)$件次品的概率是多少？

解　设事件 $A=$“取 n 件，问其中恰有 k 件次品”.

从 N 件产品中不重复地任取 n 件，因为不讲次序，所以共有 C_N^n 种不同的取法.事件 A 中，要使取出的 n 件产品中有 k 件为次品，其他 $n-k$ 件为正品，先从 D 次品中任取 k，然后再用从 $N-D$ 件正品中取 $n-k$ 件正品，共有 $C_D^k C_{N-D}^{n-k}$ 种不同的取法，所以

$$P(A)=\frac{C_D^k C_{N-D}^{n-k}}{C_N^n}.$$

例 1.2.7(抽签问题)　袋中装有 a 个白球，b 个黑球，$k(k\leqslant a+b)$个人依次在袋中任取一个球，(1)做放回抽样；(2)做不放回抽样，求第 $i(i=1,2,\cdots,k)$个人取到白球的概率.

解　设事件 $B=$“第 i 个人取到白球”.

(1)放回抽样的情况，显然有 $P(B)=\frac{a}{a+b}$.

(2)不放回抽样的情况，各人取一个球包含 A_{a+b}^k 个基本事件，当事件 B 发生时，第 i 个人取的是白球，有 a 种取法，其余被取的 $k-1$ 个球可以是其余 $a+b-1$ 中的任意 $k-1$ 个，共有 A_{a+b-1}^{k-1} 种取法，事件 B 包含 $a\cdot A_{a+b-1}^{k-1}$ 个基本事件，则

$$P(B)=\frac{a\cdot A_{a+b-1}^{k-1}}{A_{a+b}^k}=\frac{a\cdot(a+b-1)(a+b-2)\cdots(a+b-k+1)}{(a+b)(a+b-1)\cdots(a+b-k+1)}=\frac{a}{a+b}.$$

$P(B)$与 i 无关，即 k 个人取球，尽管取球的先后次序不同，各人取到白球的概率是一样的.例如，在购买福利彩票时，各人得奖的机会相同. 又如，抽签的先后顺序并不影响个人抽中某个结果的可能性，因此，在抽签时不用争先恐后，因为不论谁先抽，每个人的机会都是平等的.这种公平性不仅体现了数学概率规律，也是社会文化中尊重礼让与公平等并不矛盾的体现.

例 1.2.8(盒子模型)　设有 n 个球，每个球都等可能地被放入 $N(N\geqslant n)$个盒子中的任一个盒子，每个盒子能放入的球的个数不限，试求：

(1)指定的 n 个盒子中各有一球的概率 P_1；

(2)恰好有 n 个盒子中有一球的概率 P_2.

解 将 n 只球放入 N 个盒子中,每 1 只球都可以放入 N 个盒子中的任何一个盒子,所以共有 $N\cdot N\cdot\cdots\cdot N=N^n$ 种不同放法.

(1)因为各有一球的 n 个盒子已经指定,余下的没有球 $N-n$ 个盒子也同时被指定,所以 n 个球放入这指定的 n 个盒子中有 $n!$ 种不同的放法,于是 $P_1=\dfrac{n!}{N^n}$.

(2)设想第 1 个球有 N 种放法,第 2 个球只有 $N-1$ 种放法,……,第 n 个球只有 $N-(n-1)$ 种放法,所以根据乘法原理,不同放入方法共有 $N(N-1)\cdots[N-(n-1)]=\mathrm{A}_N^n$ 种,所以 $P_2=\dfrac{\mathrm{A}_N^n}{N^n}$.

在现实生活中有很多实际问题和例 1.2.8 有相同的数学模型.例如,假设每个人的生日在一年 365 天中的任一天是等可能的,那么随机选取 $n(n\leqslant 365)$ 个人,则他们的生日各不相同的概率为 $\dfrac{365\cdot 364\cdot\cdots\cdot(365-n+1)}{365^n}$.因此,$n$ 个人中至少有两人生日相同的概率为

$$p=1-\frac{365\cdot 364\cdot\cdots\cdot(365-n+1)}{365^n}.$$

经计算,当 $n=20$ 时,$p=0.411$;当 $n=30$ 时,$p=0.706$;当 $n=50$ 时,$p=0.970$;当 $n=60$ 时,$p=0.994$;当 $n=100$ 时,$p=0.999$.可以看出,在 50 人左右的部门里,至少有两人生日相同的事件概率与 1 相差无几,如作调查,几乎是很大可能会出现的.

1.2.5 几何概型

古典概型是关于随机试验的结果为有限个,且每个结果等可能出现的概率模型,对于试验结果是无限多个的情形,古典概型就不适用了.为此,将古典概型中的结果有限性推广到无限性,而保留等可能性,就得到几何概型.

定义 1.2.5 若一类随机试验满足下列条件:

(1)随机试验的样本空间 Ω 中的样本点充满某个区域,其度量(一维区间、二维平面区域或三维空间区域等)大小 $m(\Omega)$ 为有限正实数.

(2)每个样本点落在度量相同的子区域内(位置可以不同)发生的可能性是相等的.

(3)若事件 $A\subset\Omega$,其度量大小为 $m(A)$,则事件 A 的概率为

$$P(A)=\frac{m(A)}{m(\Omega)}.$$

具有上述特征的试验称为**几何概型**,它满足概率的公理化定义.

对于 $m(\cdot)$ 表示区域的度量,对于一维空间中的线段,$m(\cdot)$ 表示长度;对于二维空间中的平面区域,$m(\cdot)$ 表示面积;对于三维空间区域,$m(\cdot)$ 表示体积.求几何概率

的关键是找到样本空间 Ω 和事件 A 对应的几何图形表示，然后计算出几何图形的度量.

例 1.2.9(会面问题)　甲乙二人约定于 10:00—11:00 之间在某地会面.假定两人在这段时间内的每一时刻到达会面地点的可能性是相同的，且事先约定先到的人要等候另一人 20 min 后，方可离开，试求两人能会面的概率.

解　设甲乙二人到达约定地点的时刻分别为 10:X 及 10:Y，则样本空间

$$S=\{(X,Y)\mid 0\leqslant X\leqslant 60, 0\leqslant Y\leqslant 60\},$$

其中每一个 (X,Y) 表示一个样本点，且等可能落在正方形 S 内，属于几何概型.

又 $A=$“甲乙二人能见面”$\Leftrightarrow A=\{(X,Y)\mid |X-Y|<20\}$，如图 1.7 所示.

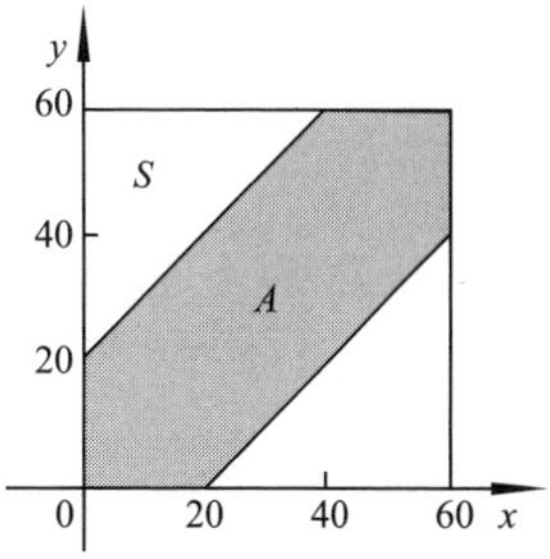

图　1.7

因此，$P(A)=\dfrac{A\text{ 的面积}}{S\text{ 的面积}}=\dfrac{60^2-(60-20)^2}{60^2}=\dfrac{5}{9}$.

例 1.2.10　从区间 $(0,1)$ 内任取两个数，求其积小于 $\dfrac{1}{4}$ 的概率.

解　设任取的两个数分别为 X 及 Y，则样本空间

$$S=\{(X,Y)\mid 0<X<1, 0<Y<1\},$$

其中每一个 (X,Y) 表示一个样本点，且等可能落在正方形 S 内，属于几何概型.

又 $A=$“X 和 Y 乘积小于 $\dfrac{1}{4}$”$\Leftrightarrow A=\left\{(X,Y)\mid XY<\dfrac{1}{4}\right\}$.

$$\text{因此，} P(A)=\frac{A\text{ 的面积}}{S\text{ 的面积}}=\frac{\int_{\frac{1}{4}}^{1}\frac{1}{4x}\mathrm{d}x+\frac{1}{4}}{1^2}=\frac{1}{2}\ln 2+\frac{1}{4}.$$

§1.3　条件概率与事件的独立性

1.3.1　条件概率

条件概率是概率论中一个既重要又实用的概念.例如，人们在购买每年的汽车保险时，若上一年度没有发生理赔和交通违章的，则本年度的保费会降低.已知某事件(一般与被研究事件有关)发生的条件下，确定被研究事件发生的概率，可用条件概率的方法.条件概率是指在已知事件 A 已经发生的条件下，求事件 B 发生的概率，记为 $P(B|A)$.

例 1.3.1　设两台机器加工同一种零件共 100 个，其中第一台机器加工的合格零件数为 35 个，不合格零件数为 5 个，第二台机器加工的合格零件数为 50 个，不合格零件数为 10 个.现从 100 个零件中任取 1 个，若已知取到的是第一台机器加工的零件，

问它是合格品的概率是多少.

解 设 A=“取到的零件是第一台机器加工”,B=“取到的零件是合格品”.

由题意知,$P(B|A)=\frac{35}{40}=0.875$.

另外,$P(B)=\frac{85}{100}=0.85$,显然,$P(B|A)\neq P(B)$.

对于一般古典概型来讲,设随机试验 E,A,B 是 E 中的两个事件,现将 E 独立重复进行 n 次,其中 A 发生 n_A 次,n_A 中 B 发生 n_{AB} 次,容易验证

$$P(B|A)=\frac{n_{AB}}{n_A}=\frac{\frac{n_{AB}}{n}}{\frac{n_A}{n}}=\frac{P(AB)}{P(A)}.$$

基于此启发,可得到事件条件概率的定义.

定义 1.3.1 设 A,B 是试验 E 中的两个事件,且 $P(A)>0$,则称

$$P(B|A)=\frac{P(AB)}{P(A)}$$

为事件 A 发生的条件下,事件 B 发生的概率,称为**条件概率**,记为 $P(B|A)$.

同理,设 $P(B)>0$,则在 B 发生的条件下,A 发生的**条件概率**为

$$P(A|B)=\frac{P(AB)}{P(B)}.$$

根据定义,可以验证条件概率的公理化定义.设 $P(A)>0$,则:

(1)(非负性)$P(B|A)\geqslant 0$;

(2)(规范性)$P(\Omega|A)=1$;

(3)(可列可加性)若 $B_1,B_2,\cdots,B_n,\cdots$是两两互斥的事件,则有

$$P(\bigcup_{i=1}^{\infty}B_i\mid A)=\sum_{i=1}^{\infty}P(B_i\mid A).$$

条件概率有两种计算方法:

(1)缩减样本空间后直接计算.

在例 1.3.1 中,已知事件 A 已经发生的条件下,样本空间缩小到只有 40 个样本点,使得事件 B 发生的样本点只有 35 个人,很容易计算出 $P(B|A)=\frac{35}{40}=0.875$.一般来说,如果能通过直接计算解决问题,就不需要用定义计算.

(2)用定义计算:$P(B|A)=\frac{P(AB)}{P(A)}$.

对一些不能直接计算的情况,需要根据已知条件,用定义计算.

例 1.3.2 设一袋中有 10 个球,其中 3 个黑球,7 个白球,现依次从袋中不放回取两球.

(1)已知第一次取出的是黑球,求第二次取出的仍是黑球的概率;

(2)已知第二次取出的是黑球,求第一次取出的也是黑球的概率.

解　(1)缩减样本空间法:

设 A_i="第 i 次取到黑球"($i=1,2$),则 $P(A_2|A_1)=\frac{A_2^1}{A_9^1}=\frac{2}{9}$.

(2)直接定义法:

由条件概率定义有 $P(A_1|A_2)=\frac{P(A_1A_2)}{P(A_2)}$,其中

$$P(A_1A_2)=\frac{A_3^2}{A_{10}^2}=\frac{3\times 2}{10\times 9}=\frac{1}{15}.$$

又因为 $A_2=A_1A_2\cup\overline{A}_1A_2$,所以

$$P(A_2)=P(A_1A_2)+P(\overline{A}_1A_2)=\frac{A_3^2}{A_{10}^2}+\frac{A_7^1A_3^1}{A_{10}^2}=\frac{3\times 2}{10\times 9}+\frac{7\times 3}{10\times 9}=\frac{3}{10}.$$

因此,$P(A_1|A_2)=\frac{P(A_1A_2)}{P(A_2)}=\frac{2}{9}$.

例 1.3.3　已知某种设备能使用 10 年的概率为 0.8,能使用 15 年的概率为 0.4,试求现已经使用 10 年的设备能继续使用 5 年和不能使用 5 年的概率.

解　设 A="设备能工作 10 年以上",B="设备能工作 15 年以上".

则已使用 10 年的设备能继续使用 5 年的事件概率为

$$P(B|A)=\frac{P(AB)}{P(A)}=\frac{0.4}{0.8}=\frac{1}{2},$$

已使用 10 年但不能继续再使用 5 年的事件概率为

$$P(\overline{B}|A)=1-P(B|A)=1-\frac{1}{2}=\frac{1}{2}.$$

1.3.2　乘法公式

由条件概率定义可以直接得到下述乘法公式:

乘法公式:设 $P(A)>0$,则有 $P(AB)=P(A)P(B|A)$.

由对称性,设 $P(B)>0$,则有 $P(AB)=P(B)P(A|B)$.

乘法公式可适用于计算事件之间的积事件的概率,它表明两个事件同时发生的概率等于其中一个事件发生的概率与另一事件在前一事件已发生条件下概率的乘积.

由归纳法可以证明,上述乘法公式可推广到有限多个事件的积事件的情况.

设 A,B,C 为三个事件,且 $P(AB)>0$,则有

$$P(ABC)=P(A)P(B|A)P(C|AB).$$

更一般的有下列公式:

设 $A_1A_2\cdots A_n$ 为 n 个事件组,且 $P(A_1A_2\cdots A_{n-1})>0$,则有

$P(A_1A_2\cdots A_n)=P(A_1)P(A_2|A_1)P(A_3|A_1A_2)\cdots P(A_n|A_1A_2\cdots A_{n-1})$.

例 1.3.4 将 6 个球(其中 3 个白球,3 个红球)随机地放入 3 个盒子中,使得每个盒子均被放入 2 个球,试求每个盒子正好被放入一个红球和一个白球的概率.

解 设 A_i="第 i 个盒子正好被放入一个红球和一个白球"$(i=1,2,3)$;

B="每个盒子正好被放入一只红球和一只白球",则 $B=A_1A_2A_3$.

因此,$P(B)=P(A_1A_2A_3)=P(A_1)P(A_2|A_1)P(A_3|A_1A_2)$

$$=\frac{C_3^1C_3^1}{C_6^2}\cdot\frac{C_2^1C_2^1}{C_4^2}\cdot\frac{C_1^1C_1^1}{C_2^2}=\frac{9}{15}\times\frac{4}{6}\times\frac{1}{1}=\frac{2}{5}.$$

例 1.3.5 现对次品率为 4%的 100 件产品进行不放回抽样检查,该批产品被拒收的标准是在被检查的 4 件产品中至少有 1 件次品,试求该批产品被拒收的概率.

解 设 A_i="第 i 件被抽查的产品为合格品"$(i=1,2,3,4)$,

B="该批产品被拒收".

则

$$\begin{aligned}P(B)&=P(\overline{A_1A_2A_3A_4})=1-P(A_1A_2A_3A_4)\\&=1-P(A_1)P(A_2|A_1)P(A_3|A_1A_2)P(A_4|A_1A_2A_3)\\&=1-\frac{96}{100}\times\frac{95}{99}\times\frac{94}{98}\times\frac{93}{97}\approx 0.152.\end{aligned}$$

1.3.3 事件的独立性

独立性是概率论中又一个重要的概念,利用独立性可以简化概率的计算. 下面先讨论两个事件的独立性,再讨论多个事件的独立性.

设 A,B 是试验 E 中的两个事件,且 $P(A)>0$,条件概率 $P(B|A)$反映了事件 A 发生对事件 B 发生的影响,一般情况下,$P(B|A)\neq P(B)$.但如果 $P(B|A)=P(B)$,则表明事件 A 的发生对事件 B 发生的概率是没有影响的,这种情形下称事件 A 和事件 B 之间是相互独立的.此时,乘法公式简化为 $P(AB)=P(A)P(B|A)=P(A)P(B)$.依此可以给出两个事件之间相互独立的概念.

定义 1.3.2 设 A,B 是两个事件,如果

$$P(AB)=P(A)P(B)$$

则称事件 A 与 B **相互独立**,简称 A 与 B **独立**,否则称=A 与 B **不独立或相依**.

由事件独立的定义知,样本空间 S 和不可能事件 ϕ 与其他任何事件之间都是相互独立的.

另外,事件互逆与事件相互独立是两个不同的概念,前者表述在一次试验中两个事件不能同时发生,后者反映在一次试验中某一事件是否发生与另一事件是否发生相互没有影响.

定理　若事件 A 与 B 相互独立，则 A 与 $\overline{B}$、$\overline{A}$ 与 B、$\overline{A}$ 与 $\overline{B}$ 也分别相互独立.

证明　只证 A 与 $\overline{B}$ 相互独立的情况，其他情形证明类似.

因为
$$\begin{aligned}P(A\overline{B})&=P(A-B)=P(A-AB)=P(A)-P(AB)\\&=P(A)-P(A)P(B)=P(A)\big(1-P(B)\big)=P(A)P(\overline{B}),\end{aligned}$$
所以 A 与 $\overline{B}$ 相互独立.

该定理是说 A 与 B、$\overline{A}$ 与 B、A 与 $\overline{B}$、$\overline{A}$ 与 $\overline{B}$ 独立是相互等价的，可直观理解为若 A 与 B 相互独立，则 A 的发生不影响 B 的发生，那么 A 的发生也不会影响 B 的不发生，A 的不发生也不会影响 B 的发生，A 的不发生也不会影响 B 的不发生.

在实际应用中，事件的独立性往往是根据实际意义来加以判断的，如果判定事件之间发生相互没有影响或影响甚微时，则可以直接应用事件相互独立定义中的公式进行化简计算.

例如，在抽取试验中，有放回抽取方式下事件是相互独立的，而无放回抽取方式下事件是非独立的.

例 1.3.6　设甲乙二人向同一目标独立地进行射击，甲击中目标的概率为 0.9，乙击中目标的概率为 0.8.试计算：(1)目标被击中的概率；(2)恰有一人击中目标的概率.

解　设 A=“甲击中目标”，B=“乙击中目标”.

(1)所求事件为 $A\cup B$，由概率性质有
$$\begin{aligned}P(A\cup B)&=P(A)+P(B)-P(AB)=P(A)+P(B)-P(A)P(B)\\&=0.9+0.8-0.9\times0.8=0.98.\end{aligned}$$
或
$$\begin{aligned}P(A\cup B)&=1-P(\overline{A\cup B})=1-P(\overline{A}\,\overline{B})=1-P(\overline{A})P(\overline{B})\\&=1-(1-0.9)\times(1-0.8)=0.98.\end{aligned}$$

(2)所求事件为 $A\overline{B}\cup\overline{A}B$，则有
$$\begin{aligned}P(A\overline{B}\cup\overline{A}B)&=P(A\overline{B})+P(\overline{A}B)=P(A)P(\overline{B})+P(\overline{A})P(B)\\&=0.9\times0.2+0.1\times0.8=0.26.\end{aligned}$$

例 1.3.7　设袋中装有 r 个红球，t 个白球，每次自袋中任取一个球，观察其颜色后放回，并再放入 a 个与所取出的那个球同色的球.若在袋中连续取球四次，试求第一、二次取到红球且第三、四次取到白球的概率.

解　$A_i(i=1,2,3,4)$表示事件第 i 次取到红球，则 $\overline{A}_3$，$\overline{A}_4$ 表示第三、四次取到白球，所求概率为
$$\begin{aligned}P(A_1A_2\overline{A}_3\overline{A}_4)&=P(A_1)P(A_2\,|\,A_1)P(\overline{A}_3\,|\,A_1A_2)P(\overline{A}_4\,|\,A_1A_2\overline{A}_3)\\&=\frac{r}{r+t}\cdot\frac{r+a}{r+t+a}\cdot\frac{t}{r+t+2a}\cdot\frac{t+a}{r+t+3a}.\end{aligned}$$

例 1.3.7 所示模型被波利亚用来作为描述传染病的数学模型.当 $a>0$ 时，由于每次取出球后会增加下一次也取到同色球的概率，即每次发现一个传染病患者，都会增加再传染的概率.

事件独立性的概念可推广到三个事件的情况.

定义 1.3.3 设 A,B,C 是三个事件,如果

$$\begin{cases}P(AB)=P(A)P(B)\\P(BC)=P(B)P(C)\\P(AC)=P(A)P(C)\end{cases},$$

则称 A,B,C **两两相互独立**. 若还有

$$P(ABC)=P(A)P(B)P(C),$$

则称 A,B,C **相互独立**.

例 1.3.8 一均匀正四面体,第一面涂上红色,第二面涂上白色,第三面涂上蓝色,第四面分别涂上红色、白色和蓝色(共三色). 在一个水平面上抛此四面体,令 A,B,C 分别表示“抛得底面涂有红色”“抛得底面涂有白色”“抛得底面涂有蓝色”. 验证:

$$P(AB)=P(A)P(B),\quad P(AC)=P(A)P(C),\quad P(BC)=P(B)P(C),$$

但

$$P(ABC)\neq P(A)P(B)P(C),$$

即 A,B,C 两两相互独立 但 A,B,C 不相互独立.

解 容易算得 $P(A)=P(B)=P(C)=\dfrac{1}{2}$,$P(AB)=P(AC)=P(BC)=P(ABC)=\dfrac{1}{4}$,所以

$$P(AB)=P(A)P(B),\quad P(AC)=P(A)P(C),\quad P(BC)=P(B)P(C),$$

但

$$P(ABC)\neq P(A)P(B)P(C).$$

定义 1.3.4 设 $A_1,A_2,\cdots,A_n$ 是 $n(n\geqslant 2)$ 个事件,若满足

$$P(A_iA_j)=P(A_i)P(A_j)\quad (i<j)(\mathrm{C}_n^2\text{ 个等式}),$$

$$P(A_iA_jA_k)=P(A_i)P(A_j)P(A_k)\quad (i<j<k)(\mathrm{C}_n^3\text{ 个等式}),$$

$$\cdots\cdots\cdots\cdots$$

$$P(A_1A_2\cdots A_n)=P(A_1)P(A_2)\cdots P(A_n)\quad (\mathrm{C}_n^n\text{ 个等式})$$

则称这 n 个事件 $A_1,A_2,\cdots,A_n$ 相互独立.

注:(1) 定义 1.3.4 中包含的概率相等的等式个数为

$$\mathrm{C}_n^2+\mathrm{C}_n^3+\cdots+\mathrm{C}_n^n=2^n-1-\mathrm{C}_n^1=2^n-1-n.$$

(2)若 n 个事件相互独立,则其中任意 r 个事件也相互独立;但 n 个事件两两独立,则不能推出这 n 个事件也相互独立.

例 1.3.9 设事件 $A_1,A_2,\cdots,A_n$ 相互独立,求这 n 个事件中至少有一个发生的概率.

解 $P(\bigcup\limits_{i=1}^{n}A_i)=1-P(\overline{\bigcup\limits_{i=1}^{n}A_i})=1-P(\bigcap\limits_{i=1}^{n}\overline{A}_i)=1-\prod\limits_{i=1}^{n}(1-P(A_i)).$

例 1.3.10 将一枚硬币抛掷两次,设 A 表示“第一次出现正面 H”,B 表示“第二

次出现正面 H”，C 表示“两次出现同一面”.试验证 A 和 B、B 和 C、C 和 A 分别两两独立，但 A,B,C 不是相互独立.

解　样本空间 $S=\{HH,HT,TH,TT\}$，可以求出以下事件概率为

$$P(A)=P(B)=P(C)=\frac{1}{2},\quad P(AB)=\frac{1}{4},$$

$$P(BC)=P(CA)=\frac{1}{2}\times\frac{1}{2}=\frac{1}{4},\quad P(ABC)=\frac{1}{2}\times\frac{1}{2}=\frac{1}{4},$$

则有　$P(AB)=P(A)P(B),\quad P(AC)=P(A)P(C),\quad P(BC)=P(B)P(C),$

因此 A 和 B、B 和 C、C 和 A 分别两两独立.

但是，$P(ABC)\neq P(A)P(B)P(C)$.

所以，A,B,C 不是相互独立.

例 1.3.11　在图 1.8 所示的开关电路中，4 个开关的开或关的概率均等于$\frac{1}{2}$，求电路中灯亮的概率.

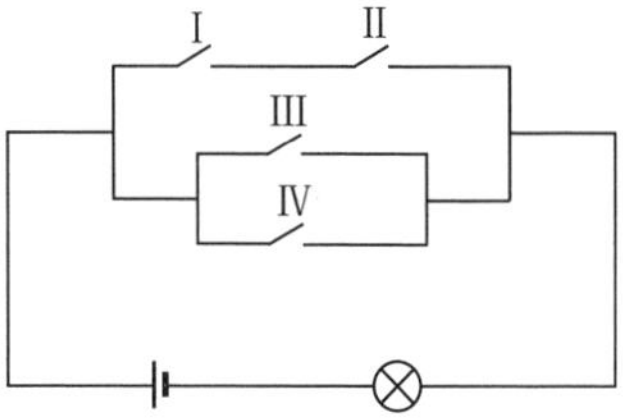

图　1.8

解　设 A_1,A_2,A_3,A_4 分别表示开关Ⅰ,Ⅱ,Ⅲ,Ⅳ关闭，$B=$“灯亮”，则 $B=A_1A_2\cup A_3\cup A_4$.

因此，$P(B)=P(A_1A_2\cup A_3\cup A_4)=1-P(\overline{A_1A_2})P(\overline{A}_3)P(\overline{A}_4)$

$$=1-\left(1-P(A_1A_2)\right)P(\overline{A}_3)P(\overline{A}_4)=1-\left[1-\left(\frac{1}{2}\right)^2\right]\times\frac{1}{2}\times\frac{1}{2}=\frac{13}{16}.$$

§1.4　全概率公式与贝叶斯公式

1.4.1　全概率公式

在很多随机问题中，经常需要把一个复杂事件表示成一些简单事件的关系式，然后通过简单事件的概率和有关性质间接地计算出复杂事件的概率.全概率公式就是把一个复杂事件的概率问题转化为在不同情况下发生的简单事件概率的求和问题的概率计算公式.

定义　设 Ω 是试验 E 的样本空间，若 E 的 n 个事件 $B_1,B_2,\cdots,B_n$ 满足：

(1)$B_iB_j=\varnothing\quad(i\neq j,i,j=1,2,\cdots,n)$；

(2)$B_1\cup B_2\cup\cdots\cup B_n=\Omega$，

则称 $B_1,B_2,\cdots B_n$ 为样本空间 Ω 的一个**划分**(见图 1.9).

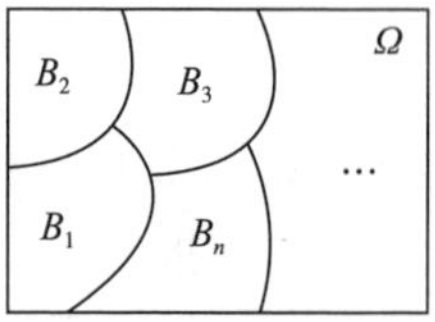

图　1.9

例 1.4.1　设某工厂有甲、乙、丙三台机器生产同一种产品，每台机器的产量分别占总产量的 25%、35%和 40%，它们的次品率分别为 5%、4%和 2%，现从工厂的所有产品中随机取一件，求抽取的产品为次品的概率.

解 设 A=“抽取的产品为次品”,B_i=“抽取的产品是第 i 台机器生产”(i=甲、乙、丙),则 B_1,B_2,B_3 是样本空间的一个划分.

由于 $A=A\Omega=A(B_1\cup B_2\cup B_3)=AB_1\cup AB_2\cup AB_3$,

因此
$$\begin{aligned}P(A)&=P(AB_1\cup AB_2\cup AB_3)=P(AB_1)+P(AB_2)+P(AB_3)\\&=P(B_1)P(A|B_1)+P(B_2)P(A|B_2)+P(B_3)P(A|B_3)\\&=0.25\times0.05+0.35\times0.04+0.4\times0.02=0.034\ 5.\end{aligned}$$

将例 1.4.1 的求解过程进行一般化推广,可以得到在一般情形下的全概率公式.

定理 1.4.1 设试验 E 的样本空间为 Ω,$B_1,B_2,\cdots,B_n$ 是 S 的一个划分,且每一 $P(B_i)>0(i=1,2,\cdots,n)$,则对 E 中的任一事件 A,有
$$P(A)=\sum_{i=1}^{n}P(A|B_i)P(B_i).$$

上述公式称为**全概率公式**.

证明 由 $\bigcup\limits_{i=1}^{n}B_i=\Omega$,得
$$A=A\Omega=A(\bigcup_{i=1}^{n}B_i)=\bigcup_{i=1}^{n}AB_i.$$

又由 $B_iB_j=\varnothing(i\neq j;i,j=1,2,\cdots,n)$,得
$$(AB_i)(AB_j)=\varnothing\quad(i\neq j;i,j=1,2,\cdots,n).$$

由有限可加性与乘法公式,得
$$P(A)=P(\bigcup_{i=1}^{n}AB_i)=\sum_{i=1}^{n}P(AB_i)=\sum_{i=1}^{n}P(B_i)P(A\mid B_i).$$

全概率公式表明,若直接计算一个复杂事件 A 的概率 $P(A)$ 比较困难,则可以通过构造一个划分 $B_1,B_2,\cdots,B_n$ 及计算 $P(B_i)$ 和 $P(A|B_i)$ 来确定 $P(A)$(见图 1.10).

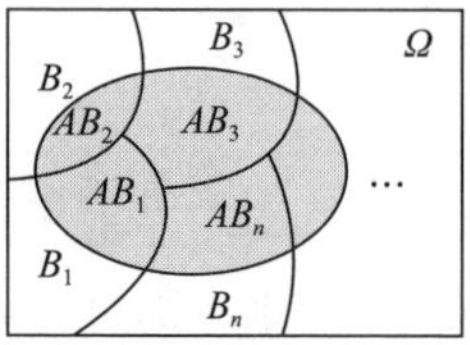

图 1.10

例 1.4.2 已知有两个信号甲与乙被传输到接收站,设接收站把信号甲错收为乙的概率为 0.02,把信号乙错收为甲的概率为 0.01,若甲发射的机会是乙的 2 倍,求接收站收到信号乙的概率.

解 设 A=“收到信号乙”,B_1=“甲发出信号”,B_2“乙发出信号”,则 B_1,B_2 是样本空间的一个划分.

由全概率公式有
$$\begin{aligned}P(A)&=P(B_1)P(A|B_1)+P(B_2)P(A|B_2)\\&=\frac{2}{3}\times0.02+\frac{1}{3}\times0.99=\frac{103}{300}.\end{aligned}$$

例 1.4.3 设报考某校考生的报名表来自三个地区,各有 10 份、15 份、25 份,其中女生的报名表分别为 3 份、7 份、5 份.现随机地从一地区先后任取两份报名表,求先取到一份报名表是女生的概率.

解 设 A=“取到的报名表为女生”, B_i=“考生的报名表是第 i 个地区”(i=1,

2,3),则 B_1,B_2,B_3 是样本空间的一个划分.

由全概率公式有

$$
\begin{aligned}
P(A) &= \sum_{i=1}^{3} P(B_i)P(A \mid B_i) \\
&= \frac{1}{3}\times\frac{3}{10}+\frac{1}{3}\times\frac{7}{15}+\frac{1}{3}\times\frac{1}{5}=\frac{29}{90}.
\end{aligned}
$$

1.4.2　贝叶斯公式

在全概率公式条件下,若在试验中已经观察到一个事件发生,分析导致所观察到的事件发生的各种原因时,可以用贝叶斯公式分析解决.

定理 1.4.2　设试验 E 的样本空间为 Ω,$B_1,B_2,\cdots,B_n$ 是 S 的一个划分,且 $P(A)>0$,$P(B_i)>0(i=1,2,\cdots,n)$,则

$$
P(B_i \mid A)=\frac{P(A \mid B_i)P(B_i)}{\sum_{j=1}^{n} P(A \mid B_j)P(B_j)} \quad (i=1,2,\cdots,n).
$$

上述公式称为**贝叶斯公式**.

证明　由条件概率公式、乘法公式及全概率公式有

$$
\begin{aligned}
P(B_i \mid A) &= \frac{P(AB_i)}{P(A)}=\frac{P(B_i)P(A \mid B_i)}{P(A)} \\
&= \frac{P(B_i)P(A \mid B_i)}{\sum_{j=1}^{n} P(B_j)P(A \mid B_j)} \quad (i=1,2,\cdots,n).
\end{aligned}
$$

可以看出,贝叶斯公式与全概率公式是一个相反逆过程,全概率公式是由“原因”求“结果”的过程,而贝叶斯公式则是由发生的“结果”求“原因”的逆过程.

例 1.4.4　在例 1.4.1 中,若抽到的产品是次品,试判定它是分别由甲、乙、丙三台机器生产的概率是多少?

解　在例 1.4.1 的条件下,由贝叶斯公式分别有

$$
P(B_1 \mid A)=\frac{P(B_1)P(A \mid B_1)}{P(A)}=\frac{0.25\times 0.05}{0.034\,5}=0.362\,3,
$$

$$
P(B_2 \mid A)=\frac{P(B_2)P(A \mid B_2)}{P(A)}=\frac{0.35\times 0.04}{0.034\,5}=0.405\,8,
$$

$$
P(B_3 \mid A)=\frac{P(B_3)P(A \mid B_3)}{P(A)}=\frac{0.40\times 0.02}{0.034\,5}=0.231\,9,
$$

可以看出,该次品是乙机器生产的概率最大.

类似地,在例 1.4.2 中,可以计算当接收站收到信号乙而发射的却是信号甲的概率为

$$P(B_1|A)=\frac{P(A|B_1)P(B_1)}{P(A)}=\frac{4}{103}.$$

例 1.4.5 多项选择题是各类考试中时常采用的一种题型,它要求考生在答题时对所列出的 4 个备选答案中至少选出 2 个作为答案,并且只有全部选对才算正确答案而得分,其他情况均为算错.据统计,考生中能选择某多项选择题正确答案而得分的比例为 30%,而其余的考生是通过乱猜而得分的.

(1)任一考生答对该选择题而得分的概率;

(2)已知某考生答对了多项选择题,求他确实知道正确答案的概率.

解 设事件 B 表示"任一考生确实会做该题",则事件 $\overline{B}$ 表示"该考生是通过乱猜答题",事件 A 表示"任一考生答对该多选选择题得分".

由已知条件知,$P(B)=0.3$,$P(\overline{B})=0.7$,分析可知

$$P(A|B)=1,\quad P(A|\overline{B})=\frac{1}{C_4^2+C_4^3+C_4^4}=0.09,$$

由全概率公式有

$$P(A)=P(B)P(A|B)+P(\overline{B})P(A|\overline{B})=0.3\times1+0.7\times0.09\approx0.36.$$

再由贝叶斯公式有

$$P(B|A)=\frac{P(B)P(A|B)}{P(A)}=\frac{0.3}{0.36}\approx0.83.$$

例 1.4.6 已知某种疾病患病率为 0.005,根据以往记录,某个诊断该种疾病的试验具有如下结果:被诊断患有该疾病的人试验反应为阳性的概率为 0.95,被诊断不患有该疾病的人试验反应为阳性的概率为 0.06.设在一次该种疾病普查中发现某人试验反应为阳性,问他确实患有该疾病的概率是多少?

解 设 A="试验反应为阳性",B="此人患有该疾病",$\overline{B}$="此人不患有该疾病".

根据题意知,$P(B)=0.005$,$P(\overline{B})=1-0.005=0.995$,

$$P(A|B)=0.95,\quad P(A|\overline{B})=0.06,$$

由全概率公式有

$$P(A)=P(B)P(A|B)+P(\overline{B})P(A|\overline{B})=0.005\times0.95+0.995\times0.06.$$
$$=0.644\,5.$$

再由贝叶斯公式,此人确实患有该疾病的概率为

$$P(B|A)=\frac{P(B)P(A|B)}{P(A)}=\frac{0.005\times0.95}{0.064\,45}=0.073\,7.$$

习 题 1

1. 用集合的形式表示下列随机试验的样本空间 Ω 与随机事件 A:

(1)在平整的桌面上随机抛掷均匀的骰子,观察出现的点数,设事件 A 表示"骰子

的点数是奇数”，则样本空间 $\Omega=$________，$A=$________.

(2)观察某呼叫台一个昼夜接到的呼叫次数，设事件 A 表示“一个昼夜接到的呼叫次数小于 2 次”，则样本空间 $\Omega=$________，$A=$________.

(3)对目标进行射击，击中后便停止射击，观察射击的次数，事件 A 表示“射击次数不超过 3 次”，则样本空间 $\Omega=$________，$A=$________.

(4)同时掷出三颗均匀的骰子，记录三颗骰子总数之和，设事件 A 表示“骰子总数之和是 3 的倍数”，则样本空间 $\Omega=$________，$A=$________.

2. 设 A,B,C 为三个事件，用 A,B,C 的运算关系表示下列各事件：

(1)A,B,C 都发生；

(2)A,B,C 都不发生；

(3)A,B,C 至多一个事件发生；

(4)A,B,C 中至少有一个事件发生；

(5)A,B,C 中恰有一个事件发生.

3. 设在一批产品中有正品和废品，现依次从中任取 3 件，令 $A_i=$“第 i 件产品为正品”，试用 A_1,A_2,A_3 表示下列各事件[分别用 $D_i(i=1,2,3,4)$表示(1)、(2)、(3)、(4)中所给出的事件]：

(1)3 件产品中恰有 1 件是正品；

(2)3 件产品中至少有 1 件是废品；

(3)3 件产品都是废品；

(4)3 件产品中至少有 2 件是正品.

4.(选择题) 以 A 表示事件“甲种产品畅销，乙种产品滞销”，则其对立事件 $\overline{A}$ 为(　　).

A. 甲种产品畅销，乙种产品滞销　　B. 甲、乙两种产品均畅销

C. 甲种产品滞销　　D. 甲种产品滞销或乙种产品畅销

5.(选择题)对于任意两个事件 A 和 B，与 $A\cup B=B$ 不等价的是(　　).

A. $\overline{A}B=\varnothing$　　B. $A\subset B$　　C. $A\overline{B}=\varnothing$　　D. $\overline{B}\subset\overline{A}$

6.(选择题) A 表示“六个产品全是合格品”，B 表示“六个产品恰有两个不合格品”，C 表示“六个产品不全是合格品”，则下述结论正确的选项是(　　).

A. $\overline{A}=B$　　B. $\overline{A}=C$　　C. $\overline{B}=C$　　D. $\overline{A}=B-C$

7.(选择题) 设 A 与 B 是两个对立事件，且 $P(A)\neq 0,P(B)\neq 0$，则下列正确的是(　　).

A. $P(A)+P(B)=1$　　B. $P(AB)=1$

C. $P(AB)=P(A)P(B)$　　D. $P(A)=P(B)$

8.(选择题)设 A，B 为两个互不相容的随机事件，则下列正确的是(　　).

A. $\overline{A}$ 与 $\overline{B}$ 互不相容　　B. $P(A)=1-P(B)$

C. $P(AB)=P(A)P(B)$　　D. $P(A\cup B)=P(A)+P(B)$

9.(选择题)设 A、B 是任意两个事件,则 $P(A-B)=($　　$)$.

A. $P(A)-P(B)$　　B. $P(A)-P(B)+P(\overline{A}B)$

C. $P(A)-P(AB)$　　D. $P(A)+P(\overline{B})-P(AB)$

10. 某地铁车站,每 5 min 有一趟列车到站,乘客到达车站的时刻是任意的,则乘客候车时间不超过 3 min 的概率为________.

11. 已知 $P(A)=0.4, P(B)=0.3$.

(1)当 A,B 互不相容时,$P(A\cup B)=$________;$P(AB)=$________.

(2)当 $B\subset A$ 时,$P(A\cup B)=$________;$P(AB)=$________.

12. 假设 $P(A)=\alpha, P(B)=\beta, P(AB)=\gamma, P(\overline{A}\cup\overline{B})=$________;$P(\overline{A}B)=$________;$P(\overline{A}\cup B)=$________.

13. 已知 $P(A\cup B)=0.8, P(A)=0.5, P(B)=0.6$,求 $P(AB), P(\overline{A}\overline{B}), P(\overline{A}\cup\overline{B})$.

14. 设 A, B 为随机事件,且 $P(A)=0.7, P(A-B)=0.3$,求 $P(\overline{AB})$.

15. 设一批产品由 45 件正品、5 件次品组成,现从中任取 3 件产品,求其中恰有 1 件次品的概率.

16. 某寝室住有 6 名学生,求至少有两个同学的生日恰好在同一个月的概率.

17. 将一枚骰子重复掷 n 次,求掷出的最大点数为 5 点的概率.

18. 从 0~9 这 10 个数字中不重复地任取 4 个数排成一行,求能排成一个四位奇数的概率.

19. 将 8 名乒乓球选手分为两组,每组 4 人,求甲、乙两位选手不在同一组的概率.

20. 现将 5 个相同的球放入位于一排的 8 个格子中,每格至多放一个球,求 3 个空格相连的概率.

21. 10 人中有一对夫妇,他们随意地坐在一张圆桌旁,求该对夫妇正好坐在一起的概率.

22. 一幢 10 层楼的楼房中的一架电梯,在底层登上 7 位乘客.电梯在每一层都停,乘客从第二层起离开电梯,假设每位乘客在哪一层离开电梯是等可能的,求没有两位及两位以上乘客在同一层离开的概率.

23. 已知 $P(A)=P(B)=P(C)=\dfrac{1}{4}, P(AB)=0, P(AC)=P(BC)=\dfrac{1}{16}$,求事件 A,B,C 全不发生的概率.

24. 设 A,B 是两事件,证明:$P(A\overline{B}+\overline{A}B)=P(A)+P(B)-2P(AB)$.

25. 将线段$[0,a]$任意折成三折,试求这三折线段能构成三角形的概率.

26. 两艘轮船都要停靠在同一个泊位,它们可能在一昼夜的任意时刻到达,设两艘轮船停靠泊位的时间分别为 1 h 和 2 h,求有一艘轮船停靠泊位时需要等待一段时间的概率.

27. 已知一个家庭中有三个小孩，且其中一个是女孩，求至少有一个男孩的概率（假设一个小孩是男孩或是女孩是等可能的）.

28. 根据历史资料表明，某三口之家，患某种传染病的概率有以下规律：$P(A)=P$（孩子得病）$=0.6$，$P(B|A)=P$（母亲得病|孩子得病）$=0.5$，$P(C|AB)=P$（父亲得病|母亲及孩子得病）$=0.4$. 求母亲及孩子得病但父亲未得病的概率.

29.（选择题）在一段时间内，甲去某地的概率是$\frac{1}{4}$，乙去某地的概率是$\frac{2}{5}$，假定两人的行动相互之间没有影响，那么在这段时间内至少有 1 人去此地的概率是（　　）.

A. $\frac{1}{10}$　　B. $\frac{9}{20}$　　C. $\frac{9}{10}$　　D. $\frac{11}{20}$

30. 为了防止意外，在矿内同时设有两个报警系统 A 与 B，在单独使用时，其有效的概率系统 A 为 0.92，系统 B 为 0.93，在 A 失灵的条件下，B 有效的概率为 0.85，求：

（1）发生意外时，这两个报警系统至少一个有效的概率；

（2）B 失灵的条件下，A 有效的概率.

31. 已知 $P(A)=0.5$，$P(B)=0.6$，$P(B|A)=0.8$，求 $P(\overline{A}\,\overline{B})$.

32. 证明：若三个事件 A，B，C 独立，则 $A\cup B$，AB 及 $A-B$ 都与 C 独立.

33. 设有两门高射炮，每一门击中目标的概率都是 0.6，求同时发射一发炮弹而击中飞机的概率是多少？又若有一架敌机入侵领空，欲以 99%以上的概率击中它，问至少需要多少门高射炮.

34.（选择题）某单位入职面试中有三道题目，有三次答题机会，一旦某次答对抽到的题目，则面试通过，否则就一直抽题到第 3 次为止.若求职者小王答对每道题目的概率都是 0.7，则他最终通过面试的概率为（　　）.

A. 0.7　　B. 0.91　　C. 0.973　　D. 0.981

35.（选择题）设某种产品分两道独立工序生产，第一道工序的次品率为 10%，第二道工序的次品率为 3%，生产这种产品只要有一道工序出次品就将生产次品，则该产品的次品率是（　　）.

A. 0.873　　B. 0.127　　C. 0.13　　D. 0.03

36. 有人来访，他坐火车、汽车和飞机的概率分别为 0.4，0.5，0.1，若坐火车，迟到的概率是 0.1，若坐汽车，迟到的概率是 0.2，若坐飞机则不会迟到，求他迟到的概率.

37. 在一个盒中装有 15 个乒乓球，其中有 9 个新球，在第一次比赛中任意取出 3 个球，比赛后放回原盒中；第二次比赛同样任意取出 3 个球，求第二次取出的 3 个球均为新球的概率.

38. 按以往概率论考试结果分析，努力学习的学生有 90%的可能考试及格，不努力学习的学生有 90%的可能考试不及格，据调查，学生中有 80%的人是努力学习的，试问：考试及格的学生有多大可能是不努力学习的人？

39. 某保险公司把被保险人分为三类：“谨慎的”“一般的”“冒失的”.统计资料表

明,上述三种人在一年内发生事故的概率依次为 0.05、0.15 和 0.30;如果“谨慎的”被保险人占 20%,“一般的”占 50%,“冒失的”占 30%,现知某被保险人在一年内出了事故,则他是“谨慎的”的概率是多少.

40. 两个箱子中都有 10 个球,其中第一个箱子中 4 个白球,6 个红球,第二个箱子中 6 个白球,4 个红球,现从第一个箱子中任取 2 个球放入第二个箱子中,再从第二个箱子中任取 1 个球,(1) 求从第二个箱子中取的球为白球的概率;(2) 若从第二个箱子中取的球为白球,求从第一个箱子中取的 2 个球都为白球的概率.

数学家风采

安德雷·柯尔莫哥洛夫

安德雷·柯尔莫哥洛夫(Andrey Nikolaevich Kolmogorov, 1903—1987),20 世纪苏联杰出的数学家,也是 20 世纪世界上为数极少的几个最有影响的数学家之一.他的贡献影响了多个现代数学分支.

柯尔莫哥洛夫被誉为概率论的奠基人之一. 20 世纪 20 年代,通过研究大数律和重对数律,他和辛钦成功找到了具有相互独立的随机变量的项的级数收敛的充要条件.证明了大数定律的充要条件;证明了在项上加上极宽的条件时独立随机变量列的重对数律;得到了独立同分布项情形下强大数定律的充要条件.

柯尔莫哥洛夫是随机过程论的奠基人之一.20 世纪 30 年代,他建立了马尔可夫过程的两个基本方程.他的论文《概率论的解析方法》为现代马尔可夫随机过程论和揭示概率论与常微分方程及二阶偏微分方程的深刻联系奠定了基础.他还创立了具有可数状态的马尔可夫链理论.他找到了连续的分布函数与他的经验分布函数之差的上确界的极限分布,这个结果是非参数统计中分布函数拟合检验的理论依据,成为统计学的核心之一. 在 20 世纪三四十年代之交,柯尔莫哥洛夫建立了希尔伯特空间几何与平稳随机过程和平稳随机增量过程的一系列问题之间的联系.给出了这两种过程的谱表示,完整地研究了它们的结构以及平稳随机过程的内插与外推问题等.

柯尔莫哥洛夫在拓扑学和动力系统理论中的贡献同样显著.他引入了上同调群理论,并将数学与物理学紧密相连,对动力系统理论和哈密顿系统的微扰理论作出了开创性贡献.他的工作为动力系统内部不稳定性分析提供了 K 熵这一重要概念.

柯尔莫哥洛夫的学术风格强调理论与实践的结合,他既是抽象公理的探索者,也是自然科学实验的实践者.他培养了众多杰出的数学家,他的著作涵盖了实变函数、测度论、概率论等多个领域,对数学的发展产生了深远影响.柯尔莫哥洛夫的成就得到了国际认可,他荣获多项荣誉,包括列宁勋章、苏联社会主义劳动英雄称号、沃尔夫奖和罗巴切夫斯基奖.他的教育理念强调教师的引导和个别化教学,以及数学教育与现实世界的联系.

托马斯·贝叶斯

托马斯·贝叶斯(Thomas Bayes,1702—1761),18 世纪英国数学家、数理统计学家和哲学家,概率论理论创始人,贝叶斯统计的创立者,"归纳地"运用数学概率,"从特殊推论一般、从样本推论全体"的第一人.

贝叶斯在数学方面主要研究概率论.他首先将归纳推理法用于概率论基础理论,并创立了贝叶斯统计理论,对于统计决策函数、统计推断、统计的估算等作出了贡献.1763 年,贝叶斯发表了概率论相关论著,对于现代概率论和数理统计都有很重要的作用.贝叶斯的另一著作《机会的学说概论》发表于 1758 年.贝叶斯所采用的许多术语被沿用至今.

贝叶斯对统计推理的主要贡献是使用了"逆概率"这个概念,并把它作为一种普遍的推理方法提出来.贝叶斯定理原本是概率论中的一个定理,这一定理可用一个数学公式来表达,这个公式就是著名的贝叶斯公式.

1763 年,英国数学家理查德·普莱斯(Richard Price,1723—1791)整理发表了贝叶斯的成果 *An Essay towards solving a Problem in the Doctrine of Chances*,提出贝叶斯公式.

第 2 章 离散型随机变量

为了对随机现象的结果进行定量处理，引入随机变量，它是随机事件概念的推广.随机变量的引入使得对随机现象的处理更加直接有力.本章主要讨论一维离散型随机变量及其分布规律和数字特征.

§2.1 随机变量及其分布函数

2.1.1 随机变量

例 2.1.1 在平整光滑的地面上掷一枚质地均匀的硬币 3 次.假设正面 H 朝上加 1，反面 T 朝上减 1，X 表示和值，则可能出现的情况及其发生的概率见表 2.1.

表 2.1

ω	HHH	HHT	HTH	THH	HTT	THT	TTH	TTT
$X(\omega)$	3	1	1	1	-1	-1	-1	-3
$P(\omega)$	$\frac{1}{8}$	$\frac{1}{8}$	$\frac{1}{8}$	$\frac{1}{8}$	$\frac{1}{8}$	$\frac{1}{8}$	$\frac{1}{8}$	$\frac{1}{8}$

根据上述结果，可以把 X 看成建立在各种可能结果的基础上的一个实值函数，它可能的取值分别是 $3,1,-1,-3$，即对每一个可能结果，有唯一的实数与之对应.同时，X 取某个值也不是一定的，而是依某个概率取这个值.由此，引入如下定义：

定义 2.1.1 设随机试验 E 的样本空间为 $S=\{\omega\}$，对于任意的样本点 $\omega\in S$，有唯一的实数 $X=X(\omega)$ 与之对应，即 $X=X(\omega)$ 是定义在 S 上的实值单值函数，则称 $X=X(\omega)$ 为**随机变量**.

注：(1)随机变量通常用大写字母 X,Y,Z 等表示，其取值一般用小写字母 x，y，z 等表示.

(2)随机事件可以通过随机变量来表示.如盒中有 10 个球，其中 3 个白球，7 个黑球，从中任取 4 个球，则取到白球数 X 是一个随机变量，它可能的取值是 $0,1,2,3$，即 $S=\{0,1,2,3\}$，则 $\{X=1\}$ 表示事件"恰好取一个白球"，$\{X\leqslant 3\}$ 表示事件"至多取 3 个白球".

(3)随机变量依照一定的概率取值.如例 2.1.1 中，$P\{X=1\}=\frac{3}{8}$，$P\{X=-1\}=\frac{3}{8}$，

$P\{X=3\}=\frac{1}{8}$, $P\{X=-3\}=\frac{1}{8}$.

(4)按照随机变量可能取值的情况,可以把它们分为两类:离散型随机变量和非离散型随机变量,而非离散型随机变量中最重要的是连续型随机变量.本章主要研究离散型随机变量.

(5)若随机试验的结果 ω 本身就是一个实数,可令 $X=X(\omega)=\omega$,则 X 就是一个随机变量.例如,电视机的寿命,掷一颗骰子时出现的点数,每天进入某超市的顾客数,顾客购买商品的件数,顾客排队等候付款的时间,等等,都是随机变量. 若随机试验的结果 ω 不是一个实数,这时可根据需要设计随机变量. 请看下面的例子.

例 2.1.2　检验一个产品,只考察其合格与否,则其样本空间为 $S=\{$合格品,不合格品$\}$.这时可设计一个随机变量 X 如下:

$$X=\begin{cases}1, & \omega=\text{合格品}\\ 0, & \omega=\text{不合格品}\end{cases}.$$

2.1.2　分布函数

我们有时候关心随机变量取某个值的概率,如例 2.1.1 中的 $P\{X=3\}$.但有时候感兴趣的是随机变量的取值落在某个区间的概率 $P\{x_1<X\leqslant x_2\}$,如测量误差、某种产品的寿命、排队请求服务的等待时间等.由于 $P\{x_1<X\leqslant x_2\}=P\{X\leqslant x_2\}-P\{X\leqslant x_1\}$,所以只需要知道形如事件$\{X\leqslant x\}$的概率即可.为此,引入随机变量的分布函数的概念.

定义 2.1.2　设 X 是一随机变量,x 是任意实数,函数

$$F(x)=P\{X\leqslant x\}$$

称为 X 的**累积分布函数**,简称**分布函数**.

注:(1)分布函数的定义域是整个实数轴.在几何上,它表示随机变量 X 的取值落在实数 x 左边的概率(见图 2.1).

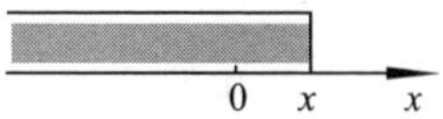

图　2.1

(2) 对于任意实数 x_1, $x_2(x_1<x_2)$,有

$$P\{x_1<X\leqslant x_2\}=P\{X\leqslant x_2\}-P\{X\leqslant x_1\}=F(x_2)-F(x_1).$$

分布函数具有以下基本性质:

(1)非负性:$0\leqslant F(x)\leqslant 1$, $x\in\mathbf{R}$;

(2)单调不减性:对于任意实数 x_1, x_2 且 $x_1<x_2$,$F(x_1)\leqslant F(x_2)$;

(3)规范性:$F(-\infty)=\lim\limits_{x\to-\infty}F(x)=0$, $F(+\infty)=\lim\limits_{x\to+\infty}F(x)=1$;

(4)右连续性:$F(x+0)=\lim\limits_{t\to x^+}F(t)=F(x)$, $x\in\mathbf{R}$.

注:性质(1)由概率的定义易得;对于任意实数 x_1,x_2 且 $x_1<x_2$,$\{X\leqslant x_1\}\subset\{X\leqslant x_2\}$,由概率的性质知 $P\{X\leqslant x_1\}\leqslant P\{X\leqslant x_2\}$,即 $F(x_1)\leqslant F(x_2)$,从而性质(2)成立;性质(3)可以从几何上加以说明,当 $x\to-\infty$时,区间$(-\infty, x]$的长度趋于 0,

随机变量 X 的取值落在实数 x 左边成为不可能事件,随机变量 X 的取值落在实数 x 左边的概率趋于 0,即 $F(-\infty)=0$;当 $x\to+\infty$时,区间$(-\infty, x]$趋于$(-\infty, +\infty)$,随机变量 X 的取值落在实数 x 左边成为必然事件,随机变量 X 的取值落在实数 x 左边的概率趋于 1,即 $F(+\infty)=1$.

例 2.1.3 设随机变量 X 的分布函数为 $F(x)=\begin{cases}A+Be^{-x^2}, & x\leqslant 0\\ 1, & x>0\end{cases}$,求:

(1)系数 A, B;(2)$P\{-1<X\leqslant 1\}$.

解 (1)$0=F(-\infty)=\lim\limits_{x\to-\infty}F(x)=\lim\limits_{x\to-\infty}(A+Be^{-x^2})=A$,即 $A=0$;又 $F(x)$在 $x=0$ 处右连续,即 $F(0+0)=\lim\limits_{x\to 0+}F(x)=\lim\limits_{x\to 0+}1=F(0)=A+B$,即 $A+B=1$,从而 $B=1$.于是,$F(x)=\begin{cases}e^{-x^2}, & x\leqslant 0\\ 1, & x>0\end{cases}$.

(2)$P\{-1<X\leqslant 1\}=F(1)-F(-1)=1-e^{-1}$.

§2.2 一维离散型随机变量

定义 2.2.1 如果随机变量 X 可能的取值只有有限个或可列多个,则称 X 为**离散型随机变量**.

例如,§2.1 节例 2.1.1 中的随机变量 X 就是离散型随机变量.

定义 2.2.2 设离散型随机变量 X 所有可能的取值为 $x_k(k=1,2,\cdots)$,称 X 取各个值的概率 $P\{X=x_k\}=p_k(k=1,2,\cdots)$为 X 的**分布律**或**概率分布**.

定义 2.2.2 中的 p_k 应满足以下两个条件:

(1)非负性:$p_k\geqslant 0$, $k=1,2,\cdots$;

(2)正则性:$\sum\limits_{k=1}^{\infty}p_k=1$.

性质(1)、(2)是判断某个实数列$\{p_k\}(k=1,2,\cdots)$是否成为分布律的充要条件.

分布律可以直观地用如下列表形式给出:

X	x_1	x_2	$\cdots$	x_n	$\cdots$
p_k	p_1	p_2	$\cdots$	p_n	$\cdots$

或 $X\sim\begin{pmatrix}x_1 & x_2 & \cdots & x_k & \cdots\\ p_1 & p_2 & \cdots & p_k & \cdots\end{pmatrix}$.

了解清楚离散型随机变量的分布律之后,就可以计算离散型随机变量落在某个范围内的概率,也可以求出它的分布函数. 一般地,离散型随机变量 X 的分布函数为

$$F(x)=\sum_{x_k\leqslant x}p_k,\ x\in\mathbf{R}.$$

这里和式是对所有满足 $x_k \leqslant x$ 的 k 求和.分布函数 $F(x)$ 在 $x=x_k(k=1,2,\cdots)$ 处有跳跃,其跳跃值为 $p_k=P\{X=x_k\}$.

例 2.2.1　已知 X 的分布律为 $P\{X=i\}=\dfrac{k}{2^i}$ $(i=1,2,3)$,求:(1)常数 k;(2)分布函数 $F(x)$;(3)$P\{0.5<X<2.5\}$,$P\{2\leqslant X\leqslant 3\}$.

解　(1)由分布律的基本性质知 $1=\sum\limits_{k=1}^{\infty}p_k=\sum\limits_{i=1}^{3}P\{X=i\}=\sum\limits_{i=1}^{3}\dfrac{k}{2^i}=\dfrac{7k}{8}$,故 $k=\dfrac{8}{7}$,从而 X 的分布律可列为:

X	1	2	3
p_k	4/7	2/7	1/7

(2)若 $x<1$,则 X 取不到任何值,$\{X\leqslant x\}$是不可能事件,$F(x)=0$;

若 $1\leqslant x<2$,则 X 只能取到 1,$\{X\leqslant x\}=\{X=1\}$,从而 $F(x)=P\{X=1\}=4/7$;

若 $2\leqslant x<3$,则 X 能取到 1,2,$\{X\leqslant x\}=\{X=1\}\cup\{X=2\}$,从而 $F(x)=P\{X=1\}+P\{X=2\}=6/7$;

若 $x\geqslant 3$,则 X 能取到 1,2,3,$\{X\leqslant x\}$是必然事件,从而 $F(x)=1$.

综上所述,X 的分布函数为

$$F(x)=\begin{cases}0, & x<1\\ \dfrac{4}{7}, & 1\leqslant x<2\\ \dfrac{6}{7}, & 2\leqslant x<3\\ 1, & x\geqslant 3\end{cases}.$$

(3)$P\{0.5<X<2.5\}=P\{X=1\}+P\{X=2\}=6/7$,

或者

$$P\{0.5<X<2.5\}=P\{0.5<X\leqslant 2.5\}-P\{X=2.5\}=F(2.5)-F(0.5)-0=6/7;$$

$$P\{2\leqslant X\leqslant 3\}=P\{X=2\}+P\{X=3\}=3/7,$$

或者 $P\{2\leqslant X\leqslant 3\}=P\{X=2\}+P\{2<X\leqslant 3\}$

$$=P\{X=2\}+F(3)-F(2)=2/7+1-6/7=3/7.$$

例 2.2.2　射击进行到目标被击中或 3 发子弹被用完为止.若每次射击是相互独立的且命中率都是 0.7,求射击总次数 X 的分布律.

解　由题知,射击总次数 X 可能的取值为 1,2,3,设 A_i 表示事件"第 i 次击中目标",$i=1,2,3$,由已知 $P(A_i)=0.7$,得

$$P\{X=1\}=P(A_1)=0.7,$$

$$P\{X=2\}=P(\overline{A_1}A_2)=P(\overline{A_1})P(A_2)=0.3\times 0.7=0.21,$$

$$P\{X=3\}=P(\overline{A_1A_2}A_3\cup\overline{A_1A_2A_3})=P(\overline{A_1})P(\overline{A_2})P(A_3)+P(\overline{A_1})P(\overline{A_2})P(\overline{A_3})$$
$$=0.3\times0.3\times0.7+0.3\times0.3\times0.3=0.09,$$

故所求分布律为

X	1	2	3
p_k	0.7	0.21	0.09

§2.3 离散型随机变量的数学期望与方差

前面介绍了离散型随机变量的分布律及其概率计算.但是在实际问题中,还需要知道随机变量在某些方面的取值特征,如小麦的平均亩产量和家庭平均年收入等,这些特征在概率论中称为随机变量的数字特征.本节主要介绍离散型随机变量的两个数字特征:数学期望和方差.

2.3.1 数学期望

在引入数学期望的概念前,先看下面的例子.

设某个地区的人口总数为 S,其中 1/5 的人月收入为 8 千元,2/5 的人月收入为 6 千元,3/10 的人月收入为 4 千元,1/10 的人月收入为 2 千元,则该地区的人均收入为这个地区人们的总收入除以这个地区的总人口数,即

$$\frac{\frac{1}{5}S\times8+\frac{2}{5}S\times6+\frac{3}{10}S\times4+\frac{1}{10}S\times2}{S}=\frac{1}{5}\times8+\frac{2}{5}\times6+\frac{3}{10}\times4+\frac{1}{10}\times2=5.4(\text{千元})$$

我们换个角度考虑这个问题,不妨设该地区的人们的收入为随机变量 X,则 X 的分布律为

X	2	4	6	8
p_k	$\frac{1}{10}$	$\frac{3}{10}$	$\frac{2}{5}$	$\frac{1}{5}$

这样,这个地区人们的平均收入就是以概率为权的随机变量取值的加权平均值.

定义 2.3.1 设离散型随机变量 X 的分布律为

$$P\{X=x_k\}=p_k,\quad k=1,2,\cdots.$$

若级数 $\sum\limits_{k=1}^{\infty}x_kp_k$ 绝对收敛,则称级数 $\sum\limits_{k=1}^{\infty}x_kp_k$ 的和为随机变量 X 的**数学期望**,记为 $E(X)$,即

$$E(X)=\sum_{k=1}^{\infty}x_kp_k. \tag{2.1}$$

数学期望简称**期望**,又称**均值**.

数学期望 $E(X)$是随机变量的重要数字特征之一,它表示的是随机变量取值的平均值,即重心位置,因此 $E(X)$也称“均值”.实际应用中,经常会遇到求解“均值”的问题.例如,已知某种元件的寿命分布,希望了解该元件的平均寿命.

注:(1)$E(X)$是一个实数,而非变量,它是一种加权平均,与一般的平均值不同,它从本质上体现了随机变量 X 取可能值的真正的平均值.

(2)级数的绝对收敛性保证了级数的和不随级数各项次序的改变而改变,之所以这样要求,是因为数学期望是反映随机变量 X 取可能值的平均值,它不应随可能值的排列次序而改变.

例 2.3.1　甲乙两工人每天生产出相同数量同种类型的产品,用 X_1,X_2 分别表示甲乙两人某天生产的次品数,经统计得到以下数据,试比较他们技术水平的高低.

X_1	0	1	2	3
p_k	0.3	0.3	0.2	0.2

X_2	0	1	2	3
p_k	0.2	0.5	0.3	0

解　由式(2.1)得

$$E(X_1)=0\times0.3+1\times0.3+2\times0.2+3\times0.2=1.3,$$

$$E(X_2)=0\times0.2+1\times0.5+2\times0.3+3\times0=1.1,$$

所以甲的技术水平比乙低.

例 2.3.2　设离散型随机变量 X 服从参数为 λ 的泊松分布,求 $E(X)$.

解　X 的分布律为

$$P(X=k)=\frac{\lambda^k e^{-\lambda}}{k!},\quad k=0,1,2,\cdots,\lambda>0.$$

X 的数学期望为

$$E(X)=\sum_{k=0}^{\infty}k\frac{\lambda^k e^{-\lambda}}{k!}=\lambda e^{-\lambda}\sum_{k=1}^{\infty}\frac{\lambda^{k-1}}{(k-1)!}=\lambda e^{-\lambda}e^{\lambda}=\lambda.$$

例 2.3.3　某人有 10 万元现金,想投资于某项目,预估成功的机会为 30%,可得利润 8 万元,失败的机会为 70%,将损失 2 万元.若存入银行,同期间的利率为 5%,问是否作此项投资?

解　设 X 为投资利润,则 X 的分布律为

X	-2	8
p_k	0.7	0.3

由式(2.1)得

$$E(X)=8\times 0.3-2\times 0.7=1(\text{万元}),$$

存入银行的利率收入为 $10\times 5\%=0.5$(万元),所以应该选择投资该项目.

【MATLAB 解答】

```
>> X=[- 2 8];
>> p=[0.7 0.3];
>> EX= sum(X.* p)
EX =1
```

在许多实际问题中,往往需要求出随机变量函数的数学期望.设 X 是一随机变量,$g(x)$为实函数,则 $Y=g(X)$也是随机变量,理论上,可以通过 X 的分布求出 $g(X)$的分布,然后再按定义求出 $g(X)$的数学期望 $E(g(X))$,但这种求法一般比较复杂.下面给出求随机变量函数的数学期望的有关定理.

定理 2.3.1 设离散型随机变量 X 的分布律为

$$P(X=x_k)=p_k,\quad k=1,2,\cdots,$$

$g(x)$是实值连续函数,且级数 $\sum_{k=1}^{\infty} g(x_k)p_k$ 绝对收敛,则随机变量函数 $g(X)$的数学期望为

$$E(g(X))=\sum_{k=1}^{\infty} g(x_k)p_k. \tag{2.2}$$

例 2.3.4 设随机变量 X 的分布律为

X	-2	-1	0	1	2
p_k	$\frac{1}{5}$	$\frac{1}{5}$	$\frac{2}{5}$	$\frac{1}{10}$	$\frac{1}{10}$

求随机变量 $Y=X^2+1$ 的数学期望.

解法一 先求 Y 的概率分布,即

Y	1	2	5
p_k	$\frac{2}{5}$	$\frac{3}{10}$	$\frac{3}{10}$

故 $E(Y)=1\times\frac{2}{5}+2\times\frac{3}{10}+5\times\frac{3}{10}=\frac{5}{2}$.

解法二 由式(2.2)得

$$E(Y)=[(-2)^2+1]\times\frac{1}{5}+[(-1)^2+1]\times\frac{1}{5}+(0^2+1)\times\frac{2}{5}+$$

$$(1^2+1)\times\frac{1}{10}+(2^2+1)\times\frac{1}{10}$$

$$=\frac{5}{2}.$$

【MATLAB 解答】

```
>> X=[- 2 - 1 0 1 2 ];
>> p=[0.2 0.2 0.4 0.1 0.1];
>> Y= X.^2+1;
>> EY= sum(Y.* p)
EY =2.5
```

下面给出数学期望的几个基本性质(以下所涉及的随机变量的数学期望均存在).

性质 1　设 c 是常数,则 $E(c)=c$.

性质 2　对任意常数 k,c,有 $E(kX+c)=kE(X)+c$.

根据性质 2,例 2.3.4 还可以有第三种解法:

$$E(X^2)=(-2)^2\times\frac{1}{5}+(-1)^2\times\frac{1}{5}+0^2\times\frac{2}{5}+1^2\times\frac{1}{10}+2^2\times\frac{1}{10}=\frac{3}{2},$$

$$E(Y)=E(X^2+1)=E(X^2)+1=\frac{5}{2}.$$

2.3.2　方差

数学期望描述了随机变量取值的“平均”,是对随机变量取值水平的综合评价,有时仅知道这个数学期望还是不够的,随机变量取值的稳定性是判断随机现象性质的另一个十分重要的指标.

例 2.3.5　甲乙两名射手射击命中的环数分别为随机变量 X、Y,且 X、Y 的分布律为

X	8	9	10
p	0.3	0.2	0.5

Y	8	9	10
p	0.2	0.4	0.4

试问哪一个人的射击水平较高?

由于 $E(X)=8\times0.3+9\times0.2+10\times0.5=9.2$,$E(Y)=8\times0.2+9\times0.4+10\times0.4=9.2$,因此,从均值的角度分不出谁的射击技术更高,故还需考虑其他因素.通常的做法是,在射击的平均环数相等的条件下进一步衡量谁的射击技术更稳定些,也就是比较谁命中的环数更集中于平均值的附近,通常采用命中的环数 X 与它的平均值$E(X)$之

间的偏离 $|X-E(X)|$ 的均值 $E(|X-E(X)|)$ 来度量,$E(|X-E(X)|)$ 越小,表明 X 的值越集中于 $E(X)$ 的附近,即技术稳定;$E(|X-E(X)|)$ 越大,表明 X 的值越分散,即技术不稳定.但由于 $E(|X-E(X)|)$ 带有绝对值,计算不方便,因此通常采用 X 与 $E(X)$ 的偏离 $|X-E(X)|$ 的平方的均值 $E(X-E(X))^2$ 来度量随机变量 X 取值的分散程度.此例中,由于

$$E(X-E(X))^2=0.2\times(8-9.2)^2+0.6\times(9-9.2)^2+0.2\times(10-9.2)^2=0.44,$$

$$E(Y-E(Y))^2=0.1\times(8-9.2)^2+0.8\times(9-9.2)^2+0.1\times(10-9.2)^2=0.242.$$

因此乙的技术更稳定些.

定义 2.3.2 设 X 是一个随机变量,若 $E(X-E(X))^2$ 存在,则称 $E(X-E(X))^2$ 为 X 的**方差**,记为 $D(X)$ 或 $\mathrm{Var}(X)$,即

$$D(X)=\mathrm{Var}(X)=E(X-E(X))^2. \tag{2.3}$$

称 $\sqrt{D(X)}$ 为随机变量 X 的**标准差**或**均方差**,记为 $\sigma(X)$,它与 X 具有相同的度量单位,在实际应用中经常使用.

注:(1)方差刻画了随机变量 X 的取值与数学期望的偏离程度.若 X 取值比较集中,则 $D(X)$ 较小;反之,若 X 取值比较分散,则 $D(X)$ 较大.

(2)回到例 2.3.5,可得 $D(X)=0.44$,$D(Y)=0.242$,所以乙的技术更稳定.

(3)若 X 是**离散型**随机变量,且其概率分布为 $P\{X=x_k\}=p_k,k=1,2,\cdots$,则

$$D(X)=\sum_{k=1}^{\infty}(x_k-E(X))^2p_k. \tag{2.4}$$

定理 2.3.2 $D(X)=E(X^2)-(E(X))^2$. (2.5)

证明 $D(X)=E(X-E(X))^2=E(X^2-2XE(X)+(E(X))^2)$

$$=E(X^2)-2E(X)E(X)+(E(X))^2=E(X^2)-(E(X))^2.$$

下面介绍方差的几个重要性质(假设以下所涉及的方差均存在):

性质 1 若 c 为常数,则 $D(c)=0$.

性质 2 对任意常数 k,c,有 $D(kX+c)=k^2D(X)$.

性质 3 若 $D(X)=0$,则 $P\{X=c\}=1$,其中 $c=E(X)$.

例 2.3.6 设随机变量 X 具有数学期望 $E(X)=\mu$,方差 $D(X)=\sigma^2\neq0$.称 $X^*=\dfrac{X-\mu}{\sigma}$ 为 X 的**标准化变量**,则

$$E(X^*)=\frac{1}{\sigma}E(X-\mu)=\frac{1}{\sigma}(E(X)-\mu)=0;$$

$$D(X^*)=\frac{1}{\sigma^2}D(X-\mu)=\frac{D(X)}{\sigma^2}=\frac{\sigma^2}{\sigma^2}=1.$$

即 X^* 的数学期望为 0,方差为 1,称 X^* 为 X 的**标准化随机变量**.

§2.4　常用离散型随机变量的分布

用分布律来刻画离散型随机变量的取值规律，即在分布律的基础上产生了服从不同分布的随机变量.本节介绍在生产生活实践中应用比较广泛的几个常用离散型随机变量的分布.

2.4.1　二项分布

1. n 重伯努利试验

若试验 E 只有两个结果 A 或 $\overline{A}$，记 $P(A)=p(0<p<1)$，此时 $P(\overline{A})=1-p$，将 E 独立重复地进行 n 次，则称该试验为 n **重伯努利试验**.

注：(1)每次试验只有两个结果 A 或 $\overline{A}$；

(2)"重复"是指在每次试验中 A 出现的概率 p 保持不变；

(3)"独立"是指各次试验的结果互不影响，即若以 C_i 记第 i 次试验的结果，C_i 为 A 或 $\overline{A}$，$i=1,2,\cdots,n$，由独立性有 $P(C_1C_2\cdots C_n)=P(C_1)P(C_2)\cdots P(C_n)$.

2. 二项分布的定义

以 X 表示 n 重伯努利试验中事件 A 出现的次数，它所有可能的取值为 $0,1,\cdots,n$，以 A_i 表示第 i 次试验中出现事件 A，以 $\overline{A_i}$ 表示第 i 次试验中出现事件 $\overline{A}$，则

$$\{X=k\}=A_1A_2\cdots A_k\overline{A}_{k+1}\cdots\overline{A}_n\cup\cdots\cup\overline{A}_1\overline{A}_2\cdots\overline{A}_{n-k}A_{n-k+1}\cdots A_n,$$

上式右边每一项表示某 k 次试验出现事件 A，另外 $n-k$ 次试验中出现 $\overline{A}$，共有 C_n^k 个这样的结果，而且两两互不相容.由试验的独立性，得

$$P(A_1A_2\cdots A_k\overline{A}_{k+1}\cdots\overline{A}_n)=P(A_1)P(A_2)\cdots P(A_k)P(\overline{A}_{k+1})\cdots P(\overline{A}_n)=p^kq^{n-k},q=1-p.$$

同理可得，右边各项所对应的概率均为 p^kq^{n-k}，利用概率的加法定理知

$$P\{X=k\}=C_n^kp^kq^{n-k},q=1-p,k=0,1,\cdots,n.$$

显然，$P\{X=k\}\geqslant 0$；$\sum\limits_{k=1}^{n}P\{X=k\}=\sum\limits_{k=0}^{n}C_n^kp^kq^{n-k}=(p+q)^n=1$，即 $P\{X=k\}$ 满足分布律的两个条件.注意到 $C_n^kp^kq^{n-k}$ 刚好是二项式 $(p+q)^n$ 的展开式中出现 p^k 的那一项，故称随机变量 X 服从参数为 n,p 的**二项分布**，记为 $X\sim B(n,p)$.

例 2.4.1　用 Python 画出二项分布 $B(60,0.5)$ 的分布律图像和分布函数图像.

解　用 Python 画出的二项分布 $B(60,0.5)$ 的分布律图像如图 2.2 所示，分布函数图像如图 2.3 所示.

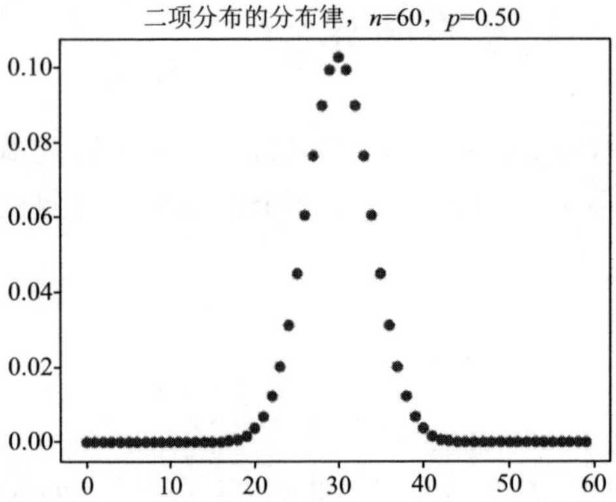

图 2.2

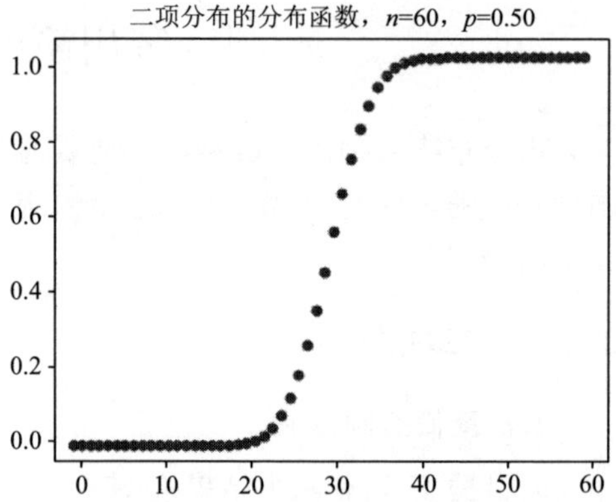

图 2.3

例 2.4.2 已知某工厂生产的产品的次品率为 0.01,各产品是否为次品是相互独立的,工厂以 10 个为一盒出售产品,且承诺每盒最多只有一个次品,否则该盒作退货处理,求售出的产品中退货的比例.

解 以 X 记一盒中次品数量,则由已知得 $X\sim B(10,0.01)$,故所求概率为

$$\begin{aligned}P\{X>1\}&=1-P\{X=0\}-P(X=1)\\&=1-C_{10}^{0}(0.01)^{0}(0.99)^{10}-C_{10}^{1}(0.01)^{1}(0.99)^{9}\approx 0.004,\end{aligned}$$

即会有 0.4%的盒子被退回.

【Python 解答】

```
import math
defbinomial_distribution(p,n,x)
    c= math.factorial(n)/math.factorial(n- x)/math.factorial(x)
    return c*(p**x)*((1- p)**(n- x))
print(1- binomial_distribution(0.01,10,0)- binomial_distribu-
tion(0.01,10,1))
>>> 0.004266200242831503
```

例 2.4.3 经验表明,在患了某种疾病的人中有 30%的人不治自愈.医药公司推出一种新药,随机选 10 个患此病的病人服用新药,已知其中 9 人很快就痊愈了.设各人自行痊愈与否相互独立.试推断这些病人是自愈的,还是新药起了作用.

解 假设新药毫无作用,则一个病人痊愈的概率为 $p=0.3$,以 X 记 10 个病人中自愈的人数,则 $X\sim B(10,0.3)$,故 $P\{X=9\}=C_{10}^{9}(0.3)^{9}(0.7)=0.000\ 138$. 9 人自愈的概率如此小,从概率意义上来讲这不可能发生,但实际上 9 人痊愈的情况已经发生了,这说明还是新药起了作用.

【Python 解答】

```
import math
defbinomial_distribution(p,n,x)
```

```
    c= math.factorial(n)/math.factorial(n-x)/math.factorial(x)
    return c*(p**x)*((1- p)**(n- x))
print(binomial_distribution(0.3,10,9))
>>> 0.00013778099999999996
```

3. 二项分布的数学期望与方差

若随机变量 $X\sim B(n,p)$，则其数学期望为

$$E(X)=\sum_{k=0}^{n}kC_n^k p^k q^{n-k}=\sum_{k=0}^{n}k\frac{n!}{k!\ (n-k)!}p^k q^{n-k}$$

$$=\sum_{k=0}^{n}\frac{n!}{(k-1)!\ (n-k)!}p^k q^{n-k}$$

$$=np\sum_{k=0}^{n}\frac{(n-1)!}{(k-1)!\ [(n-1)-(k-1)]!}p^{k-1}q^{(n-1)-(k-1)}$$

$$=np(p+q)^{n-1}=np.$$

为了确定其方差，先计算 $E(X^2)$.

$$E(X^2)=\sum_{i=0}^{n}k^2C_n^k p^k(1-p)^{n-k}=\sum_{i=0}^{n}k\frac{n!}{(k-1)!\ (n-k)!}p^k(1-p)^{n-k}$$

$$=\sum_{i=0}^{n}(k-1)\frac{n!}{(k-1)!\ (n-k)!}p^k(1-p)^{n-k}+$$

$$\sum_{i=0}^{n}\frac{n!}{(k-1)!\ (n-k)!}p^k(1-p)^{n-k}$$

$$=\sum_{i=2}^{n}\frac{n(n-1)p^2(n-2)!}{(k-2)!\ [(n-2)-(k-2)]!}p^{k-2}(1-p)^{(n-2)-(k-2)}+np$$

$$=n(n+1)p^2+np.$$

因此，$D(X)=E(X^2)-(EX)^2=n(n-1)p^2+np-(np)^2=np(1-p)$.

2.4.2　泊松分布

1. 泊松分布的定义

设随机变量 X 所有可能的取值为 $0,1,\cdots$，而取各个值的概率为

$$P\{X=k\}=\frac{\lambda^k e^{-\lambda}}{k!},\quad k=0,1,\cdots,$$

其中 $\lambda>0$ 是常数，则称 X 服从参数为 λ 的**泊松分布**，记为 $X\sim\pi(\lambda)$ 或 $P(\lambda)$.

显然，$P\{X=k\}\geqslant 0,k=1,2,\cdots$，且有 $\sum\limits_{k=0}^{\infty}P\{X=k\}=e^{-\lambda}\sum\limits_{k=0}^{\infty}\frac{\lambda^k}{k!}=e^{-\lambda}\cdot e^{\lambda}=1$.

即 $P\{X=k\}$ 满足分布律的两个条件.

泊松分布最早是法国数学家 S.D.泊松在 1837 年出版的关于概率论在诉讼、刑事审讯等方面的应用的书中提出的.泊松分布常用于描述一定时间或区域内随机事件发生的次数，其参数 λ 表示单位时间(或单位面积、体积等)内随机事件的平均发生率.

服从或近似服从泊松分布的随机变量有:某时间间隔内电话交换台接到的呼叫次数,公共汽车站到达的乘客数,某地发生的地震次数,进入某商店的顾客数,纺纱机的断头次数,放射性物质射出的粒子数,一本书一页中的印刷错误数,产品表面某区域留下的擦痕个数,显微镜下某区域的微生物数量,某个钢铁铸件中的砂眼个数,某地区居民活到 100 岁的人数,宇宙中单位体积内的星球个数,等等.

例 2.4.4 用 Python 画出参数 $\lambda=0.5$ 的泊松分布在 k 取 0~20 时的分布律图像和分布函数图像.

解 分布律图像如图 2.4 所示,分布函数图像如图 2.5 所示.

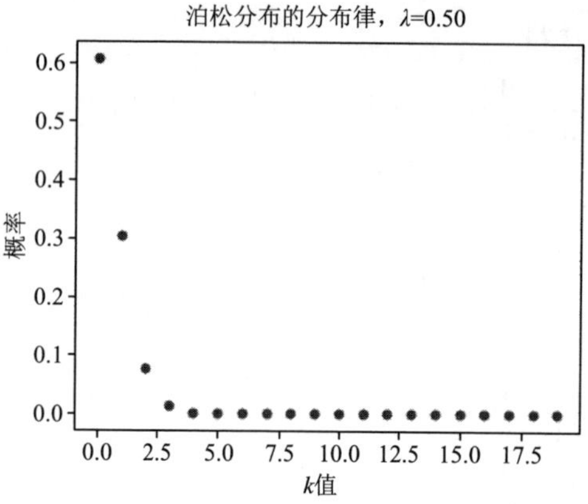

图 2.4

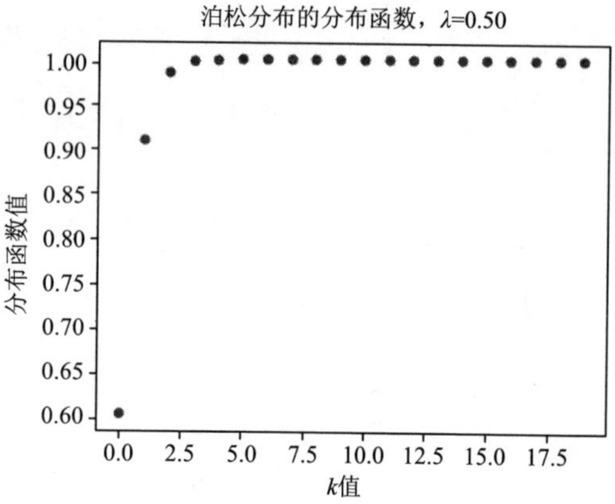

图 2.5

例 2.4.5 假设概率统计教材的某页上的印刷错误服从参数 $\lambda=0.5$ 的泊松分布,求该页上至少有一处错误的概率.

解 设 X 表示该页上的印刷错误数,则 $P(X\geqslant 1)=1-P\{X=0\}=1-e^{-0.5}\approx 0.393\,5$,即该页上至少有一处错误的概率为 0.393 5.

【Python 解答】

```
fromscipy import stats
print(1-stats.poisson.pmf(0,0.5))
>>> 0.3934693402873666
```

例 2.4.6 商店的历史销售记录表明,某种商品每月的销售量服从参数 $\lambda=10$ 的泊松分布.为了以 95%以上的概率保证该商品不脱销,问商店在月底至少应进该商品多少件?

解 设商店每月销售某种商品 X 件,月底进货量为 n 件,按题意要求为 X 服从 $\lambda=10$ 的泊松分布,则有 $P\{X\leqslant n\}\geqslant 0.95$,$\sum_{k=0}^{n}P\{X=k\}\geqslant 0.95$,即 $\sum_{k=0}^{n}\frac{10^k}{k!}e^{-10}\geqslant 0.95$.

由附录 B 的泊松分布表知 $\sum_{k=0}^{14}\frac{10^k}{k!}e^{-10}=0.916\,6<0.95$,$\sum_{k=0}^{15}\frac{10^k}{k!}e^{-10}=0.951\,3>0.95$.于是,这家商店只要在月底进货 15 件(假定上个月没有存货),就可以 95%的概

率保证这种商品在下个月内不会脱销.

2. 二项分布的泊松近似

下面的泊松定理给出了二项分布与泊松分布间的近似关系.

泊松定理　在 n 重伯努利试验中，事件 A 在每次试验中发生概率为 p_n（注意这与实验的次数 n 有关），如果 $n\to\infty$ 时，$np_n\to\lambda$（$\lambda>0$ 为常数），则对任意给定的非负整数 k，有

$$\lim_{n\to\infty}\mathrm{C}_n^k p_n^k(1-p_n)^{n-k}=\frac{\lambda^k}{k!}\mathrm{e}^{-\lambda}.$$

该定理的证明从略.

由于泊松定理是在 $np_n\to\lambda$ 条件下获得的，故在计算二项分布 $B(n,p)$ 时，当 n 很大，p 很小，而乘积 $\lambda=np$ 大小适中时，可以用泊松分布作近似，即

$$\mathrm{C}_n^k p^k(1-p)^{n-k}\approx\frac{(np)^k}{k!}\ \mathrm{e}^{np},\quad k=0,1,\cdots.$$

例 2.4.7　用 Python 画图考察泊松分布与二项分布的关系.

解　泊松分布和二项分布的关系如图 2.6 所示.

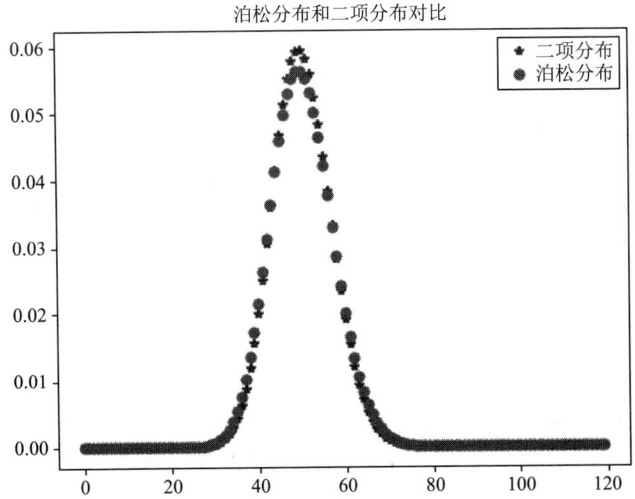

图　2.6

例 2.4.8　某地有 2 500 人参加某种人寿保险，每人在年初向保险公司交付保费 200 元，若在一年内投保人死亡，则由其家属从保险公司领取 5 万元，设该类投保人死亡率为 0.2%，求保险公司获利不少于 10 万元的概率.

解　设 X 为投保人中一年内的死亡人数，由题设知 $X\sim B(2\,500,0.2\%)$.若投保人中有 X 人死亡，则该年保险公司收入为 $200\times2\,500-50\,000X=500\,000-50\,000X$（元），所求概率为

$$P\{500\,000-50\,000X \geqslant 100\,000\}=P\{X \leqslant 8\}=\sum_{k=0}^{8} C_{2\,500}^{k}(0.002)^{k} \cdot (0.998)^{2\,500-k}$$

$$\approx \sum_{k=0}^{8} \frac{(2\,500 \times 0.002)^{k}}{k\,!} \mathrm{e}^{-2\,500 \times 0.002}=0.931\,9,$$

即保险公司获利不少于 10 万元的概率为 0.931 9.

【Python 解答】

```
fromscipy import stats
c= []
for k in range(9):
    c.append(stats.poisson.pmf(k,5))
print(sum(c))
>>> 0.931906365278151
```

3. 泊松分布的数学期望与方差

若随机变量 $X \sim \pi(\lambda)$,则其数学期望为

$$E(X)=\sum_{k=0}^{\infty} k \frac{\lambda^{k}}{k\,!} \mathrm{e}^{-\lambda}=\lambda \mathrm{e}^{-\lambda} \sum_{k=1}^{\infty} \frac{\lambda^{k-1}}{(k-1)\,!}=\lambda \mathrm{e}^{-\lambda} \mathrm{e}^{\lambda}=\lambda,$$

为了确定其方差,先计算 $E(X^2)$:

$$E(X^{2})=\sum_{k=0}^{\infty} k^{2} \frac{\lambda^{k}}{k\,!} \mathrm{e}^{-\lambda}=\sum_{k=1}^{\infty}(k-1+1) \frac{\lambda^{k}}{(k-1)\,!} \mathrm{e}^{-\lambda}$$

$$=\mathrm{e}^{-\lambda} \sum_{k=2}^{\infty} \frac{\lambda^{k}}{(k-2)\,!}+\mathrm{e}^{-\lambda} \sum_{k=1}^{\infty} \frac{\lambda^{k}}{(k-1)\,!}$$

$$=\mathrm{e}^{-\lambda} \lambda^{2} \sum_{k=2}^{\infty} \frac{\lambda^{k-2}}{(k-2)\,!}+\mathrm{e}^{-\lambda} \lambda \sum_{k=1}^{\infty} \frac{\lambda^{k-1}}{(k-1)\,!}=\lambda^{2}+\lambda,$$

因此,$D(X)=E(X^2)-(E(X))^2=\lambda^2+\lambda-\lambda^2=\lambda$.

2.4.3 几何分布

1. 几何分布的定义

如果离散型随机变量 X 所有可能的取值为 $1,2,\cdots$,且取各个值的概率为

$$P\{X=k\}=(1-p)^{k-1} p, \quad k=1,2,\cdots,0<p<1,$$

则称 X 服从参数为 p 的**几何分布**,记为 $X \sim G(p)$.

显然,$P\{X=k\} \geqslant 0, k=1,2,\cdots$,且有

$$\sum_{k=1}^{\infty} P\{X=k\}=p \sum_{k=1}^{\infty}(1-p)^{k-1}=\frac{p}{1-(1-p)}=1.$$

几何分布在日常工作、生活中比较常见.例如,从一批次品率为 $p(0<p<1)$ 的产品中逐个地随机抽取产品进行检验,验后放回再抽取下一件,直到抽到次品为止,记检验的次数为 X,则 $X \sim G(p)$;假设射击游戏中命中率为 $p(0<p<1)$,射击直到命中目标为止,记射击的次数为 X,则 $X \sim G(p)$.

例 2.4.9　用 Python 画出参数 $p=0.5$ 的几何分布在 k 取 $0\sim20$ 时的分布律图像和分布函数图像.

解　分布律图像如图 2.7 所示,分布函数图像如图 2.8 所示.

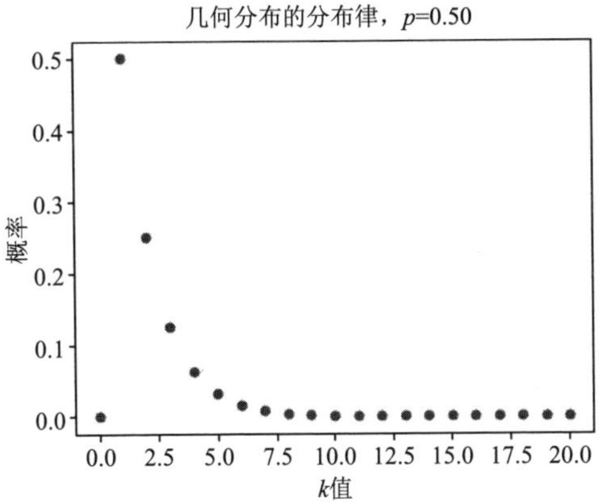

图　2.7

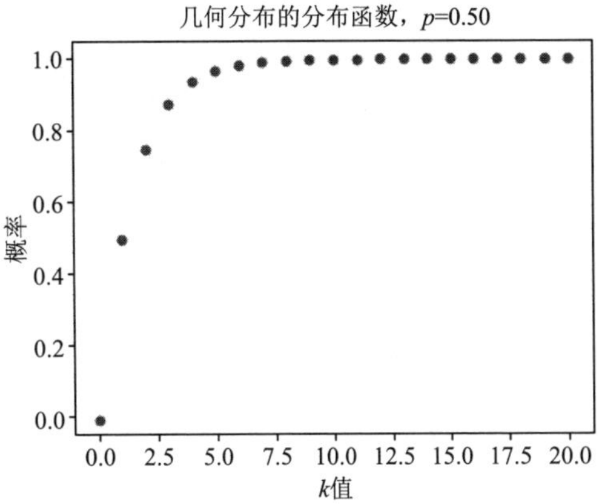

图　2.8

2. 几何分布的数学期望与方差

若随机变量 $X\sim G(p)$,利用幂级数求和公式,当 $|x|<1$ 时, $\sum_{k=1}^{\infty}kx^{k-1}=\frac{1}{(1-x)^2}$,则其数学期望为

$$E(X)=\sum_{k=1}^{\infty}k(1-p)^{k-1}p=p\sum_{k=1}^{\infty}k(1-p)^{k-1}=p\cdot\frac{1}{p^2}=\frac{1}{p}.$$

当 $|x|<1$ 时, $\sum_{k=1}^{\infty}k^2x^{k-1}=\frac{1+x}{(1-x)^3}$,于是

$$E(X^2)=\sum_{k=1}^{\infty}k^2(1-p)^{k-1}p=p\sum_{k=1}^{\infty}k^2(1-p)^{k-1}=p\cdot\frac{2-p}{p^3}=\frac{2-p}{p^2},$$

$$D(X)=E(X^2)-(E(X))^2=\frac{2-p}{p^2}-\frac{1}{p^2}=\frac{q}{p^2}.$$

2.4.4　超几何分布

1. 超几何分布的定义

假设现有 M 件产品,其中 $n(n\leqslant M)$ 件不合格品.若从中不放回抽样随机取 $N(N\leqslant M)$ 件,令随机变量 X 为抽取的 N 件产品中不合格品的数量,则 X 的分布律为

$$P\{X=k\}=\frac{C_n^k C_{M-n}^{N-k}}{C_M^N},\quad k=0,1,\cdots,m,$$

其中 $m=\min\{N,n\}$,M,n 均为正整数,此时称随机变量 X 服从参数为 N,M,n 的超几何分布,记为 $X\sim H(M,n,N)$.

由组合数的非负性显然 $P(X=k)=\dfrac{C_n^k C_{M-n}^{N-k}}{C_M^N}\geqslant 0$,利用组合性质 $\sum\limits_{k=0}^{n} C_n^k C_{M-n}^{N-k}=C_M^N$ 可得 $\sum\limits_{k=0}^{n} P\{X=k\}=\sum\limits_{k=0}^{n}\dfrac{C_n^k C_{M-n}^{N-k}}{C_M^N}=\dfrac{1}{C_M^N}\sum\limits_{k=0}^{n} C_n^k C_{M-n}^{N-k}=\dfrac{C_M^N}{C_M^N}=1$,因此超几何分布满足离散型随机变量概率分布的两条性质.

例 2.4.10 仓库有 10 件某型号产品,其中 3 件次品,现从中任取 3 件,求取出的 3 件产品中恰好有 2 件次品的概率.

解 设 X 表示取出的 3 件产品中次品的件数,则 $X\sim H(10,3,3)$,所求概率为

$$P\{X=2\}=\frac{C_3^2 C_7^1}{C_{10}^3}=0.175.$$

【Python 解答】

```
fromscipy.stats import hypergeom
p= hypergeom.pmf(M=10,n=3,N=3,k=2)
print(p)
>>> 0.175
```

特别地,当取件数 N 远远小于产品总数 M 时,每次取件后,不合格率 $p=\dfrac{n}{M}$ 变化非常小,不放回抽样和放回抽样相差很小,此时超几何分布可以由二项分布来近似替代,即

$$\frac{C_n^k C_{M-n}^{N-k}}{C_M^N}\approx C_N^k p^k (1-p)^{N-k},$$

其中 $p=\dfrac{n}{M}$.

2. 超几何分布的数学期望与方差

若随机变量 $X\sim H(M,n,N)$,结合组合性质 $\sum\limits_{k=0}^{n} C_n^k C_{M-n}^{N-k}=C_M^N$,则其数学期望为

$$E(X)=\sum_{k=0}^{m} k\cdot\frac{C_n^k C_{M-n}^{N-k}}{C_M^N}=\frac{Nn}{M}\sum_{k=1}^{\infty}\frac{C_{n-1}^{k-1} C_{M-n}^{N-k}}{C_{M-1}^{N-1}}=\frac{Nn}{M}.$$

$$\begin{aligned}E(X^2)&=\sum_{k=0}^{m} k^2\frac{C_n^k C_{M-n}^{N-k}}{C_M^N}=\sum_{k=0}^{m} k(k-1)\frac{C_n^k C_{M-n}^{N-k}}{C_M^N}+\sum_{k=0}^{m} k\frac{C_n^k C_{M-n}^{N-k}}{C_M^N}\\&=\sum_{k=0}^{m} k(k-1)\frac{C_n^k C_{M-n}^{N-k}}{C_M^N}+\frac{Nn}{M}=\frac{n(n-1)}{C_M^N}\sum_{k=2}^{m} C_{n-2}^{k-2} C_{M-n}^{N-k}+\frac{Nn}{M}\\&=\frac{n(n-1)}{C_M^N}\cdot C_{M-2}^{N-2}+\frac{Nn}{M}=\frac{n(n-1)N(N-1)}{M(M-1)}+\frac{Nn}{M}.\end{aligned}$$

所以,X 的方差为 $D(X)=E(X^2)-(E(X))^2=\dfrac{nN(M-n)(M-N)}{M^2(M-1)}$.

§2.5　离散型随机变量函数的分布

在实际问题中往往需要研究随机变量函数的分布.例如,在无线电接收中,某时刻收到的信号是一个随机变量 X,若把信号通过平方检波器,则输出的信号为 $Y=X^2$;某商品的需求量是一个随机变量,而该产品的销售收入就是需求量的函数.本节主要讨论根据已知的离散型随机变量 X 的分布律求函数 $Y=g(X)$的分布律,这里 $y=g(x)$ 是 $\mathbf{R}$ 上的连续函数.

例 2.5.1　设随机变量 X 具有如下分布律,求 $Y=3X+1$ 和 $Z=|X|$的分布律.

X	−1	0	1	2
p_k	0.2	0.1	0.4	0.3

解　Y 的所有可能取值为 $-2,1,4,7$.由 $P\{Y=3k+1\}=P\{X=k\}=p_k$ 知,Y 的分布律为

Y	−2	1	4	7
p_k	0.2	0.1	0.4	0.3

Z 的所有可能取值为 $0,1,2$.

$P\{Z=0\}=P\{|X|=0\}=P\{X=0\}=0.1$,

$P\{Z=1\}=P\{|X|=1\}=P\{X=-1\}+P\{X=1\}=0.6$,

$P\{Z=2\}=P\{|X|=2\}=P\{X=2\}=0.3$,

故 Z 的分布律为

Z	0	1	2
p_k	0.1	0.6	0.3

例 2.5.2　设随机变量 X 服从二项分布 $B(n,p)$,求随机变量 $Y=n-X$ 的分布律.

解　Y 可能的取值为 $0,1,\cdots,n$,于是,对任意 k $(k=0,1,\cdots,n)$有

$$\begin{aligned}P\{Y=k\}&=P\{n-X=k\}=P\{X=n-k\}\\&=\mathrm{C}_n^{n-k}p^{n-k}(1-p)^{n-(n-k)}=\mathrm{C}_n^k(1-p)^k[1-(1-p)]^{n-k},\end{aligned}$$

所以 Y 服从二项分布 $B(n,1-p)$.

例 2.5.3　设随机变量 X 服从参数为 2 的泊松分布,若随机变量

$$Y=\begin{cases}0, & X\leqslant 1\\1, & X>1\end{cases},$$

求随机变量 Y 的分布律.

解 由已知得 Y 可能的取值为 0 或 1,且 $P\{X=k\}=\frac{e^{-2}2^k}{k!}$, $k=0,1,\cdots$,于是

$$P\{Y=0\}=P\{X\leqslant 1\}=P\{X=0\}+P\{X=1\}=3e^{-2},$$
$$P\{Y=1\}=1-P\{Y=0\}=1-3e^{-2},$$

故随机变量 Y 的分布律为

Y	0	1
p_k	$3e^{-2}$	$1-3e^{-2}$

习 题 2

1. 一袋中有 5 个乒乓球,编号为 1,2,3,4,5,在其中同时取 3 个,以 X 表示取出的 3 个球中的最大号码,求随机变量 X 的分布律.

2. 射手向目标独立地进行了 3 次射击,每次击中率为 0.8,求 3 次射击中击中目标的次数的分布律及分布函数,并求 3 次射击中至少击中 2 次的概率.

3. 设随机变量 X 的分布律为 $P\{X=k\}=\frac{a\lambda^k}{k!}$, $k=0,1,\cdots$, $\lambda>0$ 为常数,求常数 a.

4. 设某机场每天有 200 架飞机在此降落,任一飞机在某一时刻降落的概率设为 0.02,且设各飞机降落是相互独立的.试问该机场需配备多少条跑道,才能保证某一时刻飞机需立即降落而没有空闲跑道的概率小于 0.01(每条跑道只能允许一架飞机降落)?

5. 某汽车站每天有大量汽车通过,设每辆车在一天的某时段出事故的概率为 0.000 1,在某天的该时段内有 1 000 辆汽车通过,问出事故的次数不小于 2 的概率是多少(利用泊松定理)?

6. 已知在 5 重伯努利试验中成功的次数 X 满足 $P\{X=1\}=P\{X=2\}$,求 $P\{X=4\}$.

7. 设事件 A 在每一次试验中发生的概率为 0.3,当 A 发生不少于 3 次时,指示灯发出信号,求:

(1)进行了 5 次独立试验,指示灯发出信号的概率;

(2)进行了 7 次独立试验,指示灯发出信号的概率.

8. 某公安局在长度为 t 的时间间隔内收到的紧急呼救的次数 X 服从参数为 $\frac{t}{2}$ 的泊松分布,而与时间间隔起点无关(时间以小时计),求:

(1)某一天中午 12 时至下午 3 时没收到呼救的概率;

(2)某一天中午 12 时至下午 5 时至少收到 1 次呼救的概率.

9. 某教科书出版了 2 000 册，因装订等原因造成错误的概率为 0.001，试求在这 2 000 册书中恰有 5 册错误的概率.

10. 进行某种试验，成功的概率为 $\frac{3}{4}$，失败的概率为 $\frac{1}{4}$. 以 X 表示试验首次成功所需试验的次数，试写出 X 的分布律，并计算 X 取偶数的概率.

11. 有 2 500 名同一年龄和同社会阶层的人参加了保险公司的人寿保险. 在一年中每个人死亡的概率为 0.002，每个参加保险的人在 1 月 1 日须交 12 元保险费，而在死亡时家属可从保险公司领取 2 000 元赔偿金，求：(1)保险公司亏本的概率；(2)保险公司获利分别不少于 10 000 元、20 000 元的概率.

12. 设三次独立试验中，事件 A 出现的概率相等. 若已知 A 至少出现一次的概率为 19/27，求 A 在一次试验中出现的概率.

13. 某篮球运动员投篮后投中的概率为 0.9，求他两次独立投篮后投中次数 X 的分布律以及他至少投中一次的概率.

14. 已知笔记本电脑里有 5 块芯片，其中 2 块有缺陷. 现随机地从这 5 块芯片中挑选 2 块进行检查，用 X 表示在检查的 2 块芯片中有缺陷的芯片的数量，求 X 的分布律，并由此计算 2 块被检查芯片中不超过 1 块有缺陷的概率.

15. 设随机变量 X 的分布律为

X	-2	-1	0	1	3
p_k	1/5	1/6	1/5	1/15	11/30

求 $Y=X^2$ 的分布律.

16. 设 $P\{X=k\}=\left(\frac{1}{2}\right)^k$，$k=1,2,\cdots$，令 $Y=\begin{cases}1, & X \text{ 取偶数} \\ -1, & X \text{ 取奇数}\end{cases}$，求 Y 的分布律.

17. 设随机变量 X 的分布律为 $P\left\{X=k\cdot\frac{\pi}{2}\right\}=\left(\frac{1}{2}\right)^{k+1}$，$k=0,1,\cdots$，求随机变量 $Y=\sin X$ 的分布律.

18. 设 $X\sim N(0,\ 1)$，求：(1)$Y=\mathrm{e}^X$ 的概率密度；(2)$Y=2X^2+1$ 的概率密度；(3)$Y=|X|$的概率密度.

19. 假设某设备在任何长为 t 的时间内发生故障的次数 $N(t)$服从参数为 λt 的泊松分布，求：

(1)相继两次故障之间时间间隔 T 的概率分布；

(2)在设备已经无故障工作 8 h 的情形下，再无故障运行 8 h 的概率.

20. 袋中有 5 个球，编号分别为 1,2,3,4,5，从中任取 3 个球，以 X 表示取出的 3 个球中最大编号，求 $E(X)$.

21. 设随机变量 X 的可能取值为 1,2,3，相应的概率分布为 0.3,0.5,0.2，求 $Y=2X-1$ 的期望与方差.

22. 设随机变量 X 的分布律为

X	-1	0	1	2
p	1/8	1/2	1/8	1/4

求 $E(X)$,$E(X^2)$,$E(2X+3)$.

23. 设随机变量 X 的分布律为

X	-1	0	1
p	p_1	p_2	p_3

且已知 $E(X)=0.1$,$E(X^2)=0.9$,求 p_1,p_2,p_3.

24. 假设随机变量可能的取值为 1 和 2,且 $E(X)=1.6$,求 $P\{X=1\}$.

25. 设 10 件产品中恰有 2 件次品,现进行不放回抽样,每次取 1 件,以 X 表示直到第二次取到正品为止的抽取次数,求 X 的分布律及数学期望 $E(X)$.

26. 设一台设备由两大部件构成,在设备运转过程中两大部件需要调整的概率分别为 0.1 和 0.2,假设各部件是否需要调整相互独立,以 X 表示同时需要调整的部件数,求 X 的数学期望 $E(X)$ 及标准差 $\sigma(X)$.

27. 设随机变量 X 满足 $E(X)=D(X)=\lambda$,且 $E((X-4)(X-1))=0$,求 λ 的值.

28. 设 X 表示 5 次独立重复射击命中目标的次数,每次命中目标的概率为 0.2,求 X^2 的数学期望 $E(X^2)$.

29. 某人射击直到中靶为止,已知每次射击中靶的概率为 0.75,记 X 为此人射击的次数,求概率 $P\{X=2\}$ 及数学期望 $E(X)$.

30. 设某产品的废品率为 0.005,任取 1 000 件这种产品,利用泊松定理,求其中废品不多于 5 件的概率.

31. 已知有 2 000 人参加了保险公司的某类重大疾病的保险项目,每人一次性交保费 500 元,一旦身患该类重大疾病可以获得 10 万元赔付,假设每个人患病与否相互独立,且每个人患该类重大疾病的概率为 0.002.若不计营销和管理模式,求:(1)保险公司在该保险项目上亏损的概率;(2)保险公司在该保险项目上盈利不少于 20 万元的概率利用泊松定理.

数学家风采

雅各布·伯努利

雅各布·伯努利(Jakob Bernoulli,1654—1705),瑞士数学家,毕业于巴塞尔大学.他是公认的概率论的先驱之一.他是最早使用“积分”这个术语的人,也是较早使用极坐标系的数学家之一.他较早阐明随着试验次数的增加,频率稳定在概率附近.他研究了悬链线,确定了等时曲线的方程.概率论中的伯努利试验与大数定理也是他提出来的.雅各布·伯努利对数学的最突出的贡献是在概率论和变分法这两个领域中.他在《猜度术》中给出的伯努利数有很多应用,提出了概率论中的“伯努利定理”,这是大数定律的最早形式.

西莫恩·德尼·泊松

西莫恩·德尼·泊松(Simeon-Denis Poisson 1781—1840),法国数学家、几何学家和物理学家.他对积分理论、行星运动理论、热物理、弹性理论、电磁理论、位势理论和概率论都有重要贡献.他还是 19 世纪概率统计领域里的卓越人物.1837 年,他在《关于判断的概率之研究》一文中提出描述随机现象的一种常用分布,在概率论中现称泊松分布.他推广了“大数定律”,并导出了在概率论与数理方程中有重要应用的泊松积分.他是从法庭审判问题出发研究概率论的,1837 年出版了专著《关于刑事案件和民事案件审判概率的研究》.

第3章 连续型随机变量

第2章已经介绍了离散型随机变量及其分布律，但在很多实际问题中，还有一类随机变量，它的取值既不是有限个也不是可列多个，而是充满某个区间或几个区间的并.例如，灯泡的使用寿命，上海1月的最高气温，等等.这类随机变量称为连续型随机变量.本章主要介绍连续型随机变量的分布及其数字特征.

§3.1 连续型随机变量及其概率密度函数

定义 对于随机变量 X 的分布函数 $F(x)$，如果存在非负函数 $f(x)$，使对于任意实数 x，有

$$F(x)=\int_{-\infty}^{x} f(t)\mathrm{d}t,$$

则称 X 为**连续型随机变量**，其中函数 $f(x)$ 称为 X 的**概率密度函数**，简称**密度函数**.

由定义知，密度函数 $f(x)$ 具有以下性质：

(1) $f(x)\geqslant 0$；

(2) $\int_{-\infty}^{+\infty} f(x)\mathrm{d}x=F(+\infty)=1$；

(3)对于任意实数 $a,b,a<b$，有

$$P\{a<X\leqslant b\}=F(b)-F(a)=\int_{a}^{b} f(x)\mathrm{d}x;$$

(4)若 $f(x)$ 在点 x 处连续，则有 $F'(x)=f(x)$.

性质(1)和性质(2)是判断某个函数是否为密度函数的充要条件.

对于性质(3)，由定积分的几何意义知，X 落在区间 $(a,b]$ 上的概率 $P\{a<X\leqslant b\}$ 等于区间 $(a,b]$ 上曲线 $f(x)$ 之下的曲边梯形的面积(见图3.1).

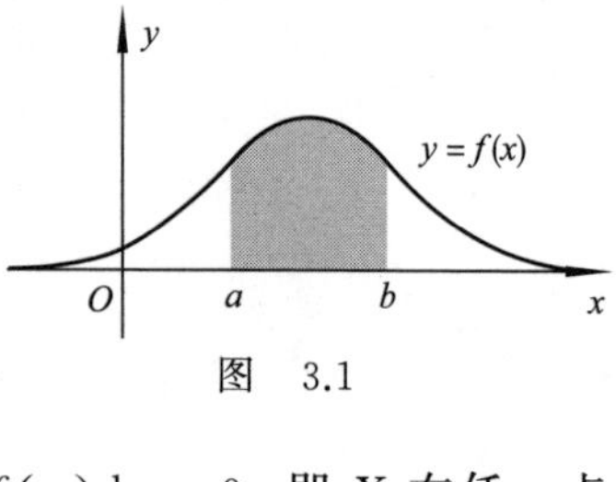

图 3.1

在性质(3)的表达式中，令 $a=b$，则 $P\{X=a\}=\int_{a}^{a} f(x)\mathrm{d}x=0$，即 X 在任一点 $x=a$ 处取值的概率为0，从而 $P\{a<X\leqslant b\}=P\{a\leqslant X<b\}=P\{a\leqslant X\leqslant b\}=P\{a<X<b\}$.

由性质(4)知，在 $f(x)$ 的连续点 x 处，对于 $\Delta x>0$，有

$$f(x)=F'(x)=\lim_{\Delta x\to 0^+}\frac{F(x+\Delta x)-F(x)}{\Delta x}=\lim_{\Delta x\to 0^+}\frac{P\{x<X\leqslant x+\Delta x\}}{\Delta x}.$$

上式表明密度函数 $f(x)$ 不是随机变量 X 在 x 处取值的概率，而是 X 在区间 $(x, x+\Delta x)$ 上取值的概率与区间长度之比的极限，反映的是随机变量 X 在 x 处的概率分布密集程度.如果把概率当作质量，则可以想象手边有一根总质量为 1 的无穷长细金属杆，$f(x)$ 就表示杆上 x 点处的线密度，这就是称它为密度函数的原因.

例 3.1.1　设连续型随机变量 X 的密度函数为

$$f(x)=\begin{cases}kx, & 0<x<1\\ 0, & 其他\end{cases}.$$

(1)求常数 k；(2)求 X 的分布函数 $F(x)$；(3)求 $P\left\{\frac{1}{2}<X\leqslant\frac{3}{2}\right\}$.

解　(1)由 $\int_{-\infty}^{+\infty}f(x)\mathrm{d}x=1$，得 $1=\int_0^1 kx\,\mathrm{d}x=\frac{k}{2}$，解得 $k=2$，即

$$f(x)=\begin{cases}2x, & 0<x<1\\ 0, & 其他\end{cases}.$$

(2)当 $x\leqslant 0$ 时，$F(x)=\int_{-\infty}^{x}0\mathrm{d}x=0$；

当 $0<x<1$ 时，$F(x)=\int_{-\infty}^{0}0\mathrm{d}x+\int_0^x 2x\,\mathrm{d}x=x^2$；

当 $x\geqslant 1$ 时，$F(x)=\int_{-\infty}^{0}0\mathrm{d}x+\int_0^1 2x\,\mathrm{d}x+\int_1^x 0\mathrm{d}x=1$.

因此，X 的分布函数(见图 3.2)为

$$F(x)=\begin{cases}0, & x\leqslant 0\\ x^2, & 0<x<1.\\ 1, & x\geqslant 1\end{cases}$$

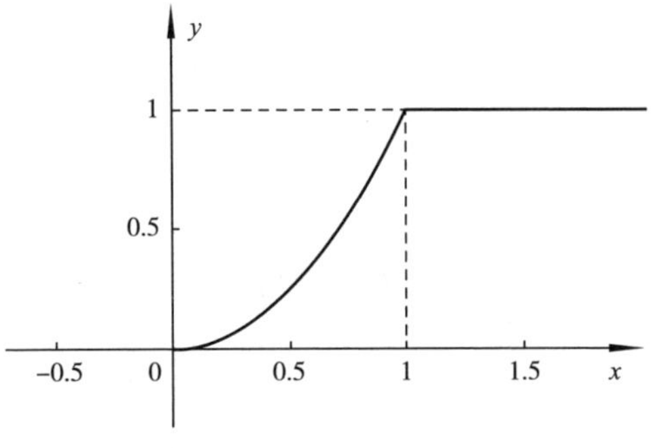

图　3.2

(3)$P\left\{\frac{1}{2}<X\leqslant\frac{3}{2}\right\}=F\left(\frac{3}{2}\right)-F\left(\frac{1}{2}\right)=1-\frac{1}{4}=\frac{3}{4}$；

或者 $P\left\{\frac{1}{2}<X\leqslant\frac{3}{2}\right\}=\int_{\frac{1}{2}}^{\frac{3}{2}}f(x)\mathrm{d}x=\int_{\frac{1}{2}}^{1}2x\,\mathrm{d}x+\int_{1}^{\frac{3}{2}}0\mathrm{d}x=1-\frac{1}{4}=\frac{3}{4}$.

例 3.1.2 设连续型随机变量 X 的分布函数为

$$F(x)=\begin{cases}0, & x\leqslant 0\\ \frac{x^2}{2}, & 0<x<1\\ 2x-\frac{x^2}{2}-1, & 1\leqslant x<2\\ 1, & x\geqslant 2\end{cases},$$

求随机变量 X 的密度函数 $f(x)$.

解 在分布函数 $F(x)$的可导处,可得密度函数 $f(x)=\frac{\mathrm{d}F(x)}{\mathrm{d}x}$.因此

$$f(x)=\begin{cases}x, & 0<x<1\\ 2-x, & 1\leqslant x<2.\\ 0, & \text{其他}\end{cases}$$

§3.2 连续型随机变量的数学期望与方差

本节介绍连续型随机变量的数学期望和方差的概念和计算方法.

3.2.1 数学期望

定义 3.2.1 设连续型随机变量 X 的密度函数为 $f(x)$,如果反常积分 $\int_{-\infty}^{+\infty}|x|f(x)\mathrm{d}x$ 存在,则称 $\int_{-\infty}^{+\infty}xf(x)\mathrm{d}x$ 的值为随机变量 X 的**数学期望**,记为 $E(X)$,即

$$E(X)=\int_{-\infty}^{+\infty}xf(x)\mathrm{d}x. \tag{3.1}$$

如果反常积分 $\int_{-\infty}^{+\infty}|x|f(x)\mathrm{d}x$ 不存在,则称随机变量 X 的数学期望不存在.随机变量的数学期望取决于其分布,反映了随机变量的平均取值.

例 3.2.1 已知随机变量 X 的密度函数为

$$f(x)=\begin{cases}1/6, & 0<x<6\\ 0, & \text{其他}\end{cases},$$

求 $E(X)$.

解 $E(X)=\int_{-\infty}^{+\infty}xf(x)\mathrm{d}x=\int_0^6 x\cdot\frac{1}{6}\mathrm{d}x=\left.\frac{x^2}{12}\right|_0^6=3$.

第 2 章给出了离散型随机变量函数的数学期望计算公式,连续型随机变量函数的

数学期望也有类似的公式.

定理　设连续型随机变量 X 的密度函数为 $f(x)$，$g(x)$是 R 上的连续函数，若反常积分 $\int_{-\infty}^{+\infty}|g(x)|f(x)\mathrm{d}x$ 存在，则 $g(X)$的数学期望为

$$E(g(X))=\int_{-\infty}^{+\infty}g(x)f(x)\mathrm{d}x. \tag{3.2}$$

例 3.2.2　设连续型随机变量 X 的密度函数为 $f(x)=\begin{cases}\frac{1}{\pi}, & 0\leqslant x\leqslant\pi\\ 0, & \text{其他}\end{cases}$，求随机变量函数 $Y=\sin X$ 的数学期望 $E(Y)$.

解　由式(3.2)得

$$E(Y)=\int_{-\infty}^{+\infty}\sin x\cdot f(x)\mathrm{d}x=\int_{0}^{\pi}\sin x\cdot\frac{1}{\pi}\mathrm{d}x=\frac{2}{\pi}.$$

例 3.2.3　按季节出售的某种应时商品，每售出 1 kg 获利 8 元，如到季末尚有剩余商品，则每 kg 净亏 2 元，设商店在季节内这种商品的销售量 X(单位 kg)是一个随机变量，在区间(6,16)内服从均匀分布，为使商店获得最大利润，问该商品应进货多少？

解　设 t 表示进货量，由题意知 $6<t<16$，进货 t 所得的利润记为 $L_t(X)$，则

$$L_t(X)=\begin{cases}8X-2(t-X), & 6<X<t(\text{有积压})\\ 8t, & t<X<16(\text{无积压})\end{cases},$$

利润 $L_t(X)$是随机变量，求最大利润即求 t 使 $E(L_t(X))$最大.

由题意 X 的概率密度为

$$f(x)=\begin{cases}\frac{1}{10}, & 6<x<16\\ 0, & \text{其他}\end{cases},$$

则

$$\begin{aligned}E(L_t(X))&=\int_{-\infty}^{+\infty}L_t(x)f(x)\mathrm{d}x=\frac{1}{10}\int_{6}^{16}L_t(x)\mathrm{d}x\\&=\frac{1}{10}\int_{6}^{t}[8x-2(t-x)]\mathrm{d}x+\frac{1}{10}\int_{t}^{16}8t\,\mathrm{d}x\\&=\frac{1}{10}\left[\int_{6}^{t}(6x-2t)\mathrm{d}x+8t(16-t)\right]\\&=\frac{1}{10}(-7t^2+140t-108).\end{aligned}$$

令

$$\frac{\mathrm{d}E(L_t(X))}{\mathrm{d}t}=\frac{1}{10}(-14t+140)=0,$$

得 $t=10$.

而

$$\frac{d^2E[L_t(X)]}{dt^2}=-\frac{14}{10}<0,$$

于是 $t=10$ 时 $E(W_t(X))$ 取得极大值,也就是最大值,所以进货 10 kg 时利润最大.

【MATLAB 解答】

```
>> syms x t;
>> EY= 1/10*(int((6*x-2*t),x,6,t)+ int(8*t,x,t,16))
>> simplify(((t - 6)*(t +  18))/10 -  (4*t*(t - 16))/5)
%% simplify(f)是对函数 f 化简
ans = -  (7*t^2)/10 + 14*t - 54/5
>> fminbnd('- (- (7*x^2)/10 + 14*x - 54/5)',6,16)
ans =  10.0000
%% fminbnd('f',a,b)是对函数 f 在区间[a,b]上求极小值.要求函数的极大值时只需将'f'变为'- f').
```

3.2.2 方差

定义 3.2.2 设连续型随机变量 X 的密度函数为 $f(x)$,若反常积分 $\int_{-\infty}^{+\infty}x^2f(x)dx$ 存在,则称

$$\int_{-\infty}^{+\infty}[x-E(X)]^2f(x)dx. \tag{3.3}$$

为随机变量 X 的**方差**,记为 $D(X)$或 $Var(X)$.称$\sqrt{D(X)}$为 X 的**标准差**,记为 $\sigma(X)$,它与 X 具有相同的度量单位,在实际应用中经常使用.

在连续型随机变量方差的计算中,公式 $D(X)=E(X^2)-(E(X))^2$ 同样适用.

例 3.2.4 设随机变量 X 表示人群中短视频购物的比例,其密度函数为

$$f(x)=\begin{cases}\frac{2(x+3)}{7}, & 0<x<1\\ 0, & \text{其他}\end{cases},$$

求随机变量 X 的方差 $D(X)$和标准差 $\sigma(X)$.

解 $E(X)=\int_{-\infty}^{+\infty}x\cdot f(x)dx=\int_0^1 x\cdot\frac{2(x+3)}{7}dx=\frac{11}{21}$,

$$E(X^2)=\int_{-\infty}^{+\infty}x^2\cdot f(x)dx=\int_0^1 x^2\cdot\frac{2(x+3)}{7}dx=\frac{5}{14},$$

$$D(X)=E(X^2)-(E(X))^2=\frac{5}{14}-\left(\frac{11}{21}\right)^2=\frac{73}{882}=0.082\ 8=8.28\%,$$

$$\sigma(X)=\sqrt{D(X)}.$$

例 3.2.5　设随机变量 X 的密度函数为 $f(x)=\frac{1}{\pi}\cdot\frac{1}{1+x^2}$，问 X 的数学期望 $E(X)$ 和方差 $D(X)$ 存在吗？

解　因为反常积分

$$\int_{-\infty}^{+\infty}xf(x)\mathrm{d}x=\int_{-\infty}^{+\infty}\frac{1}{\pi}\cdot\frac{x}{1+x^2}\mathrm{d}x=\frac{1}{2\pi}\cdot\ln(1+x^2)\Big|_{-\infty}^{+\infty}$$

和

$$\begin{aligned}\int_{-\infty}^{+\infty}x^2f(x)\mathrm{d}x&=\int_{-\infty}^{+\infty}\frac{1}{\pi}\cdot\frac{x^2}{1+x^2}\mathrm{d}x=\int_{-\infty}^{+\infty}\frac{1}{\pi}\cdot\frac{x^2+1-1}{1+x^2}\mathrm{d}x\\&=\int_{-\infty}^{+\infty}\frac{1}{\pi}\left(1-\frac{1}{1+x^2}\right)\mathrm{d}x\end{aligned}$$

不存在，所以 X 的数学期望 $E(X)$ 和方差 $D(X)$ 都不存在.

例 3.2.6　已知 $E(X)=1$，$D(X)=2$，$E((aX-3)^2)=9\ (a>0)$，求常数 a.

解法一　由已知及方差的计算公式 $D(X)=E(X^2)-(E(X))^2$，得

$$\begin{aligned}9&=E((aX-3)^2)=D(aX-3)+(E(aX-3))^2\\&=a^2D(X)+(aE(X)-3)^2=2a^2+(a-3)^2\\&=3a^2-6a+9,\end{aligned}$$

故 $3a^2-6a=0$，解得 $a_1=0$，$a_2=2$，由已知得 $a>0$，因此 $a=2$.

解法二　$9=E((aX-3)^2)=E(a^2X^2-6aX+9)=a^2E(X^2)-6aE(X)+9$，于是由已知及方差的计算公式 $D(X)=E(X^2)-[E(X)]^2$ 得

$$a^2(D(X)+(E(X))^2)-6aE(X)=0,$$

即 $3a^2-6a=0$，解得 $a_1=0$，$a_2=2$.

由已知得 $a>0$，因此 $a=2$.

§3.3　常用连续型随机变量的分布

3.3.1　均匀分布

1. 均匀分布的定义

定义 3.3.1　若随机变量 X 的密度函数为

$$f(x)=\begin{cases}\frac{1}{b-a}, & a<x<b\\0, & \text{其他}\end{cases},$$

则称 X 服从区间 (a,b) 上的**均匀分布**，记为 $X\sim U(a,b)$.

因为密度函数在个别点的取值不影响概率的大小，所以定义 3.3.1 的 $f(x)$ 表达式中的范围 $a<x<b$ 也可以写为 $a\leqslant x<b$、$a<x\leqslant b$ 或者 $a\leqslant x\leqslant b$.

易知 $f(x)\geqslant 0$,且$\int_{-\infty}^{+\infty}f(x)\mathrm{d}x=1$. X 的分布函数为

$$F(x)=\begin{cases}0, & x\leqslant a\\ \dfrac{x-a}{b-a}, & a<x<b.\\ 1, & x\geqslant b\end{cases}$$

$f(x)$及 $F(x)$的图形分别如图 3.3 和图 3.4 所示.

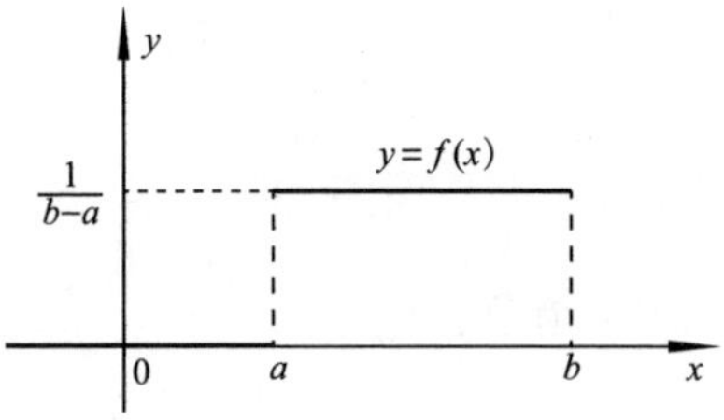

图 3.3

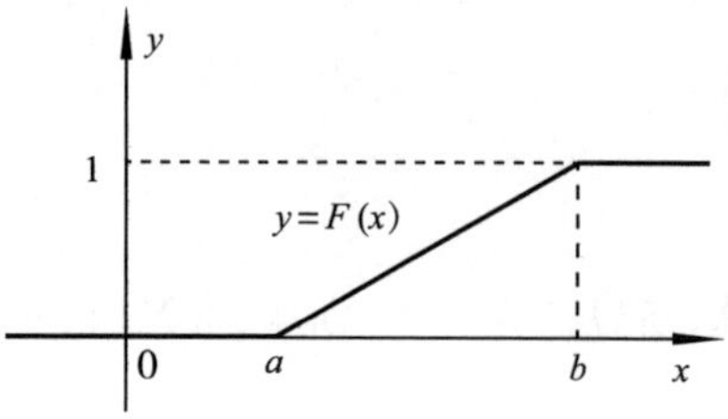

图 3.4

从图 3.3 可以看出,服从均匀分布的随机变量 X 在(a,b)中任一等长度的子区间内的概率是相等的,换句话说,X 落在(a,b)内任一子区间内取值的概率仅依赖于子区间的长度,而与子区间的位置无关.

例 3.3.1 某电阻 R(单位:Ω)是一个在区间(500,700)上服从均匀分布的随机变量,求电阻 R 落在 550～670 Ω 之间的概率.

解 由题意,电阻 R 的概率密度为

$$f(r)=\begin{cases}\dfrac{1}{200}, & 500<r<700\\ 0, & 其他\end{cases},$$

故
$$P\{550<R<670\}=\int_{550}^{670}\frac{1}{200}\,\mathrm{d}r=0.6.$$

【MATLAB 解答】

```
>> unifcdf(670,500,700)-unifcdf(550,500,700)
ans =0.6000
```

例 3.3.2 50 路公共汽车从早晨 9 点开始到达上海南站的时间间隔为 10 min,如果某乘客在 9:00—9:20 之间到达上海南站的时刻 T 服从均匀分布,求他在上海南站等 50 路公共汽车不超过 4 min 的概率.

解 由题意,以 9:00 为起点,以分钟为计时单位,则 T 是一个在(0,20)上服从均匀分布的随机变量.T 的概率密度为 $f(t)=\begin{cases}\dfrac{1}{20}, & 0<t<20\\ 0, & 其他\end{cases}$.

当乘客在 9:06—9:10 或者 9:16—9:20 到达上海南站时,他的等车时间不超过 4 min,即所求概率为

$$P\{6\leqslant T\leqslant 10\}+P\{16\leqslant T\leqslant 20\}=\int_6^{10}\frac{1}{20}\,\mathrm{d}t+\int_{16}^{20}\frac{1}{20}\,\mathrm{d}t=\frac{2}{5}.$$

均匀分布在实际问题中较为常见.例如,一个随机数取整后产生的误差以及前面提到的乘客到达车站的时刻等都服从均与分布.

2. 均匀分布的数学期望和方差

设 $X\sim U(a,b)$,则 X 的数学期望为

$$E(X)=\int_{-\infty}^{+\infty}xf(x)\mathrm{d}x=\int_a^b\frac{x}{b-a}\mathrm{d}x=\frac{a+b}{2},$$

即服从(a,b)上均匀分布的随机变量的平均值就是区间(a,b)的中点.又

$$E(X^2)=\int_a^b x^2\cdot\frac{1}{b-a}\mathrm{d}x=\frac{1}{3}(a^2+ab+b^2),$$

所以 X 的方差为

$$D(X)=E(X^2)-(E(X))^2=\frac{1}{3}(a^2+ab+b^2)-\left(\frac{a+b}{2}\right)^2=\frac{(b-a)^2}{12}.$$

3.3.2 指数分布

1. 指数分布的定义

定义 3.3.2 设随机变量 X 的密度函数为

$$f(x)=\begin{cases}\lambda\mathrm{e}^{-\lambda x}, & x>0\\ 0, & x\leqslant 0\end{cases},$$

其中 $\lambda>0$ 为常数,则称 X 服从参数为 λ 的**指数分布**,记为 $X\sim E(\lambda)$.

易知 $f(x)\geqslant 0$,且 $\int_{-\infty}^{+\infty}f(x)\mathrm{d}x=\int_0^{+\infty}\lambda\mathrm{e}^{-\lambda x}\mathrm{d}x=1$.

X 的分布函数为 $F(x)=\begin{cases}1-\mathrm{e}^{-\lambda x}, & x>0\\ 0, & \text{其他}\end{cases}.$

指数分布的概率密度及分布函数分别如图 3.5 和图 3.6 所示.

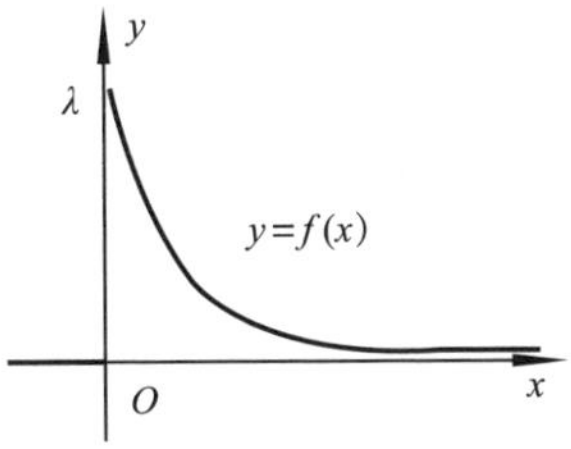

图 3.5

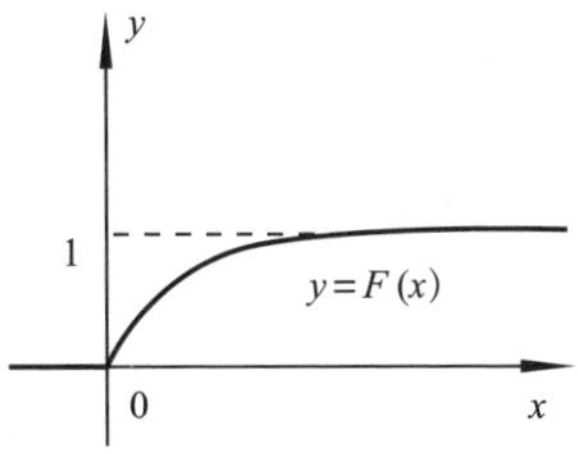

图 3.6

在实际问题中,指数分布经常作为某个事件发生的等待时间的分布而出现的.例如,从现在开始到接到一个误拨电话的时间间隔,地震发生的时间间隔,顾客排队等候服务的时间等都服从指数分布.另外,电子元件的寿命,动物的寿命等各种“寿命”都可

以近似看作服从指数分布.指数分布在可靠理论与排队论中有着广泛的应用.

例 3.3.3 已知某种电子元件的寿命 X(单位:年)服从 $\lambda=2$ 的指数分布.(1)求该元件寿命超过 3 年的概率;(2)设该元件已经正常使用了 α 年,求还能继续使用 β 年的概率.

解 由题意,X 的概率密度为 $f(x)=\begin{cases}2e^{-2x}, & x>0\\ 0, & x\leqslant 0\end{cases}$.

(1) $P\{X>3\}=\int_3^{+\infty}f(x)dx=\int_3^{+\infty}2e^{-2x}dx=-e^{-2x}\Big|_3^{+\infty}=e^{-6}$;

(2) $P\{X>\alpha+\beta|X>\alpha\}=\dfrac{P\{X>\alpha+\beta\}}{P\{X>\alpha\}}=\dfrac{\int_{\alpha+\beta}^{+\infty}f(x)dx}{\int_{\alpha}^{+\infty}f(x)dx}=e^{-2\beta}$.

又元件寿命至少为 β 年的概率

$$P\{X>\beta\}=\int_\beta^{+\infty}f(x)dx=\int_\beta^{+\infty}2e^{-2x}dx=-e^{-2x}\Big|_\beta^{+\infty}=e^{-2\beta},$$

即元件寿命至少为 β 年的概率等于已使用 α 年的条件下剩余寿命至少为 β 年的概率,该性质称为**指数分布的无记忆性**.

例 3.3.4 某超市出口处等待结账的时间 X(单位:min)服从参数 $\lambda=0.2$ 的指数分布.若等待结账的时间超过 10 min,就取消购物计划.设某人一个月内要去购物 4 次,求这个人一个月内至少有一次取消购物计划的概率.

解 由题意,X 的密度函数为 $f(x)=\begin{cases}0.2e^{-0.2x}, & x>0\\ 0, & x\leqslant 0\end{cases}$,

$$P\{X>10\}=\int_{10}^{+\infty}f(x)dx=\int_{10}^{+\infty}0.2e^{-0.2x}dx=-e^{-0.2x}\Big|_{10}^{+\infty}=e^{-2}.$$

设 Y 表示这个人一个月内取消购物计划的次数,则 $Y\sim B(4,e^{-2})$.于是

$$P\{Y\geqslant 1\}=1-P\{Y=0\}=1-(1-e^{-2})^4\approx 0.441,$$

即这个人一个月内至少取消一次购物计划的概率约为 0.441.

【MATLAB 解答】 ($\lambda=0.2$ 在 MATLAB 中换成 $\mu=1/\lambda=5$)

```
>> 1- expcdf(10,5)
ans =0.1353
>> 1- binocdf(0,4,0.1353)
ans =0.4409
```

2. 指数分布的数学期望和方差

设 $X\sim E(\lambda)$,则 X 的数学期望和方差分别为

$$E(X)=\int_{-\infty}^{+\infty}xf(x)dx=\int_0^{+\infty}x\lambda e^{-\lambda x}dx=-xe^{-\lambda x}\Big|_0^{+\infty}+\int_0^{+\infty}e^{-\lambda x}dx=-\frac{1}{\lambda}e^{-\lambda x}\Big|_0^{+\infty}=\frac{1}{\lambda},$$

$$E(X^2)=\int_0^{+\infty}x^2\cdot\lambda e^{-\lambda x}dx=-\int_0^{+\infty}x^2d(e^{-\lambda x})=-x^2e^{-\lambda x}\Big|_0^{+\infty}+2\int_0^{+\infty}xe^{-\lambda x}dx=\frac{2}{\lambda^2},$$

$$D(X)=E(X^2)-(E(X))^2=\frac{2}{\lambda^2}-\frac{1}{\lambda^2}=\frac{1}{\lambda^2}.$$

3.3.3 正态分布

1. 正态分布的定义

定义 3.3.3 设随机变量 X 的密度函数为

$$f(x)=\frac{1}{\sqrt{2\pi}\sigma}\mathrm{e}^{-\frac{(x-\mu)^2}{2\sigma^2}}, \quad -\infty<x<+\infty,$$

其中 $\mu,\sigma(\sigma>0)$为常数,则称 X 服从参数为 μ,σ^2 的**正态分布**,记为 $X\sim N(\mu,\sigma^2)$.

显然 $f(x)\geqslant 0$,下面来证明 $\int_{-\infty}^{+\infty}f(x)\mathrm{d}x=1$. 令 $\frac{x-\mu}{\sqrt{2}\sigma}=t$,得

$$\int_{-\infty}^{+\infty}\frac{1}{\sqrt{2\pi}\sigma}\mathrm{e}^{-\frac{(x-\mu)^2}{2\sigma^2}}\mathrm{d}x=\frac{1}{\sqrt{\pi}}\int_{-\infty}^{+\infty}\mathrm{e}^{-t^2}\mathrm{d}t.$$

又 $\int_{-\infty}^{+\infty}\mathrm{e}^{-x^2}\mathrm{d}x=\sqrt{\pi}$,故 $\frac{1}{\sqrt{2\pi}\sigma}\int_{-\infty}^{+\infty}\mathrm{e}^{-\frac{(x-\mu)^2}{2\sigma^2}}\mathrm{d}x=1.$

$f(x)$的图形如图 3.7 所示.

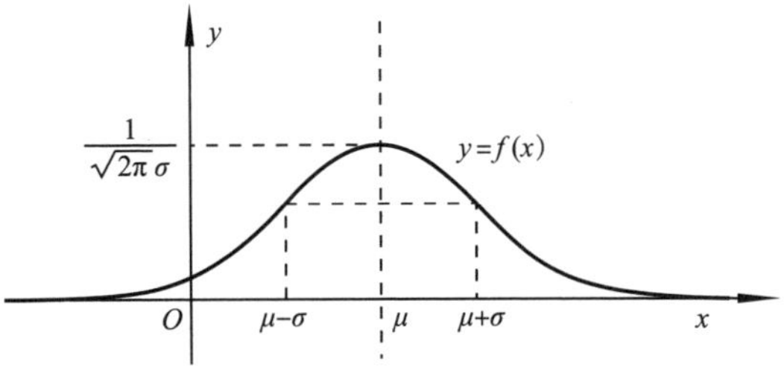

图 3.7

由图 3.7 可以看出,概率密度 $f(x)$的图形是“中间高,两头低,左右对称”的钟形曲线. $f(x)$关于直线 $x=\mu$ 对称,在 $x=\mu$ 处取得最大值.当 μ 固定时,σ 的值愈小时,$f(x)$的图形就愈尖;反之,σ 的值愈大时,$f(x)$的图形就愈平,如图 3.8 所示.当 σ 固定,μ 变化时,$f(x)$的图形沿 x 轴水平移动,如图 3.9 所示;也就是说,μ 决定了图形的中心位置,σ 决定了图形的陡峭程度.

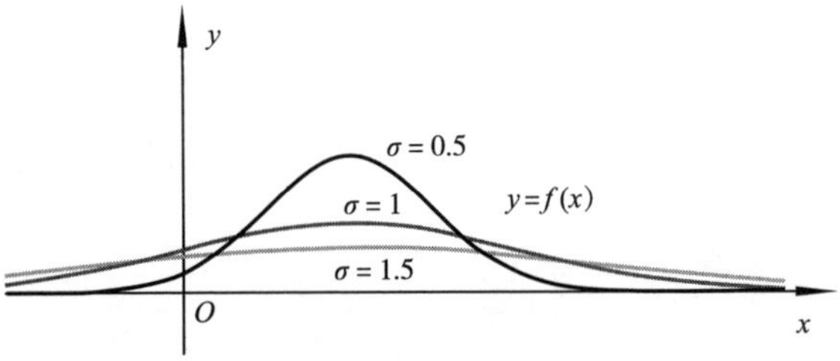

图 3.8

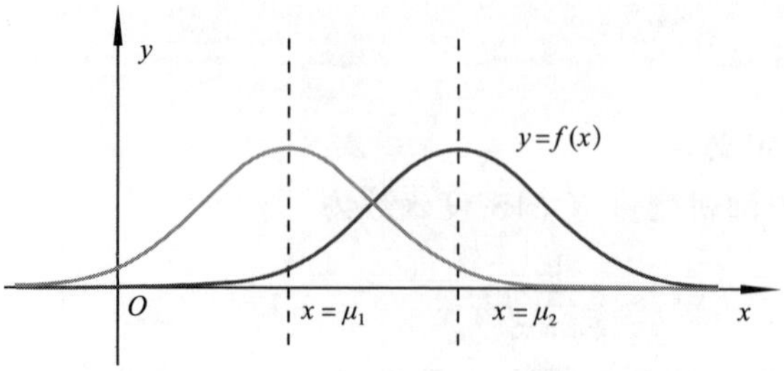

图 3.9

1733 年,法国数学家棣莫弗(De Moivre)发现了二项概率的一个近似计算公式,该公式被认为是正态分布的首次露面.1809 年,德国数学家高斯(Guass)以正态分布为主要工具预测星体的位置时展现了正态分布的重要应用价值.此后,正态分布也称高斯分布.

正态分布是自然界和社会中最常见的一种分布.测量误差,人的身高、体重,产品质量,纤维的长度和张力,小麦的穗长、株高,信号噪声等都服从或近似服从正态分布.一般来说,如果影响某一个数量指标的因素很多,每个因素相互独立且所起作用都很小,则这个数量指标服从或近似服从正态分布.

若 $X \sim N(\mu,\sigma^2)$,则 X 的分布函数为 $F(x)=\dfrac{1}{\sqrt{2\pi}\sigma}\int_{-\infty}^{x}\exp\left[-\dfrac{(t-\mu)^2}{2\sigma^2}\right]\mathrm{d}t$,其图形如图 3.10 所示.

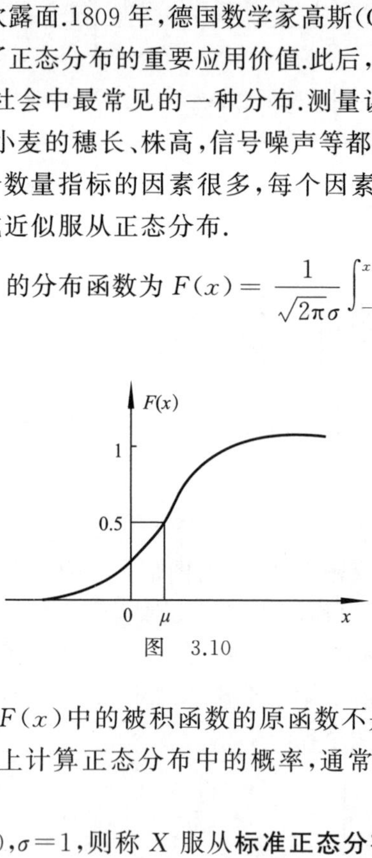

图 3.10

正态分布的分布函数 $F(x)$ 中的被积函数的原函数不是初等函数,所以它没有初等函数的表达式.要在理论上计算正态分布中的概率,通常要利用下面介绍的标准正态分布.

若 $N(\mu,\sigma^2)$ 中的 $\mu=0,\sigma=1$,则称 X 服从**标准正态分布**,记为 $X \sim N(0,1)$,其概率密度和分布函数分别用 $\varphi(x)$,$\Phi(x)$ 表示(见图 3.11),则

$$\varphi(x)=\frac{1}{\sqrt{2\pi}}\mathrm{e}^{-\frac{x^2}{2}}, \quad x \in \mathbf{R},$$

$$\Phi(x)=\frac{1}{\sqrt{2\pi}}\int_{-\infty}^{x}\mathrm{e}^{-\frac{t^2}{2}}\mathrm{d}t, \quad x \in \mathbf{R}.$$

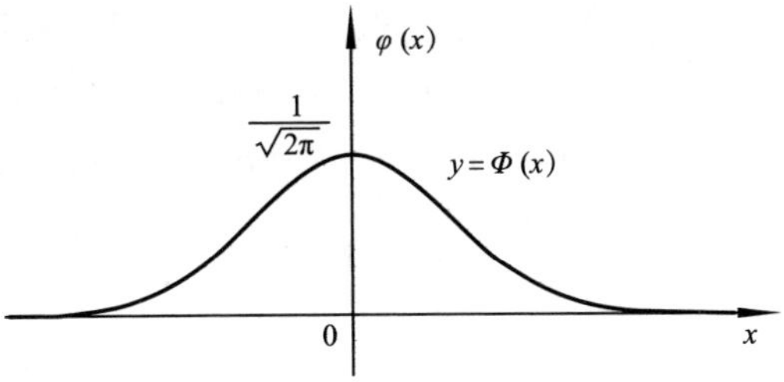

图　3.11

人们编制了 $\Phi(x)$ 的函数表以备查用(见附录 C).

定理　(1)若 $X\sim N(\mu,\sigma^2)$,则 $Y=\dfrac{X-\mu}{\sigma}\sim N(0,1)$;

(2)$\Phi(-x)=1-\Phi(x)$.

证明　(1)$Y=\dfrac{X-\mu}{\sigma}$ 的分布函数

$$F_Y(y)=P\{Y\leqslant y\}=P\left\{\frac{X-\mu}{\sigma}\leqslant y\right\}=P\{X\leqslant \mu+\sigma y\}$$

$$=\int_{-\infty}^{\mu+\sigma y}\frac{1}{\sqrt{2\pi}\sigma}e^{-\frac{(t-\mu)^2}{2\sigma^2}}dt \overset{u=\frac{t-\mu}{\sigma}}{=\!=\!=} \frac{1}{\sqrt{2\pi}}\int_{-\infty}^{x}e^{-\frac{u^2}{2}}du=\Phi(y),$$

即 $Y=\dfrac{X-\mu}{\sigma}\sim N(0,1)$;

$$(2)\ \Phi(-x)=\frac{1}{\sqrt{2\pi}}\int_{-\infty}^{-x}e^{-\frac{t^2}{2}}dt \overset{t=-y}{=\!=\!=} \frac{1}{\sqrt{2\pi}}\int_{x}^{+\infty}e^{-\frac{y^2}{2}}dy$$

$$=\frac{1}{\sqrt{2\pi}}\int_{-\infty}^{+\infty}e^{-\frac{y^2}{2}}dy-\frac{1}{\sqrt{2\pi}}\int_{-\infty}^{x}e^{-\frac{y^2}{2}}dy=1-\Phi(x).$$

注:(1)由结论(1)知:若 $X\sim N(\mu,\sigma^2)$,则 $P\{a<X\leqslant b\}=\Phi\left(\dfrac{b-\mu}{\sigma}\right)-\Phi\left(\dfrac{a-\mu}{\sigma}\right)$;

(2)结论(2)也可以利用标准正态分布的概率密度 $\varphi(x)$ 图形的对称性得到.

例 3.3.5　已知 $X\sim N(8,4^2)$,求 $P\{X\leqslant 0\}$,$P\{12<X\leqslant 20\}$.

解　$P\{X\leqslant 0\}=P\left\{\dfrac{X-8}{4}\leqslant\dfrac{-8}{4}\right\}=\Phi(-2)=1-\Phi(2)=0.022\ 7$,

$$P\{12<X\leqslant 20\}=\Phi\left(\frac{20-8}{4}\right)-\Phi\left(\frac{12-8}{4}\right)=\Phi(3)-\Phi(1)=0.157\ 4.$$

【MATLAB 解答】

```
>> normcdf(0,8,4)
ans =0.0227
>> normcdf(20,8,4)-normcdf(12,8,4)
ans =0.1574
```

例 3.3.6 已知公共汽车的车门高度是按男子与车门上梁碰头机会在 0.01 以下来设计的.设男子身高 $X\sim N(170,6^2)$ (单位:cm),问车门高度应如何确定.

解 设车门高度为 h cm,按设计要求 $P\{X>h\}<0.01$,即 $P\{X\leqslant h\}\geqslant 0.99$.又已知 $X\sim N(170,6^2)$,即 $\dfrac{X-170}{6}\sim N(0,1)$,故 $P\left\{\dfrac{X-170}{6}\leqslant\dfrac{h-170}{6}\right\}\geqslant 0.99$,即 $\Phi\left(\dfrac{h-170}{6}\right)\geqslant 0.99$,查附录 C 得 $\Phi(2.33)=0.9901>0.99$,所以取 $\dfrac{h-170}{6}=2.33$,即 $h=170+6\times 2.33\approx 184$ cm.

【MATLAB 解答】

```
>> h= norminv(0.99, 170, 6)
h =183.9581
```

例 3.3.7 设 $X\sim N(\mu,\sigma^2)$,求 X 落在区间 $(\mu-k\sigma,\mu+k\sigma)(k=1,2,3)$内的概率.

解 $P\{|X-\mu|<k\sigma\}=P\{\mu-k\sigma<X<\mu+k\sigma\}=\Phi(k)-\Phi(-k)=2\Phi(k)-1$,

于是
$$P\{|X-\mu|<\sigma\}=2\Phi(1)-1=0.682\,7,$$
$$P\{|X-\mu|<2\sigma\}=2\Phi(2)-1=0.954\,5,$$
$$P\{|X-\mu|<3\sigma\}=2\Phi(3)-1=0.997\,3,$$
则
$$P\{|X-\mu|\geqslant 3\sigma\}=1-P\{|X-\mu|<3\sigma\}=0.002\,7<0.003.$$

由此可见,X 落在区间$(\mu-3\sigma,\mu+3\sigma)$以外的概率小于 3‰.由于这一概率很小,在实际问题中常认为相应事件是不会发生的,基本上可以把区间$(\mu-3\sigma,\mu+3\sigma)$看作随机变量 X 实际可能的取值区间,如图 3.12 所示.这就是正态分布的 3σ **准则**. 3σ 准则在体育比赛打分、产品质量检测、工程安全监控和隧洞围岩异常状态预警等方面有广泛的应用.

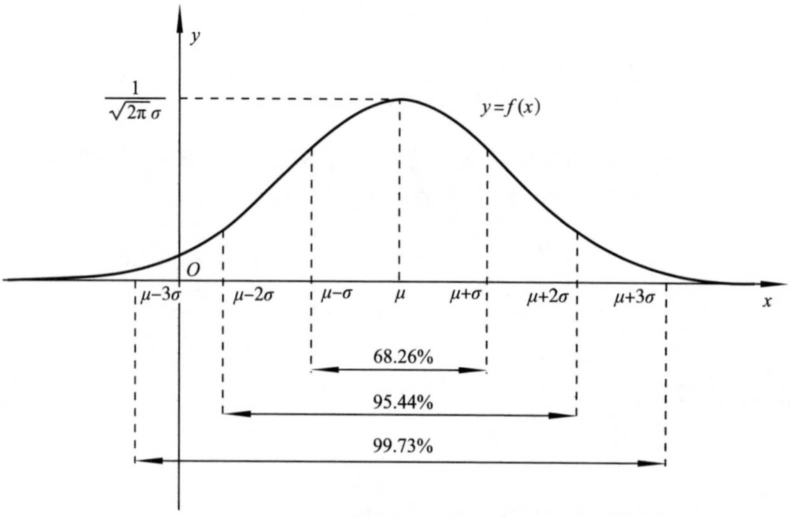

图 3.12

例 3.3.8 在某体育比赛中,设裁判给运动员表演的打分 $X\sim N(\mu,(0.2)^2)$,4 位裁判给某一运动员的评分分别为 6.8, 6.7, 7.1, 8.6,试问这些分数是否公正?

解 设 μ 表示该运动员的真实成绩,现用 4 个评分值的平均值来近似 μ,

$$\hat{\mu}=(6.8+6.7+7.1+8.6)/4=7.25,\quad 3\sigma=3\times 0.2=0.6,$$

$$|8.6-\hat{\mu}|=|8.6-7.25|=1.35>3\sigma,$$

依据 3σ 准则,这几乎是不可能的,但实际上事情已经发生了,故认为分数不公正.

事实上,在体育比赛中为了保证裁判评分的公正性,往往去掉一个最低分、去掉一个最高分,取余下分数的平均值作为运动员最后的得分.

2. 正态分布的数学期望和方差

设 $X\sim N(\mu,\sigma^2)$,因为 $\int_{-\infty}^{+\infty}|x|\cdot\frac{1}{\sqrt{2\pi}\sigma}\mathrm{e}^{-\frac{(x-\mu)^2}{2\sigma^2}}\mathrm{d}x<+\infty$, 所以 $E(X)$ 存在,

$$E(X)=\int_{-\infty}^{+\infty}x\frac{1}{\sqrt{2\pi}\sigma}\mathrm{e}^{-\frac{(x-\mu)^2}{2\sigma^2}}\mathrm{d}x=\frac{1}{\sqrt{2\pi}}\int_{-\infty}^{+\infty}(\sigma t+\mu)\mathrm{e}^{-\frac{t^2}{2}}\mathrm{d}t\quad\left(\frac{x-\mu}{\sigma}=t\right)$$

$$=\frac{\sigma}{\sqrt{2\pi}}\int_{-\infty}^{+\infty}t\mathrm{e}^{-\frac{t^2}{2}}\mathrm{d}t+\frac{\mu}{\sqrt{2\pi}}\int_{-\infty}^{+\infty}\mathrm{e}^{-\frac{t^2}{2}}\mathrm{d}t=\frac{\mu}{\sqrt{2\pi}}\sqrt{2\pi}=\mu,$$

$$D(X)=E(X-\mu)^2=\int_{-\infty}^{+\infty}(x-\mu)^2\frac{1}{\sqrt{2\pi}\sigma}\mathrm{e}^{-\frac{(x-\mu)^2}{2\sigma^2}}\mathrm{d}x\quad\left(\frac{x-\mu}{\sigma}=t\right)$$

$$=\int_{-\infty}^{+\infty}\frac{\sigma^2t^2}{\sqrt{2\pi}}\mathrm{e}^{-\frac{t^2}{2}}\mathrm{d}t=\frac{\sigma^2}{\sqrt{2\pi}}\int_{-\infty}^{+\infty}t^2\mathrm{e}^{-\frac{t^2}{2}}\mathrm{d}t=-\frac{\sigma^2}{\sqrt{2\pi}}\int_{-\infty}^{+\infty}t\,\mathrm{d}\mathrm{e}^{-\frac{t^2}{2}}$$

$$=-\frac{\sigma^2}{\sqrt{2\pi}}t\mathrm{e}^{-\frac{t^2}{2}}\Big|_{-\infty}^{\infty}+\frac{\sigma^2}{\sqrt{2\pi}}\int_{-\infty}^{+\infty}\mathrm{e}^{-\frac{t^2}{2}}\mathrm{d}t=\frac{\sigma^2}{\sqrt{2\pi}}\sqrt{2\pi}=\sigma^2.$$

注:(1)正态分布的两个参数 μ 和 σ^2 分别就是它的数学期望和方差,故正态分布完全由它的数学期望和方差所确定;

(2)若 $X\sim N(0,1)$,此时 $\mu=0$, $\sigma^2=1$,则 $E(X)=0$, $D(X)=1$.

§ 3.4 连续型随机变量函数的分布

本节主要讨论连续型随机变量 X 的密度函数 $f(x)$ 已知时求函数 $Y=g(X)$ 的密度函数,这里 $g(x)$ 是 R 上的连续函数.

3.4.1 $g(x)$ 是单调函数的情形

定理 设连续型随机变量 X 的概率密度为 $f_X(x)$, $-\infty<x<+\infty$,函数 $g(x)$ 处处可导且恒有 $g'(x)>0$(或恒有 $g'(x)<0$), $h(y)$ 是 $g(x)$ 的反函数,则 $Y=g(X)$ 的概率密度为

$$f_Y(y)=\begin{cases}f_X[h(y)]|h'(y)|, & \alpha<y<\beta\\ 0, & \text{其他}\end{cases},\tag{3.4}$$

其中 $\alpha=\min\{g(-\infty),g(+\infty)\}$,$\beta=\max\{g(-\infty),g(+\infty)\}$.

证明 先考虑 $g'(x)>0$ 的情况.此时,$g(x)$在$(-\infty,+\infty)$上严格单调增加,它的反函数 $h(y)$存在且在(α,β)上严格单调增加,分别记 X,Y 的分布函数为 $F_X(x)$,$F_Y(y)$.

由于$Y=g(X)$在(α,β)上取值,故当 $y\leqslant\alpha$ 时,$F_Y(y)=0$;当 $y\geqslant\beta$ 时,$F_Y(y)=1$.

当 $\alpha<y<\beta$ 时,

$$F_Y(y)=P\{Y\leqslant y\}=P\{g(X)\leqslant y\}=P\{X\leqslant h(y)\}=F_X(h(y)).$$

将 $F_Y(y)$关于 y 求导,即得 Y 的概率密度

$$f_Y(y)=\begin{cases}f_X(h(y))h'(y), & \alpha<y<\beta\\ 0, & \text{其他}\end{cases}. \tag{3.5}$$

在考虑 $g'(x)<0$ 的情况,此时 $h'(y)<0$,但是根据概率密度的定义有 $f_Y(y)\geqslant 0$,于是

$$f_Y(y)=\begin{cases}f_X[h(y)][-h'(y)], & \alpha<y<\beta\\ 0, & \text{其他}\end{cases}. \tag{3.6}$$

合并式(3.5)与式(3.6),式(3.4)得证.

若 $f(x)$在有限区间$[a,b]$以外等于零,则只需假设在$[a,b]$上恒有 $g'(x)>0$(或恒有 $g'(x)<0$),此时 $\alpha=\min\{g(a),g(b)\}$,$\beta=\max\{g(a),g(b)\}$.

例 3.4.1 设 X 的概率密度为 $f_X(x)=\dfrac{1}{\pi(1+x^2)}$, $x\in\mathbf{R}$,求 $Y=\mathrm{e}^{-X}$的概率密度 $f_Y(y)$.

解 由题意知 $g(x)=\mathrm{e}^{-x}$,$g'(x)=-\mathrm{e}^{-x}<0$,$x\in\mathbf{R}$,

且 $g(x)=\mathrm{e}^{-x}$有反函数 $h(y)=-\ln y$, $h'(y)=-\dfrac{1}{y}$.

又 $g(-\infty)=+\infty$,$g(+\infty)=0$,则 $f_Y(y)=\begin{cases}\dfrac{1}{\pi(1+\ln^2 y)}\cdot\dfrac{1}{y}, & y>0\\ 0, & y\leqslant 0\end{cases}$.

例 3.4.2 设随机变量 X 在$\left(-\dfrac{\pi}{2},\dfrac{\pi}{2}\right)$内服从均匀分布,$Y=\sin X$,试求随机变量 Y 的概率密度 $f_Y(y)$.

解 由题意知 $g(x)=\sin x$,在$\left(-\dfrac{\pi}{2},\dfrac{\pi}{2}\right)$上恒有 $g'(x)=\cos x>0$,

且 $g(x)=\sin x$ 有反函数 $h(y)=\arcsin y$,$h'(y)=1/\sqrt{1-y^2}$.

又 $g\left(-\dfrac{\pi}{2}\right)=\sin\left(-\dfrac{\pi}{2}\right)=-1$,$g\left(\dfrac{\pi}{2}\right)=\sin\left(\dfrac{\pi}{2}\right)=1$,且 X 的概率密度为

$$f_X(x)=\begin{cases}\dfrac{1}{\pi}, & -\dfrac{\pi}{2}<x<\dfrac{\pi}{2}\\ 0, & \text{其他}\end{cases}.$$

因此，$f_Y(y)=\begin{cases}\dfrac{1}{\pi}\cdot\dfrac{1}{\sqrt{1-y^2}}, & -1<y<1\\ 0, & 其他\end{cases}$.

3.4.2　$g(x)$不是单调函数的情形

当 $g(x)$在 R 上不是单调函数时,可以采用分布函数法求解随机变量函数的密度函数.

例 3.4.3　设 X 的概率密度为 $f_X(x)$,$-\infty<x<+\infty$,求 $Y=X^2$ 的概率密度.

解　分别记 X,Y 的分布函数为 $F_X(x)$,$F_Y(y)$.先来求 Y 的分布函数 $F_Y(y)$.

由于 $Y=X^2\geqslant 0$,故当 $y\leqslant 0$ 时,有 $F_Y(y)=0$.

当 $y>0$ 时,有
$$F_Y(y)=P\{Y\leqslant y\}=P\{X^2\leqslant y\}=P\{-\sqrt{y}\leqslant X\leqslant\sqrt{y}\}=F_X(\sqrt{y})-F_X(-\sqrt{y}).$$

将 $F_Y(y)$关于 y 求导,即得 y 的概率密度为

$$f_Y(y)=\begin{cases}\dfrac{1}{2\sqrt{y}}[f_X(\sqrt{y})+f_X(-\sqrt{y})], & y>0\\ 0, & y\leqslant 0\end{cases}. \tag{3.7}$$

若 $X\sim N(0,1)$,其概率密度为

$$f_X(x)=\frac{1}{\sqrt{2\pi}}e^{-\frac{x^2}{2}},\quad -\infty<x<+\infty,$$

由式(3.7)得 $Y=X^2$ 的概率密度为

$$f_Y(y)=\begin{cases}\dfrac{1}{\sqrt{2\pi}}y^{-\frac{1}{2}}e^{-\frac{y}{2}}, & y>0\\ 0, & y\leqslant 0\end{cases}.$$

此时称 Y 服从自由度为 1 的 χ^2 分布.

分布函数法的具体步骤如下：

(1)根据 X 的取值范围得到 Y 的取值范围；

(2)在 $\mathbf{R}$ 上讨论计算 $F_Y(y)=P\{Y\leqslant y\}=P\{g(X)\leqslant y\}$的表达式；

(3)对 $F_Y(y)$求导得到 Y 在 $\mathbf{R}$ 上的密度函数 $f_Y(y)$的表达式.

§3.5　其他常用数字特征

常用数字特征主要有以下几类：

(1)描述随机变量分布集中趋势的数字特征:数学期望和中位数；

(2)描述随机变量分布离散程度的数字特征:方差、标准差和变异系数；

(3)描述随机变量分布形状的数字特征:偏度和峰度.

这些数字特征都和随机变量的矩有关系.

3.5.1 原点矩和中心矩

矩是最广泛使用的数字特征,数学期望和方差都是特殊的矩.

定义 3.5.1 设 X 和 Y 是随机变量,k,l 为正整数,则:

(1)若 $E(X^k)$,$k=1,2,\cdots$存在,则称其为随机变量 X 的 k 阶**原点矩**.

(2)若 $E((X-E(X))^k)$,$k=1,2,\cdots$存在,则称其为 X 的 k 阶**中心矩**.

注:由定义可见

(1)X 的数学期望 $E(X)$是 X 的一阶原点矩;

(2)X 的方差 $D(X)$是 X 的二阶中心矩.

例 3.5.1 设随机变量 $X\sim N(\mu,\sigma^2)$,求 X 的二阶原点矩和三阶、四阶中心距.

解 由题意知,$E(X)=\mu$,$D(X)=\sigma^2$,故

$E(X^2)=D(X)+(E(X))^2=\sigma^2+\mu^2$,

$$E((X-E(X))^3)=E((X-\mu)^3)=\int_{-\infty}^{\infty}x\,\frac{(x-\mu)^3}{\sqrt{2\pi}\sigma}\mathrm{e}^{-\frac{(x-\mu)^2}{2\sigma^2}}\mathrm{d}x$$

$$=\frac{\sigma^3}{\sqrt{2\pi}}\int_{-\infty}^{\infty}t^3\mathrm{e}^{-\frac{t^2}{2}}\mathrm{d}t\quad\left(\frac{x-\mu}{\sigma}=t\right)$$

$$=\frac{\sigma^3}{\sqrt{2\pi}}\left\{\left[-t^2\mathrm{e}^{-\frac{t^2}{2}}\right]_{-\infty}^{+\infty}+2\int_{-\infty}^{\infty}t\,\mathrm{e}^{-\frac{t^2}{2}}\mathrm{d}t\right\}=\frac{2\sigma^3}{\sqrt{2\pi}}\left[-\mathrm{e}^{-\frac{t^2}{2}}\right]_{-\infty}^{+\infty}=0.$$

$$E((X-E(X))^4)=E((X-\mu)^4)=\int_{-\infty}^{\infty}x\,\frac{(x-\mu)^4}{\sqrt{2\pi}\sigma}\mathrm{e}^{-\frac{(x-\mu)^2}{2\sigma^2}}\mathrm{d}x$$

$$=\frac{\sigma^4}{\sqrt{2\pi}}\int_{-\infty}^{\infty}t^4\mathrm{e}^{-\frac{t^2}{2}}\mathrm{d}t\quad\left(\frac{x-\mu}{\sigma}=t\right)$$

$$=\frac{\sigma^4}{\sqrt{2\pi}}\left\{\left[-t^3\mathrm{e}^{-\frac{t^2}{2}}\right]_{-\infty}^{+\infty}+3\int_{-\infty}^{\infty}t^2\mathrm{e}^{-\frac{t^2}{2}}\mathrm{d}t\right\}=\frac{3\sigma^4}{\sqrt{2\pi}}\int_{-\infty}^{\infty}t^2\mathrm{e}^{-\frac{t^2}{2}}\mathrm{d}t.$$

例 3.5.2 设随机变量 $X\sim N(0,1)$,证明

$$E(X^k)=\begin{cases}(k-1)!!, & k=2,4,6,\cdots\\ 0, & k=1,3,5,\cdots\end{cases}.$$

证明 $\int_{-\infty}^{+\infty}|x|^k\cdot\frac{1}{\sqrt{2\pi}}\mathrm{e}^{-\frac{x^2}{2}}\mathrm{d}x<+\infty$,所以 $E(X^k)$存在.设 $I_k=E(X^k)$,$k=1,2,\cdots$,则:

当 $k=1,3,5,\cdots$时,$I_k=E(X^k)=\int_{-\infty}^{+\infty}x^k\cdot\frac{1}{\sqrt{2\pi}}\mathrm{e}^{-\frac{x^2}{2}}\mathrm{d}x=0$.

当 $k=2,4,6,\cdots$时,

$$I_k=E(X^k)=\int_{-\infty}^{+\infty}x^k\cdot\frac{1}{\sqrt{2\pi}}\mathrm{e}^{-\frac{x^2}{2}}\mathrm{d}x=-\frac{1}{\sqrt{2\pi}}\int_{-\infty}^{+\infty}x^{k-1}\cdot\mathrm{d}\mathrm{e}^{-\frac{x^2}{2}}$$

$$=-\frac{1}{\sqrt{2\pi}}\left[x^{k-1}\cdot\mathrm{e}^{-\frac{x^2}{2}}\right]_{-\infty}^{+\infty}+\frac{k-1}{\sqrt{2\pi}}\int_{-\infty}^{+\infty}x^{k-2}\cdot\mathrm{d}\mathrm{e}^{-\frac{x^2}{2}}$$

$$=(k-1)I_{k-2}=(k-1)(k-2)(k-3)\cdots I_0=(k-1)!!.$$

因此

$$E(X^k)=\begin{cases}(k-1)!!, & k=2,4,6,\cdots\\ 0, & k=1,3,5,\cdots\end{cases}.$$

3.5.2 分位数和中位数

定义 3.5.2 设连续型随机变量 X 的分布函数为 $F_X(x)$，给定 α $(0<\alpha<1)$，称满足

$$P\{X>x_\alpha\}=\alpha$$

的实数 x_α 为 X 的**上 α 分位数**.特别地，当 $\alpha=0.5$ 时，称 $x_{0.5}$ 为 X 的**中位数**.

注:(1)正态分布的密度函数图像关于直线 $x=\mu$ 对称，所以其中位数就是数学期望；

(2)离散型随机变量 X 的上 α 分位数通常指满足 $P\{X>x_\alpha\}=1-F(x_\alpha)$ 的最大x_α.

例 3.5.3 设 $X\sim N(-2,3^2)$，求 X 的中位数 $x_{0.5}$ 及上 0.95 分位数 $x_{0.95}$.

解 因为 $X\sim N(-2,9)$，于是 $P\{X>-2\}=0.5$，所以 $x_{0.5}=-2$.

又由上 α 分位数的定义知 $P\{X>x_{0.95}\}=0.95$，即 $P\{X\leqslant x_{0.95}\}=0.05$，

而$\dfrac{X-(-2)}{3}\sim N(0,1)$，故 $\Phi\left(\dfrac{x_{0.95}+2}{3}\right)=0.05$，即 $\Phi\left(-\dfrac{x_{0.95}+2}{3}\right)=0.95$，

查附录 C 得$-\dfrac{x_{0.95}+2}{3}=1.645$，因此 $x_{0.95}=-6.935$.

例 3.5.4 设 X 服从$\lambda=2$ 的指数分布，求 X 的上 0.8 分位数 $x_{0.8}$.

解 由已知及上 α 分位数的定义知 $P\{X>x_{0.8}\}=0.8$，即

$$0.8=\int_{x_{0.8}}^{+\infty}2\mathrm{e}^{-2x}\mathrm{d}x=\mathrm{e}^{-2x_{0.8}},$$

故 $x_{0.8}=-\dfrac{1}{2}\ln 0.8=0.111\ 6$.

3.5.3 偏度和峰度

定义 3.5.3 设随机变量 X 的前 3 阶矩存在，则称

$$\beta_s(X)=\frac{E((X-E(X))^3)}{(D(X))^{\frac{3}{2}}}$$

为 X 的**偏度**.

注:若随机变量的密度函数的图像关于直线 $x=E(X)$ 对称,则 $\beta_s(X)=0$;当 $\beta_s(X)<0$ 时,称 X 的分布为左偏分布,其密度函数的图像在左侧有较长的尾部,如图 3.13 所示,常见的左偏分布有个人收入的分布、传统商业银行的信用风险分布等;当 $\beta_s(X)>0$ 时,称 X 的分布为右偏分布,其密度函数的图像在右侧有较长的尾部,如图 3.14 所示,常见的右偏分布有卡方分布、对数正态分布和股票收益率的分布等.

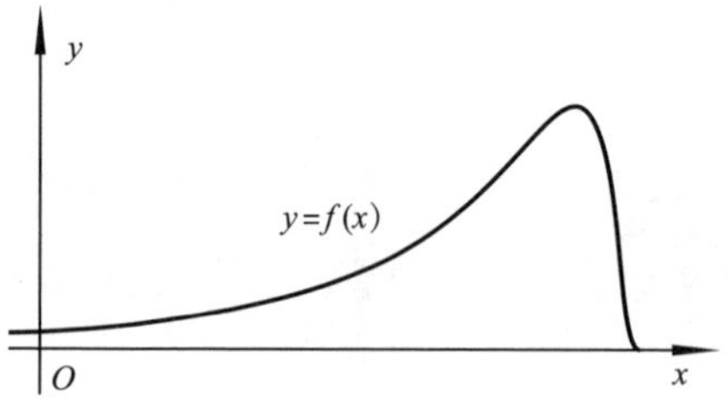

图 3.13

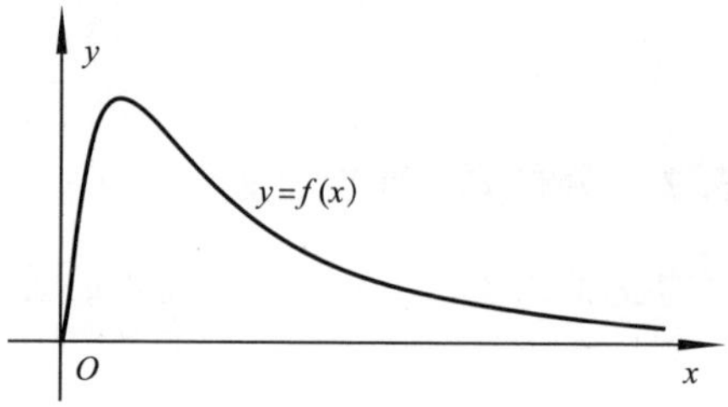

图 3.14

例 3.5.5 设随机变量 $X\sim N(\mu,\sigma^2)$,求 X 的偏度 $\beta_s(X)$.

解 因为 $\dfrac{X-\mu}{\sigma}\sim N(0,1)$,由例 3.5.2 知 $E\left(\left(\dfrac{X-E(X)}{\sigma}\right)^3\right)=0$,所以

$$\beta_s(X)=\frac{E\,|\,(X-E(X))^3\,|}{(D(X))^{\frac{3}{2}}}=\frac{E\left(\left(\dfrac{X-E(X)}{\sigma}\right)^3\right)}{\sigma^{\frac{3}{2}}}\cdot\sigma^3=0.$$

定义 3.5.4 设随机变量 X 的前 4 阶矩存在,则称

$$\beta_k(X)=\frac{E((X-E(X))^4)}{(D(X))^2}-3$$

为 X 的**峰度**.

例 3.5.6 设随机变量 $X\sim N(\mu,\sigma^2)$,求 X 的峰度 $\beta_k(X)$.

解 因为 $\dfrac{X-\mu}{\sigma}\sim N(0,1)$,由例 3.5.2 知 $E\left(\left(\dfrac{X-E(X)}{\sigma}\right)^4\right)=(4-1)!!\;=3$,所以

$$\beta_k(X)=\frac{E((X-E(X))^4)}{(D(X))^2}-3=\frac{E\left(\left(\dfrac{X-E(X)}{\sigma}\right)^4\right)}{(\sigma^2)^2}\cdot\sigma^4-3=0.$$

注:本例表明正态分布的峰度为 0.随机变量的陡峭程度一般是和正态分布比较而言的,若 $\beta_k(X)>0$,表明该分布比正态分布有更陡峭的峰和更厚的尾部;若 $\beta_k(X)<0$,表明该分布比正态分布有更平坦的峰和更薄的尾部.

3.5.4 变异系数

随机变量的波动程度会受到取值水平和量纲的影响.例如,用方差比较成年河马

体重的波动和中华田园犬体重的波动，显然前者的方差大很多，而且单位不同，如采用吨或千克，得到的波动相差也很大.又如，用标准差衡量期货风险时，若甲期货价格标准差是 20 元，相比较于甲期货平均交易价格 1 900 元，甲期货价格的波动幅度其实不大.若同一时期乙期货价格的标准差为 2 元，相比较于乙期货平均交易价格 6 元，乙期货价格波动幅度其实很大.也就是说，较大的标准差不一定表明随机变量的波动大，有效的解决办法是引入相对波动度即变异系数的概念.

定义 3.5.5　设随机变量 X 的数学期望 $E(X)$ 和方差 $D(X)$ 都存在，且 $E(X)\neq 0$，则称

$$C_v(X)=\frac{\sqrt{D(X)}}{|E(X)|}=\frac{\sigma(X)}{|E(X)|}$$

为 X 的**变异系数**.

变异系数是无量纲的，可以对不同量纲的随机变量的相对波动幅度进行度量.

例 3.5.7　已知某品种成年河马的体重和中华田园犬的体重分别用随机变量 X（单位：t）和 Y（单位：kg）表示，且已知 $E(X)=3.9$，$D(X)=0.16$，$E(Y)=4.3$，$D(Y)=0.36$，分别求 X 和 Y 的变异系数.

解　由变异系数的定义得

$$C_v(X)=\frac{\sqrt{0.16}}{3.9}=0.102\,6,\quad C_v(Y)=\frac{\sqrt{0.36}}{4.3}=0.139\,5.$$

例 3.5.7 表明，虽然成年河马体重的绝对波动大，其标准差为 0.4 t，中华田园犬体重的绝对波动小，其标准差仅为 0.6 kg，但中华田园犬体重的变异系数大于成年河马体重的变异系数.变异系数还可以比较不同量纲变量的波动大小.例如，人们受教育年限的相对波动幅度与收入的相对波动幅度可以用变异系数进行比较.

习　题　3

1. 已知随机变量 X 的密度函数为 $f(x)=Ae^{-|x|}$，$x\in\mathbf{R}$，求：(1) 常数 A；(2) $P\{0<X<1\}$；(3) 分布函数 $F(x)$.

2. 设 X 分布函数为 $F(x)=\begin{cases}A+Be^{-x}, & x\geqslant 0\\ 0, & x<0\end{cases}$，$\lambda>0$，求：(1) 常数 A，B；(2) $P\{X\leqslant 2\}$，$P\{X>3\}$；(3) 概率密度 $f(x)$.

3. 设某种仪器内装有三只同样的电子管，电子管使用寿命 X 的密度函数为

$$f(x)=\begin{cases}\dfrac{100}{x^2}, & x\geqslant 100\\ 0, & x<100\end{cases},$$

求：(1) 在开始 150 h 内没有电子管损坏的概率；(2) 在开始 150 h 内有一只电子管损

坏的概率;(3)求分布函数 $F(x)$.

4. 在区间$[0, a]$上任意投掷一个质点,以 X 表示这质点的坐标,设这质点落在$[0, a]$中任意小区间内的概率与这小区间长度成正比例,试求 X 的分布函数.

5. 设随机变量 X 在$[2,5]$上服从均匀分布.现对 X 进行三次独立观测,求至少有两次的观测值大于 3 的概率.

6. 某人乘汽车去火车站乘火车,有两条路可走.第一条路程较短但交通拥挤,所需时间 X 服从 $N(40, 10^2)$,第二条路程较长,但阻塞少,所需时间 X 服从 $N(50, 4^2)$.

(1)若动身时离火车开车只有 1 h,问应走哪条路能乘上火车的把握大些?

(2)若离火车开车时间只有 45 min,问应走哪条路赶上火车把握大些?

7. 设 $X \sim N(3, 2^2)$.(1)求 $P\{2<X\leqslant 5\}$,$P\{|X|>2\}$,$P\{X>3\}$;

(2)确定 c 使 $P\{X>c\}=P\{X\leqslant c\}$.

8. 由某机器生产的螺栓长度 $X \sim N(10.05, 0.06^2)$(单位:cm),规定长度在 10.05 ± 0.12 内为合格品,求一螺栓为不合格品的概率.

9. 某电子管寿命 $X \sim N(160, \sigma^2)$(单位:h),若要求 $P\{120<X\leqslant 200\}\geqslant 0.8$,则允许 σ 最大不超过多少?

10. 设随机变量 X 的概率密度为

$$f(x)=\begin{cases} x, & 0\leqslant x<1 \\ 2-x, & 1\leqslant x<2, \\ 0, & \text{其他} \end{cases}$$

求 X 的分布函数 $F(x)$.

11. 设随机变量 $X \sim N(0, \sigma^2)$,问:当 σ 取何值时,X 落入区间$(1,3)$的概率最大?

12. 若随机变量 X 在$(1,6)$上服从均匀分布,则方程 $y^2+Xy+1=0$ 有实根的概率是多少?

13. 若随机变量 $X \sim N(2, \sigma^2)$且 $P\{120<X<4\}=0.3$,求 $P\{X<0\}$.

14. 某地抽样调查结果表明,考生的外语成绩(百分制)近似服从正态分布,平均成绩为 72 分,96 分以上的占考生总数的 2.3%,求考生的外语成绩在 60~84 分之间的概率.

15. 设 $X \sim N(0, 1)$,求:(1)$Y=\mathrm{e}^X$ 的概率密度;(2)$Y=2X^2+1$ 的概率密度;(3)$Y=|X|$的概率密度.

16. 假设某设备在任何长为 t 的时间内发生故障的次数 $N(t)$服从参数为 λt 的泊松分布,求:

(1)相继两次故障之间时间间隔 T 的概率分布;

(2)在设备已经无故障工作 8 h 的情形下,再无故障运行 8 h 的概率 Q.

17. 设 X 服从参数 $\lambda=2$ 的指数分布,证明:$Y=1-\mathrm{e}^{-2X}$ 在区间$(0,1)$上服从均匀

分布.

18. 设随机变量 X 的密度函数为 $f(x)=\begin{cases}2(1-x), & 0\leqslant x\leqslant 1\\ 0, & \text{其他}\end{cases}$,求 $E(X)$.

19. 一工厂生产的某种设备的寿命 X(以年计)服从指数分布,概率密度为

$$f(x)=\begin{cases}\frac{1}{4}e^{-\frac{1}{4}x}, & x>0\\ 0, & x\leqslant 0\end{cases},$$

工厂规定出售的设备若在一年内损坏,可予以调换.若工厂出售一台设备可盈利 100 元,调换一台设备厂方需花费 300 元.试求厂方出售一台设备净盈利的数学期望.

20. 设随机变量 X 的数学期望 $E(X)=\frac{7}{12}$,概率密度为

$$f(x)=\begin{cases}ax+b, & 0\leqslant x\leqslant 1\\ 0, & \text{其他}\end{cases},$$

求 a 与 b 的值,并求分布函数 $F(x)$.

21. 某车间生产的圆盘直径在区间 (a,b) 服从均匀分布,试求圆盘面积的数学期望.

22. 设随机变量 X 的密度函数为 $f(x)=\begin{cases}e^{-x}, & x\geqslant 0\\ 0, & x<0\end{cases}$,试求下列随机变量的数学期望.

(1) $Y_1=e^{-2X}$;　(2) $Y_2=\max\{X,2\}$;　(3) $Y_3=\min\{X,2\}$.

23. 设连续型随机变量 X 的密度函数为 $f(x)=\begin{cases}2x, & x\in[0,1]\\ 0, & x\notin[0,1]\end{cases}$,求 $D(X)$.

24. 设随机变量 X 的概率密度为

$$f(x)=\begin{cases}x, & 0\leqslant x<1\\ 2-x, & 1\leqslant x\leqslant 2\\ 0, & \text{其他}\end{cases},$$

求 $E(X)$,$D(X)$.

25. 设随机变量 X 的分布密度为 $f(x)=\begin{cases}ax, & 0<x<2\\ bx+c, & 2\leqslant x<4\\ 0, & \text{其他}\end{cases}$.已知 $E(X)=2$,$P\{1<X<3\}=\frac{3}{4}$,求:(1)常数 A,B,C 的值;(2)方差 $D(X)$;(3)随机变量 $Y=e^X$ 的期望与方差.

26. 假设由自动线加工的某种零件的内径 X(单位:mm)服从正态分布 $N(\mu,1)$,内径小于 1 或大于 12 为不合格品,其余为合格品.销售每件合格品获利,销售每件不合格品亏损,已知销售利润 T(单位:元)与销售零件的内径 X 有如下关系:

$$T=\begin{cases}-1, & X<10 \\ 20, & 10\leqslant X\leqslant 12. \\ -5, & X>12\end{cases}$$

问:平均直径 μ 取何值时,销售一个零件的平均利润最大?

27. 用卡车装运水泥,设每袋水泥质量(以 kg 计)服从 $N(50,2.5^2)$,问最多装多少袋水泥使总重量超过 2 000 的概率不大于 0.05.

28. 已知随机变量 $X\sim U(a,b)$,计算 X 的中位数、上 0.8 分位数、变异系数、偏度和峰度.

29. 已知随机变量 $X\sim E(\lambda)$,计算 X 的中位数、上 0.6 分位数、变异系数、偏度和峰度.

30. 已知随机变量 $X\sim P(\lambda)$,计算 X 的变异系数、偏度和峰度.

数学家风采

约翰·卡尔·弗里德里希·高斯

高斯(Johann Carl Friedrich Gauss,1777—1855),德国数学家、物理学家、天文学家、几何学家、大地测量学家.

高斯被称为“数学王子”.他在数学的多个领域都有重大贡献,包括数论、代数学、统计学、分析学、非欧几何学、大地测量学、地球物理学、磁学、力学、静电学、天文学、矩阵理论和光学等.高斯严格证明了每一个 n 阶的代数方程必有 n 个实数或者复数解.在他的第一本著作《算术研究》中,做出了二次互反律的证明,成为数论继续发展的重要基础.在这部著作的第 1 章,导出了三角形全等定理的概念.高斯在最小二乘法基础上创立的测量平差理论的帮助下,测算天体的运行轨迹.他用这种方法,测算出了小行星谷神星的运行轨迹.他证明了每一个非恒等多项式方程至少有一个复数根,这是代数学的一个基本定理.他提出了高斯消元法,这是一种解决线性方程组的算法,至今仍被广泛使用.1840 年,他和韦伯画出了世界第一张地球磁场图,次年,这些位置得到美国科学家的证实.

高斯发现,通过对足够多的测量数据的处理后,可以得到一个新的、概率性质的测量结果.在这些基础之上,高斯随后专注于曲面与曲线的计算,并成功得到高斯钟形曲线(正态分布曲线).其函数被命名为标准正态分布(或高斯分布),并在概率计算中大量使用.在统计学领域,他发展了最小二乘法,这是一种用于数据拟合和统计推断的重要方法.

1818—1826 年间,高斯主导了汉诺威公国的大地测量工作.通过最小二乘法为基础的测量平差的方法和求解线性方程组的方法，显著地提高了测量的精度. 为了用椭圆在球面上的正形投影理论解决大地测量中出现的问题，在这段时间内高斯亦从事了曲面和投影理论的研究，这项成果成为微分几何的重要理论基础. 高斯是微分几何的奠基人(高斯、雅诺斯和罗巴切夫斯基)之一. 出于对实际应用的兴趣，高斯发明了日光反射仪.

他独立地提出了不能证明欧几里得几何的平行公设具有“物理的”必然性，至少不能用人类的理智给出这种证明. 但他的非欧几何理论并未发表. 也许他是出于对同时代的人不能理解这种超常理论的担忧. 相对论证明了宇宙空间实际上是非欧几何的空间.

第4章　多维随机变量及其分布

在实际问题中，对于某些随机实验的结果往往需要同时用两个或两个以上的随机变量来描述.例如，评价某个班级的概率统计课程考试成绩时，常常用到及格率和平均成绩这两个随机变量；确定飞机在飞行过程中的空间位置时，需要用到经度、纬度以及地面高度这三个随机变量；等等.由于从二维推广到多维无原则性变化，因此本章将主要讨论二维随机变量及其分布.

§4.1　二维随机变量及其联合分布

4.1.1　二维随机变量及其联合分布函数

定义 4.1.1　设 X,Y 是定义在样本空间 S 上的两个随机变量，则称 (X,Y) 为**二维随机向量**或**二维随机变量**.

定义 4.1.2　设 (X,Y) 是二维随机变量，对于任意实数 x,y，函数

$$F(x,y)=P\{(X\leqslant x)\cap P(Y\leqslant y)\}\triangleq P\{X\leqslant x,\ Y\leqslant y\}$$

称为二维随机变量 (X,Y) 的**联合分布函数**.

若将二维随机变量 (X,Y) 看成平面上随机点的坐标，则分布函数 $F(x,y)$ 就表示随机点落在以点 (x,y) 为顶点的左下方的无限矩形域内的概率(见图 4.1 阴影部分).

这时，点 (X,Y) 落入任一矩形 $G=\{(x,y)\mid x_1<x<x_2,y_1<y<y_2\}$ (见图 4.2)的概率，即可由概率的加法性质求得

$$P\{x_1<X\leqslant x_2,y_1<Y\leqslant y_2\}=F(x_2,y_2)-F(x_1,y_2)-F(x_2,y_1)+F(x_1,y_1).$$

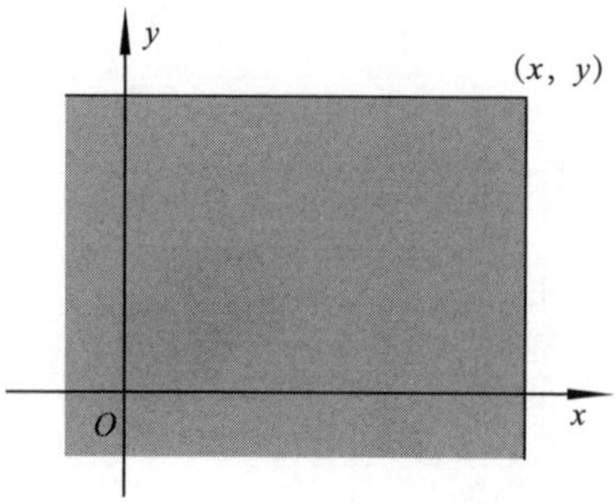

图　4.1

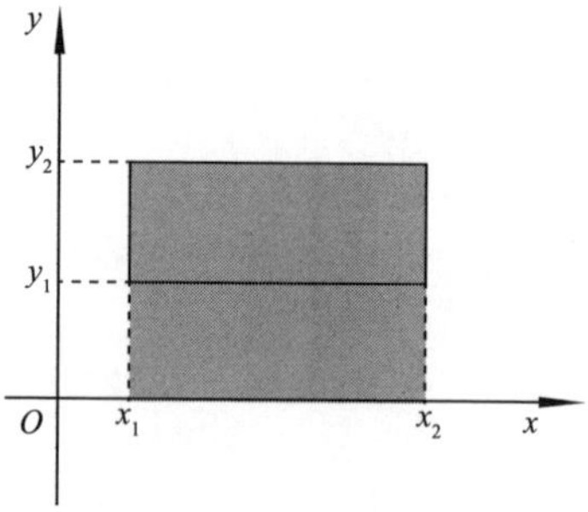

图　4.2

分布函数 $F(x,y)$ 具有以下基本性质：

(1)(有界性) $0 \leqslant F(x,y) \leqslant 1$；

且对任意固定的 y，$F(-\infty,y)=0$；对任意固定的 x，$F(x,-\infty)=0$；

同时，$F(-\infty,-\infty)=0$，$F(+\infty,+\infty)=1$.

(2)(单调性) $F(x,y)$ 分别是 x 和 y 的单调不减函数，即：

对任意固定的 y，当 $x_1<x_2$ 时，$F(x_1,y) \leqslant F(x_2,y)$；

对任意固定的 x，当 $y_1<y_2$ 时，$F(x,y_1) \leqslant F(x,y_2)$.

(3)(右连续性) $F(x,y)$ 分别关于 x 或 y 右连续，即

$$F(x+0,y)=F(x,y),\ F(x,y+0)=F(x,y).$$

(4)对于任意的 (x_1,y_1)，(x_2,y_2)，$x_1<x_2$，$y_1<y_2$，下述不等式成立：

$$F(x_2,y_2)-F(x_1,y_2)-F(x_2,y_1)+F(x_1,y_1) \geqslant 0.$$

如果某个二元函数 $H(x,y)$ 满足上述四个基本性质，则可以证明 $H(x,y)$ 一定是某个二维随机变量 (X,Y) 的联合分布函数.

例 4.1.1　设二元函数 $H(x,y)=\begin{cases}1, & x+y \geqslant 1 \\ 0, & x+y<1\end{cases}$，判断 $H(x,y)$ 是否为某个二维随机变量 (X,Y) 的联合分布函数.

解　易知 $H(x,y)$ 满足性质(1)～性质(3)，但是不满足性质(4)，因为

$$H(1,1)-H(1,-1)-H(-1,1)+H(-1,-1)=-1<0,$$

故 $H(x,y)$ 不是某个二维随机变量 (X,Y) 的联合分布函数.

4.1.2　二维离散型随机变量及其联合分布律

定义 4.1.3　如果二维随机变量 (X,Y) 的可能的取值 (x_i,y_i) 只有有限对或者可列无限对，则称 (X,Y) 是**二维离散型随机变量**.

定义 4.1.4　若二维离散型随机变量 (X,Y) 可能的取值为 (x_i,y_i)，$i,j=1,2,\cdots$，则称

$$P\{X=x_i,Y=y_j\}=p_{ij},\quad i,j=1,2,\cdots$$

为 (X,Y) 的**联合分布律**.其中 p_{ij} 满足下列基本性质：

(1) $p_{ij} \geqslant 0$，$i,j=1,2,\cdots$；

(2) $\sum\limits_{i=1}^{+\infty}\sum\limits_{j=1}^{+\infty} p_{ij}=1$.

二维离散型随机变量 (X,Y) 的联合分布律常用下表来表示：

X	Y				
	y_1	y_2	$\cdots$	y_j	$\cdots$
x_1	p_{11}	p_{12}	$\cdots$	p_{1j}	$\cdots$
x_2	p_{21}	p_{22}	$\cdots$	p_{2j}	$\cdots$

续表

X	Y				
	y_1	y_2	…	y_j	…
…	…	…	…	…	…
x_i	p_{i1}	p_{i2}	…	p_{ij}	…
…	…	…	…	…	…

二维离散型随机变量(X, Y)的联合分布函数为

$$F(x,y)=\sum_{x_i\leqslant x}\sum_{y_j\leqslant y}p_{ij}.$$

例 4.1.2 箱子中装有 2 个红球,3 个白球,从箱子中不放回地随机取两次,每次取一个球,定义随机变量 X 与 Y 如下:

$$X=\begin{cases}1, & \text{第一次取到红球}\\0, & \text{第一次取到白球}\end{cases},\qquad Y=\begin{cases}1, & \text{第二次取到红球}\\0, & \text{第二次取到白球}\end{cases},$$

(1)求(X, Y)的联合分布律;(2)求 $P\{X^2+Y^2\leqslant 1\}$.

解 (1)(X, Y)可能的取值为(0, 0),(0, 1),(1, 0),(1, 1),则

$$P\{X=0,Y=0\}=\frac{3\times 2}{5\times 4}=0.3,P\{X=0,Y=1\}=\frac{3\times 2}{5\times 4}=0.3,$$

$$P\{X=1,Y=0\}=\frac{3\times 2}{5\times 4}=0.3,P\{X=1,Y=1\}=\frac{2\times 1}{5\times 4}=0.1.$$

故(X, Y)的联合分布律为

X	Y	
	0	1
0	0.3	0.3
1	0.3	0.1

$$\begin{aligned}(2)P\{X^2+Y^2\leqslant 1\}&=P\{X=0,\ Y=0\}+P\{X=0,\ Y=1\}+P\{X=1,\ Y=0\}\\&=0.3+0.3+0.3=0.9.\end{aligned}$$

4.1.3 二维连续型随机变量及其联合概率密度

定义 4.1.5 设二维随机变量(X, Y)的联合分布函数为 $F(x,y)$,如果存在非负函数 $f(x,y)$,使得对于任意的(x,y),有

$$F(x,y)=\int_{-\infty}^{x}\int_{-\infty}^{y}f(u,v)\mathrm{d}u\mathrm{d}v,$$

则称(X,Y)是**二维连续型随机变量**,函数 $f(x,y)$称为(X,Y)的**联合概率密度函数**,简称**联合概率密度**.其中 $f(x,y)$具有下述性质:

(1)$f(x,y)\geqslant 0$;(2) $\int_{-\infty}^{+\infty}\int_{-\infty}^{+\infty}f(x,y)\mathrm{d}x\mathrm{d}y=1$;

(3)设 G 是一个平面区域,则 $P\{(X,Y)\in G\}=\iint\limits_G f(x,y)\mathrm{d}x\mathrm{d}y$;

(4)若 $f(x,y)$ 在点 (x,y) 连续,则有 $\dfrac{\partial^2 F(x,y)}{\partial x\partial y}=f(x,y)$.

例 4.1.3　设 (X,Y) 的联合概率密度为 $f(x,y)=\begin{cases}kx, & 0<x<y<1\\ 0, & \text{其他}\end{cases}$,求:

(1)常数 k;(2)$P\{X+Y<1\}$;(3)联合分布函数 $F(x,y)$.

解　(1)设 $G=\{(x,y)\mid 0<x<1,\ x<y<1\}$,于是

$$1=\int_{-\infty}^{+\infty}\int_{-\infty}^{+\infty}f(x,y)\mathrm{d}x\mathrm{d}y=\int_0^1\mathrm{d}x\int_x^1 kx\,\mathrm{d}y=k\int_0^1 x(1-x)\mathrm{d}x=\frac{k}{6},$$

故 $k=6$,

即 $f(x,y)=\begin{cases}6x, & 0<x<y<1\\ 0, & \text{其他}\end{cases}$;

(2)设 $D=\{(x,y)\mid x+y<1\}$,于是

$$P\{X+Y<1\}=\iint\limits_{G\cap D}f(x,y)\mathrm{d}x\mathrm{d}y=6\int_0^{1/2}\mathrm{d}x\int_x^{1-x}x\,\mathrm{d}y=6\int_0^{1/2}x(1-2x)\mathrm{d}x=\frac{1}{4};$$

(3)$F(x,y)$ 的定义域是 $\mathbf{R}^2$,所以在全平面上讨论其表达式.

当 $x\leqslant 0$ 或 $y\leqslant 0$ 时,$f(x,y)=0$,从而 $F(x,y)=0$;

当 $0<x<1$ 且 $y\geqslant 1$ 时,$F(x,y)=\int_0^x\mathrm{d}u\int_u^1 6u\,\mathrm{d}v=3x^2-2x^3$;

当 $0<y<1$ 且 $y\leqslant x$ 时,$F(x,y)=\int_0^y\mathrm{d}v\int_0^v 6u\,\mathrm{d}u=y^3$;

当 $0<x<y<1$ 时,$F(x,y)=\int_0^x\mathrm{d}u\int_u^y 6u\,\mathrm{d}v=3x^2y-2x^3$;

当 $x\geqslant 1$ 且 $y\geqslant 1$ 时,$F(x,y)=\iint\limits_G f(u,v)\mathrm{d}u\mathrm{d}v=1$.

因此

$$F(x,y)=\begin{cases}0, & x\leqslant 0\text{ 或 }y\leqslant 0\\ 3x^2-2x^3, & 0<x<1\text{ 且 }y\geqslant 1\\ y^3, & 0<y<1\text{ 且 }y\leqslant x.\\ 3x^2y-2x^3, & 0<x<y<1\\ 1, & x\geqslant 1\text{ 且 }y\geqslant 1\end{cases}$$

【MATLAB 解答】

```
>> syms x y k
>>f=k*x;
>>C=int(int(f,y,x,1),x,0,1)
 C =1/6*k
```

```
>>k=solve('1/6*k= 1')
 k=6
>>p=int(int(6*x,y,x,1- x),x,0,1/2)
 p=1/4
>>syms u v x y
>>int(int(6*u,v,u,1),u,0,x)
 ans=- 2*x^3+ 3*x^2
 >>int(int(6*u,u,0,v),v,0,y)
 ans=y^3
 >>int(int(6*u,v,u,y),u,0,x)
 ans=- 2*x^3+ 3*y*x^2
 >>int(int(6*u,v,u,1),u,0,1)
ans=1
```

例 4.1.4(二维均匀分布) 设 G 是平面上的有界区域,其面积为 A $(A>0)$,如果(X,Y)的联合概率密度为

$$f(x,y)=\begin{cases}\dfrac{1}{A}, & (x,y)\in G\\ 0, & (x,y)\notin G\end{cases},$$

则称(X,Y)服从区域 G 上的**均匀分布**.

若(X,Y)服从 $G=\left\{(x,y)\mid 0<x<\dfrac{1}{2},\ 2x+y<1\right\}$上的均匀分布,求 $P\left\{X<\dfrac{1}{4},\ Y<\dfrac{1}{2}\right\}$.

解 区域 G 是一个直角三角形,其面积 $A=\dfrac{1}{4}$,故(X,Y)的联合概率密度为

$$f(x,y)=\begin{cases}4, & (x,y)\in G\\ 0, & (x,y)\notin G\end{cases}.$$

设 $D=\left\{(x,y)\,\middle|\,x<\dfrac{1}{4},\ y<\dfrac{1}{2}\right\}$,于是

$$P\left\{X<\frac{1}{4},\ Y<\frac{1}{2}\right\}=\iint\limits_{G\cap D}f(u,v)\,\mathrm{d}u\,\mathrm{d}v=\int_0^{\frac{1}{4}}\mathrm{d}u\int_0^{\frac{1}{2}}4\,\mathrm{d}v=\frac{1}{2}.$$

例 4.1.5(二维正态分布) 若(X,Y)的联合概率密度为

$$f(x,y)=\frac{1}{2\pi\sigma_1\sigma_2\sqrt{1-\rho^2}}\exp\left\{\frac{-1}{2(1-\rho^2)}\left[\frac{(x-\mu_1)^2}{\sigma_1^2}-2\rho\frac{(x-\mu_1)(y-\mu_2)}{\sigma_1\sigma_2}+\frac{(y-\mu_2)^2}{\sigma_2^2}\right]\right\}$$

$$(-\infty<x<+\infty,\ -\infty<y<+\infty)$$

其中 $\mu_1,\mu_2,\sigma_1,\sigma_2,\rho$ 都是常数,且 $\sigma_1>0,\sigma_2>0,|\rho|<1$,则称$(X,Y)$服从**二维正态分布** $N(\mu_1,\mu_2,\sigma_1^2,\sigma_2^2,\rho)$.

§4.2　边缘分布、随机变量的独立性和条件分布

若已知二维随机变量(X,Y)的分布，由于 X 和 Y 都是一维随机变量，此时 X 和 Y 的分布称为(X,Y)的边缘分布.

4.2.1　边缘分布函数

定义 4.2.1　已知二维随机变量(X, Y)的联合分布函数 $F(x,y)$，记 X 和 Y 各自的分布函数为$F_X(x)$和 $F_Y(y)$，则称 $F_X(x)$和 $F_Y(y)$分别为(X, Y)关于 X 和 Y 的**边缘分布函数**，其中

$$F_X(x)=P\{X\leqslant x\}=P\{X\leqslant x,Y<+\infty\}=F(x,+\infty)=\lim_{y\to+\infty}F(x,y),$$

$$F_Y(y)=P\{Y\leqslant y\}=P\{X<+\infty,Y\leqslant y\}=F(+\infty, y)=\lim_{x\to+\infty}F(x,y).$$

因此，边缘分布函数 $F_X(x)$，$F_Y(y)$可以由(X,Y)的联合分布函数来确定.

例 4.2.1　设二维随机变量(X, Y)的联合分布函数为

$$F(x,y)=\frac{1}{\pi^2}\left(\frac{\pi}{2}+\arctan\frac{x}{2}\right)\left(\frac{\pi}{2}+\arctan\frac{y}{3}\right),\quad x\in\mathbf{R},\ y\in\mathbf{R},$$

求边缘分布函数 $F_X(x)$，$F_Y(y)$.

解　$F_X(x)=\lim\limits_{y\to+\infty}F(x,y)=\dfrac{1}{\pi}\left(\dfrac{\pi}{2}+\arctan\dfrac{x}{2}\right)$；

$$F_Y(y)=\lim_{x\to+\infty}F(x,y)=\frac{1}{\pi}\left(\frac{\pi}{2}+\arctan\frac{y}{3}\right).$$

4.2.2　边缘分布律和边缘密度函数

定义 4.2.2　设二维随机变量(X,Y)的分布律为 $P\{X=x_i,Y=y_j\}=p_{ij}$，$(i,j=1,2,\cdots)$，由于$\{(Y=y_1)\cup(Y=y_2)\cup\cdots\cup(Y=y_j)\cup\cdots\}$是 Y 的所有取值构成的样本空间，故

$$\begin{aligned}\{X=x_i\}&=\{X=x_i\}\cap\{(Y=y_1)\cup(Y=y_2)\cup\cdots\cup(Y=y_j)\cup\cdots\}\\&=\{X=x_i, Y=y_1\}\cup\{X=x_i,Y=y_2\}\cup\cdots\cup\{X=x_i, Y=y_j\}\cup\cdots\end{aligned}$$

而上式右端各事件两两不相容，故得

$$\begin{aligned}P\{X=x_i\}&=P\{\bigcup_{j=1}^{+\infty}(X=x_i,Y=y_j)\}=\sum_{j=1}^{+\infty}P\{X=x_i,Y=y_j)\}\\&=\sum_{j=1}^{+\infty}p_{ij}\triangleq p_{i\cdot}\quad(i=1,2,\cdots).\end{aligned}\tag{4.1}$$

同理可得　$$P\{Y=y_j\}=\sum_{i=1}^{+\infty}p_{ij}\triangleq p_{\cdot j}\quad(j=1,2,\cdots).\tag{4.2}$$

式(4.1)称为(X,Y)关于 X 的边缘分布律；式(4.2)称为(X,Y)关于 Y 的边缘分

布律.表格如下：

X	Y					$P\{X=x_i\}$
	y_1	y_2	$\cdots$	y_j	$\cdots$	
x_1	p_{11}	p_{12}	$\cdots$	p_{1j}	$\cdots$	$\sum_{j=1}^{\infty} p_{1j}$
x_2	p_{21}	p_{22}	$\cdots$	p_{2j}	$\cdots$	$\sum_{j=1}^{\infty} p_{2j}$
$\vdots$	$\vdots$	$\vdots$		$\vdots$		
x_i	p_{i1}	p_{i2}	$\cdots$	p_{ij}	$\cdots$	$\sum_{j=1}^{\infty} p_{ij}$
$\vdots$	$\vdots$	$\vdots$		$\vdots$		
$P\{Y=y_j\}$	$\sum_{i=1}^{\infty} p_{i1}$	$\sum_{i=1}^{\infty} p_{i2}$	$\cdots$	$\sum_{i=1}^{\infty} p_{ij}$	$\cdots$	1

例 4.2.2 求§4.1节例4.1.2中(X,Y)分别关于X和Y的边缘分布律.

解 由前例知(X, Y)的联合分布律为

X	Y	
	0	1
0	0.3	0.3
1	0.3	0.1

于是有

X	Y		$P\{X=x_i\}$
	0	1	
0	0.3	0.3	0.6
1	0.3	0.1	0.4
$P\{Y=y_j\}$	0.6	0.4	1

即

X	0	1
p_k	0.6	0.4

同理有

Y	0	1
p_k	0.6	0.4

定义 4.2.3 若二维随机变量(X,Y)的联合密度函数为$f(x,y)$，于是

$$F_X(x)=F(x,+\infty)=\int_{-\infty}^{x}\int_{-\infty}^{+\infty} f(x,y)\mathrm{d}y\mathrm{d}x=\int_{-\infty}^{x} f_X(x)\mathrm{d}x,$$

其中 $f_X(x)=\int_{-\infty}^{+\infty}f(x,y)\mathrm{d}y$，

称 $f_X(x)$为(X,Y)关于 X 的边缘密度函数；

$$F_Y(y)=F(+\infty,y)=\int_{-\infty}^{y}\int_{-\infty}^{+\infty}f(x,y)\mathrm{d}x\mathrm{d}y=\int_{-\infty}^{y}f_Y(y)\mathrm{d}y,$$

其中 $f_Y(y)=\int_{-\infty}^{+\infty}f(x,y)\mathrm{d}x$，

称 $f_Y(y)$为(X,Y)关于 Y 的边缘密度函数.

例 4.2.3　设二维随机变量(X,Y)的联合密度函数为

$$f(x,y)=\begin{cases}6, & 0\leqslant x\leqslant 1, x^2\leqslant y\leqslant x\\ 0, & 其他\end{cases},$$

求边缘密度函数 $f_X(x),f_Y(y)$(见图 4.3).

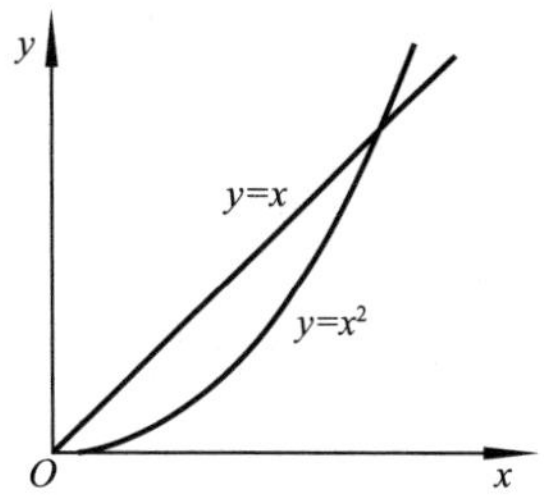

图　4.3

解　$$f_X(x)=\int_{-\infty}^{+\infty}f(x,y)\mathrm{d}y=\begin{cases}\int_{x^2}^{x}6\mathrm{d}y=6(x-x^2), & 0\leqslant x\leqslant 1\\ 0, & 其他\end{cases},$$

$$f_Y(y)=\int_{-\infty}^{+\infty}f(x,y)\mathrm{d}x=\begin{cases}\int_{y}^{\sqrt{y}}6\mathrm{d}x=6(\sqrt{y}-y), & 0\leqslant y\leqslant 1\\ 0, & 其他\end{cases}.$$

【MATLAB 解答】

```
>>int(6,y,x^2,x)
ans =6*x-6*x^2
>>int(6,x,y,sqrt(y))
ans =6*y^(1/2)-6*y
```

例 4.2.4　设二维随机变量(X,Y)服从单位圆上的均匀分布，求边缘密度函数 $f_X(x),f_Y(y)$.

解　由题意易得(X,Y)的联合密度函数为 $f(x,y)=\begin{cases}\frac{1}{\pi}, & x^2+y^2\leqslant 1\\ 0, & 其他\end{cases}$，因此

$$f_X(x)=\int_{-\infty}^{+\infty}f(x,y)\mathrm{d}y=\begin{cases}\int_{-\sqrt{1-x^2}}^{\sqrt{1-x^2}}\frac{1}{\pi}\mathrm{d}y, & -1\leqslant x\leqslant 1\\ 0, & |x|>1\end{cases}=\begin{cases}\frac{2}{\pi}\sqrt{1-x^2}, & |x|\leqslant 1\\ 0, & |x|>1\end{cases}.$$

$$f_Y(y)=\int_{-\infty}^{+\infty}f(x,y)\mathrm{d}x=\begin{cases}\int_{-\sqrt{1-y^2}}^{\sqrt{1-y^2}}\frac{1}{\pi}\mathrm{d}x, & -1\leqslant y\leqslant 1\\ 0, & |y|>1\end{cases}=\begin{cases}\frac{2}{\pi}\sqrt{1-y^2}, & |y|\leqslant 1\\ 0, & |y|>1\end{cases},$$

由此可见，二维均匀分布的边缘分布并不是均匀分布.

例 4.2.5　设$(X,Y)\sim N(\mu_1,\mu_2,\sigma_1^2,\sigma_2^2,\rho)$，求边缘密度函数 $f_X(x),f_Y(y)$.

解　(X,Y)的联合密度函数为

$$f(x,y)=\frac{1}{2\pi\sigma_1\sigma_2\sqrt{1-\rho^2}}\exp\left\{-\frac{1}{2(1-\rho^2)}\left[\frac{(x-\mu_1)^2}{\sigma_1^2}-2\rho\frac{(x-\mu_1)(y-\mu_2)}{\sigma_1\sigma_2}+\frac{(y-\mu_2)^2}{\sigma_2^2}\right]\right\}$$

其中 $\mu_1,\mu_2,\sigma_1,\sigma_2,\rho$ 都是常数,且 $\sigma_1>0,\sigma_2>0,|\rho|<1$.

分别令 $u=\frac{x-\mu_1}{\sigma_1},v=\frac{x-\mu_2}{\sigma_2}$,可得

$$f_X(x)=\frac{1}{\sqrt{2\pi}\sigma_1}\exp\left[-\frac{(x-\mu_1)^2}{2\sigma_1^2}\right],\ x\in\mathbf{R},\quad f_Y(y)=\frac{1}{\sqrt{2\pi}\sigma_2}\exp\left[-\frac{(y-\mu_2)^2}{2\sigma_2^2}\right],\ y\in\mathbf{R}.$$

从上述结果来看,二维正态分布的两个边缘分布是一维正态分布,并且都不依赖于参数 ρ,亦即对于给定的 $\mu_1,\mu_2,\sigma_1,\sigma_2$,不同的 ρ 对应不同的二维正态分布,但它们的边缘分布却都是一样的.这一事实表明,一般来说,单由(X,Y)的关于 X 和 Y 的边缘分布不能确定(X,Y)的联合分布的.

4.2.3 随机变量的相互独立性

定义 4.2.4 设 $F(x,y)$及 $F_X(x)$, $F_Y(y)$分别是二维随机变量(X,Y)的联合分布函数及边缘分布函数,若对任意实数 x, y,有

$$P\{X\leqslant x,Y\leqslant y\}=P\{X\leqslant x\}P\{Y\leqslant y\},$$

即

$$F(x,y)=F_X(x)F_Y(y)$$

则称随机变量 X 和 Y **相互独立**.

定义 4.2.5 设二维离散型随机变量(X,Y)的联合分布律与边缘分布律分别是

$P\{X=x_i,Y=y_j\}=p_{ij}\quad(i,j=1,2,\cdots)$, $P\{X=x_i\}=p_i\quad(i=1,2,\cdots)$,

$P\{Y=y_j\}=p_{\cdot j}\quad(j=1,2,\cdots)$,

则随机变量 X 和 Y 相互独立的充分必要条件是对于(X,Y)所有可能的取值(x_i,y_i),有

$$P\{x=x_i,y=y_j\}=P\{x=x_i\}P\{y=y_j\},$$

即

$$p_{ij}=p_{i\cdot}\cdot p_{\cdot j},\quad i,j=1,2,\cdots.$$

例 4.2.6 设(X,Y)的联合分布律为

X	Y	
	0.4	0.8
2	0.15	0.05
5	0.30	0.12
8	0.35	0.03

问 X 和 Y 是否相互独立?

解 关于 X 和 Y 的边缘分布律如下表.

X	Y		$P\{X=x_i\}$
	0.4	0.8	
2	0.15	0.05	0.2
5	0.30	0.12	0.42
8	0.35	0.03	0.38
$P\{Y=y_j\}$	0.8	0.2	1

因 $P\{X=2\}P\{Y=0.4\}=0.2\times0.8=0.16\neq0.15=P\{X=2,Y=0.4\}$，故 X 和 Y 不相互独立.

定义 4.2.6　设二维连续型随机变量(X,Y)的联合密度函数与边缘密度函数分别是 $f(x,y)$，$f_X(x)$和 $f_Y(y)$，则随机变量 X 和 Y 相互独立的充分必要条件是对任意实数 x，y，

$$f(x,y)=f_X(x)f_Y(y)$$

几乎处处成立.

注: 几乎处处成立的含义是:平面上除去“面积”为零的集合以外,处处成立.

§4.2 节例 4.2.3 和例 4.2.4 中 $f(x,y)\neq f_X(x)f_Y(y)$，所以两题中的 X 和 Y 都不相互独立.

例 4.2.7　设 $X\sim U(0,1)$，$Y\sim U(0,1)$，且 X 和 Y 相互独立，求关于 x 的二次方程 $x^2+2Xx+Y=0$ 有实根的概率.

解　X 和 Y 的概率密度分别是

$$f_X(x)=\begin{cases}1, & 0<x<1\\0, & \text{其他}\end{cases},\quad f_Y(y)=\begin{cases}1, & 0<y<1\\0, & \text{其他}\end{cases},$$

又 X 和 Y 相互独立，故

$$f(x,y)=f_X(x)f_Y(y)=\begin{cases}1, & 0<x<1,0<y<1\\0, & \text{其他}\end{cases},$$

方程 $x^2+2Xx+Y=0$ 有实根的条件是 $\Delta=4X^2-4Y\geqslant0$，即 $Y\leqslant X^2$，从而所求即

$$P\{Y\leqslant X^2\}=\int_0^1\mathrm{d}x\int_0^{x^2}\mathrm{d}y=\int_0^1x^2\mathrm{d}x=\frac{1}{3}.$$

例 4.2.8　设$(X,Y)\sim N(\mu_1,\mu_2,\sigma_1^2,\sigma_2^2,\rho)$，证明 X 与 Y 相互独立的充分必要条件是 $\rho=0$.

解　由§4.2 节例 4.2.5 知

$$f_X(x)=\frac{1}{\sqrt{2\pi}\sigma_1}\mathrm{e}^{-\frac{(x-\mu_1)^2}{2\sigma_1^2}},\ x\in\mathbf{R},\quad f_Y(y)=\frac{1}{\sqrt{2\pi}\sigma_2}\mathrm{e}^{-\frac{(y-\mu_2)^2}{2\sigma_2^2}},\ y\in\mathbf{R},$$

于是 $f_X(x)f_Y(y)=\dfrac{1}{\sqrt{2\pi}\sigma_1}\exp\left[-\dfrac{(x-\mu_1)^2}{2\sigma_1^2}\right]\cdot\dfrac{1}{\sqrt{2\pi}\sigma_2}\exp\left[-\dfrac{(y-\mu_2)^2}{2\sigma_2^2}\right]$

$$=\frac{1}{2\pi\sigma_1\sigma_2}\exp\left\{-\left[\frac{(x-\mu_1)^2}{2\sigma_1^2}+\frac{(y-\mu_2)^2}{2\sigma_2^2}\right]\right\},$$

比较 $f(x,y)$的表达式:

$$f(x,y)=\frac{1}{2\pi\sigma_1\sigma_2\sqrt{1-\rho^2}}\exp\left\{-\frac{1}{2(1-\rho^2)}\left[\frac{(x-\mu_1)^2}{\sigma_1^2}-2\rho\frac{(x-\mu_1)(y-\mu_2)}{\sigma_1\sigma_2}+\frac{(y-\mu_2)^2}{\sigma_2^2}\right]\right\},$$

由 $f(x,y)=f_X(x)f_Y(y)$,可知 X 与 Y 相互独立的充分必要条件是 $\rho=0$.

条件分布是条件概率的推广.在很多实际问题中,随机变量之间往往是彼此相互影响的,而条件分布正好是研究随机变量之间相互关系的一个有用的工具.

4.2.4 条件分布

定义 4.2.7 已知(X,Y)的联合分布律为 $P\{X=x_i,Y=y_j\}=p_{ij}$, $i,j=1,2,\cdots$, (X,Y)的边缘分布律分别为 $P\{X=x_i\}=p_{i\cdot}>0$, $i=1,2,\cdots$,$P\{Y=y_j\}=p_{\cdot j}>0$, $j=1,2,\cdots$,

由条件概率的定义有

$$P\{X=x_i|Y=y_j\}=\frac{P\{X=x_i,Y=y_j\}}{P\{Y=y_j\}}=\frac{p_{ij}}{p_{\cdot j}},\quad i=1,2,\cdots,\tag{4.3}$$

$$P\{Y=y_j|X=x_i\}=\frac{P\{X=x_i,Y=y_j\}}{P\{X=x_i\}}=\frac{p_{ij}}{p_{i\cdot}},j=1,2,\cdots.\tag{4.4}$$

式(4.3)称为随机变量 X 在 $Y=y_j$ 条件下的条件分布律;式(4.4)称为随机变量 Y 在 $X=x_i$ 条件下的条件分布律.

例 4.2.9 把 2 个不同颜色的球随机地放入已经编好号的 3 个箱子内,设 X,Y 分别表示放入第 1,2 个箱子内球的个数,求 $Y=0$ 的条件下 X 的条件分布律.

解 利用古典概型中求解分配问题的方法,可得 $Y=0$ 的条件下 X 的条件分布律为

$$P\{X=0|Y=0\}=\frac{P\{X=0,Y=0\}}{P\{Y=0\}}=\frac{1}{4},$$

$$P\{X=1|Y=0\}=\frac{P\{X=1,Y=0\}}{P\{Y=0\}}=\frac{2}{4}=\frac{1}{2},$$

$$P\{X=2|Y=0\}=\frac{P\{X=2,Y=0\}}{P\{Y=0\}}=\frac{1}{4},$$

即

X	0	1	2
$P\{X=x_i\|Y=0\}$	0.25	0.5	0.25

设(X,Y)的联合分布函数为 $F(x,y)$,联合概率密度为 $f(x,y)$,边缘概率密度为 $f_X(x)$和 $f_Y(y)$.对于任意的 x,y,若 X 和 Y 是连续型随机变量,有 $P\{X=x\}=0$,$P\{Y=y\}=0$.因此,不能直接由条件概率的定义引入二维连续型随机变量的条件分

布函数.为此,用极限的方法引入二维连续型随机变量条件分布函数的定义.

设 $f(x,y)$在点$(x,\ y)$处连续,$f_Y(y)$在点 y 处连续且 $f_Y(y)>0$,则

$$P\{X\leqslant x\mid Y=y\}=\lim_{\varepsilon\to 0^+}P\{X\leqslant x\mid y-\varepsilon<Y\leqslant y\}=\lim_{\varepsilon\to 0^+}\frac{P\{X\leqslant x,\ y-\varepsilon<Y\leqslant y\}}{P\{y-\varepsilon<Y\leqslant y\}}$$

$$=\lim_{\varepsilon\to 0^+}\frac{F(x,\ y)-F(x,\ y-\varepsilon)}{F_Y(y)-F_Y(y-\varepsilon)}=\lim_{\varepsilon\to 0^+}\frac{[F(x,\ y-\varepsilon)-F(x,\ y)]/(-\varepsilon)}{[F_Y(y-\varepsilon)-F_Y(y)]/(-\varepsilon)}$$

$$=\frac{\dfrac{\partial F(x,\ y)}{\partial y}}{\dfrac{\mathrm{d}F_Y(y)}{\mathrm{d}y}}=\frac{\int_{-\infty}^{x}f(u,\ y)\mathrm{d}u}{f_Y(y)}=\int_{-\infty}^{x}\frac{f(u,\ y)}{f_Y(y)}\mathrm{d}u.$$

定义 4.2.8　设 $f(x,y)$在点$(x,\ y)$处连续,$f_Y(y)$在点 y 处连续且 $f_Y(y)>0$,则在 $Y=y$ 的条件下 X 的条件分布函数与条件概率密度分别为

$$F_{X|Y}(x\mid y)=\int_{-\infty}^{x}\frac{f(u,\ y)}{f_Y(y)}\mathrm{d}u,\quad x\in\mathbf{R},$$

$$f_{X|Y}(x\mid y)=\frac{f(x,\ y)}{f_Y(y)},\quad x\in\mathbf{R},$$

同理,$f_X(x)$在点 x 处连续且 $f_X(x)>0$,则在 $X=x$ 的条件下 Y 的条件分布函数与条件概率密度分别为

$$F_{Y|X}(y\mid x)=\int_{-\infty}^{y}\frac{f(x,\ v)}{f_X(x)}\mathrm{d}v,\ y\in\mathbf{R},$$

$$f_{Y|X}(y\mid x)=\frac{f(x,\ y)}{f_X(x)},\ y\in\mathbf{R},$$

注:如果已知边缘概率密度 $f_X(x)$,$f_Y(y)$和条件概率密度 $f_{X|Y}(x\mid y)$,$f_{Y|X}(y\mid x)$,则(X,Y)的联合概率密度为 $f(x,y)=f_{X|Y}(x\mid y)\cdot f_Y(y)=f_{Y|X}(y\mid x)\cdot f_X(x)$.

例 4.2.10　设(X,Y)的联合概率密度为 $f(x,y)=\begin{cases}\dfrac{1}{\pi}, & x^2+y^2\leqslant 1\\ 0, & \text{其他}\end{cases}$,求 $f_{X|Y}(x\mid y)$.

解　$f_Y(y)=\int_{-\infty}^{+\infty}f(x,y)\mathrm{d}x=\begin{cases}\dfrac{2\sqrt{1-y^2}}{\pi}, & |y|\leqslant 1\\ 0, & |y|>1\end{cases}$,

当$|y|<1$时,$f_{X|Y}(x\mid y)=\dfrac{f(x,y)}{f_Y(y)}=\begin{cases}\dfrac{1}{2\sqrt{1-y^2}}, & |x|\leqslant\sqrt{1-y^2}\\ 0, & \text{其他}\end{cases}$.

例 4.2.11　已知(X,Y)的联合概率密度 $f(x,y)=\begin{cases}2/(1+x+y)^3, & x>0,y>0\\ 0, & \text{其他}\end{cases}$,求在 $X=1$ 条件下 Y 的条件概率密度 $f_{Y|X}(y\mid x=1)$.

解　当 $x>0$ 时,有 $f_X(x)=\int_{0}^{+\infty}2/(1+x+y)^3\mathrm{d}y=1/(1+x)^2$,

故 $$f_{Y|X}(y|x=1)=f(1,y)/f_X(1)=\begin{cases}8/(2+y)^3, & y>0\\0, & y\leqslant 0\end{cases}.$$

例 4.2.12 已知(X,Y)的联合概率密度为 $f(x,y)=\begin{cases}e^{-y}, & x>0,\ y>x\\0, & 其他\end{cases}$,求 $P\{X>2|Y<4\}$.

解 由已知 $G=\{(x,y)|x>0,\ y>x\}$,设 $D=\{(x,y)|x>2,\ y<4\}$,

因为 $f_X(x)=\begin{cases}\int_x^{+\infty}e^{-y}dy=e^{-x}, & x>0\\0, & x\leqslant 0\end{cases}$,$f_Y(y)=\begin{cases}\int_0^y e^{-y}dx=ye^{-y}, & y>0\\0, & y\leqslant 0\end{cases}$,

$$P\{X>2,Y<4\}=\iint\limits_{G\cap D}f(x,y)dxdy=\int_2^4 dx\int_x^4 e^{-y}dy=-\int_2^4(e^{-4}-e^{-x})dx=e^{-2}-3e^{-4},$$

$$P\{Y<4\}=\int_{-\infty}^4 f_Y(y)dy=\int_0^4 ye^{-y}dy=1-5e^{-4},$$

所以,$P\{X>2|Y<4\}=\dfrac{P\{X>2,\ Y<4\}}{P\{Y<4\}}=(e^{-2}-3e^{-4})/(1-5e^{-4})$.

§4.3 二维随机变量函数的分布

求解二维随机变量函数的分布的方法与求解一维随机变量函数的分布的方法是类似的,但是前者比后者更复杂.本节仅对几种特殊的情形加以讨论.

4.3.1 二维离散型随机变量函数的分布

例 4.3.1 设(X,Y)的联合分布律为

X	Y		
	0	1	2
0	0.16	0.24	0.38
1	0.02	0.07	0.13

求下列随机变量的分布律:(1)$Z_1=X+Y$;(2)$Z_2=XY$;(3)$Z_3=\max(X,Y)$.

解 (1)Z_1 可能的取值为 0,1,2,3,于是

$P\{Z_1=0\}=P\{X+Y=0\}=P\{X=0,\ Y=0\}=0.16$,

$P\{Z_1=1\}=P\{X+Y=1\}=P\{X=0,\ Y=1\}+P\{X=1,\ Y=0\}=0.26$,

$P\{Z_1=2\}=P\{X+Y=2\}=P\{X=1,\ Y=1\}+P\{X=0,\ Y=2\}=0.45$,

$P\{Z_1=3\}=P\{X+Y=3\}=P\{X=1,\ Y=2\}=0.13$,即

Z_1	0	1	2	3
p_k	0.16	0.26	0.45	0.13

(2)Z_2 可能的取值为 0,1,2,于是

$$P\{Z_2=0\}=P\{XY=0\}=P\{X=0,\ Y=0\}+P\{X=0,\ Y=1\}+P\{X=0,\ Y=2\}+P\{X=1,\ Y=0\}=0.8,$$

$$P\{Z_2=1\}=P\{XY=1\}=P\{X=1,\ Y=1\}=0.07,$$

$$P\{Z_2=2\}=P\{XY=2\}=P\{X=1,\ Y=2\}=0.13,$$

即

Z_2	0	1	2
p_k	0.8	0.07	0.13

(3)Z_3 可能的取值为 0,1,2,于是

$$P\{Z_3=0\}=P\{\max(X,\ Y)=0\}=P\{X=0,\ Y=0\}=0.16,$$

$$P\{Z_3=1\}=P\{\max(X,\ Y)=1\}=P\{X=1,\ Y=1\}+P\{X=0,\ Y=1\}+P\{X=1,\ Y=0\}=0.33,$$

$$P\{Z_2=2\}=P\{\max(X,\ Y)=2\}=P\{X=0,\ Y=2\}+P\{X=1,\ Y=2\}=0.51,$$

即

Z_3	0	1	2
p_k	0.16	0.33	0.51

4.3.2　二维连续型随机变量函数的分布

(1)$Z=X+Y$ 的分布.

设(X,Y)的联合概率密度为 $f(x,y)$,$G=\{(x,y)\mid x+y\leqslant z\}$,则 $Z=X+Y$ 的分布函数为 $F_Z(z)=P\{Z\leqslant z\}=\iint\limits_G f(x,\ y)\mathrm{d}x\mathrm{d}y$,积分区域 G 如图 4.4 所示.

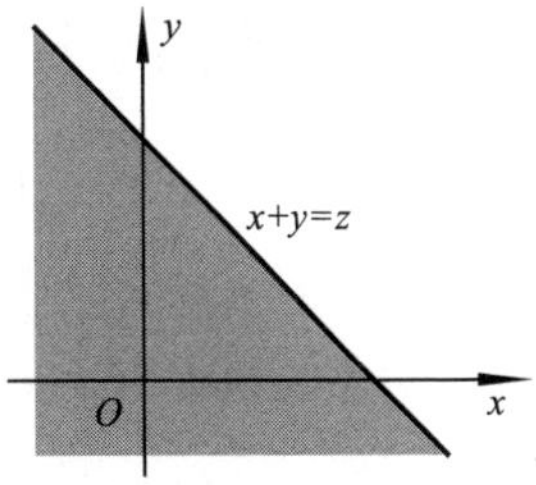

图　4.4

$$F_Z(z)=\int_{-\infty}^{+\infty}\mathrm{d}x\int_{-\infty}^{z-x}f(x,y)\mathrm{d}y$$

令 $y=u-x$,$\mathrm{d}y=\mathrm{d}u$,于是 $\int_{-\infty}^{z-x}f(x,y)\mathrm{d}y=\int_{-\infty}^{z}f(x,u-x)\mathrm{d}u$.

于是

$$F_Z(z)=\int_{-\infty}^{+\infty}\mathrm{d}x\int_{-\infty}^{z}f(x,u-x)\mathrm{d}u=\int_{-\infty}^{z}\left(\int_{-\infty}^{+\infty}f(x,u-x)\mathrm{d}x\right)\mathrm{d}u,$$

上式对 z 求导,即得 Z 的概率密度 $f_Z(z)=\int_{-\infty}^{+\infty}f(x,z-x)\mathrm{d}x$,

由 X,Y 的对称性,$f_Z(z)$又可写成 $f_Z(z)=\int_{-\infty}^{+\infty}f(z-y,y)\mathrm{d}y$.

特别地,当 X 与 Y 相互独立时,可得**卷积公式**:

$$f_Z(z)=\int_{-\infty}^{+\infty} f_X(z-y)f_Y(y)\mathrm{d}y$$

或
$$f_Z(z)=\int_{-\infty}^{+\infty} f_X(x)f_Y(z-x)\mathrm{d}x.$$

例 4.3.2 设(X,Y)的联合概率密度为 $f(x,y)=\begin{cases}\mathrm{e}^{-y}, & 0<x<1,\ y>0,\\ 0, & 其他\end{cases}$,求 $Z=X+Y$ 的概率密度 $f_Z(z)$.

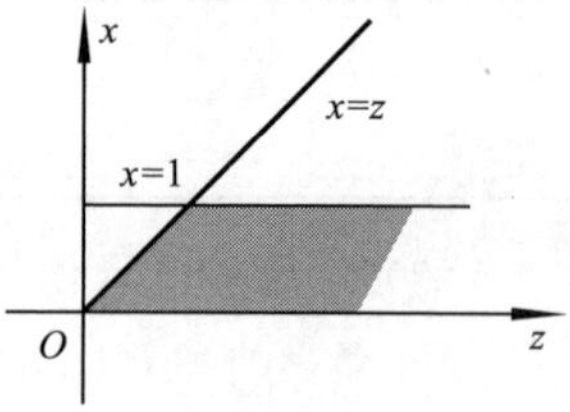

图 4.5

解法一(图形法) 根据公式 $f_Z(z)=\int_{-\infty}^{+\infty} f(x,z-x)\mathrm{d}x$ 及 $f(x,y)$的定义得

$f(x,z-x)$的非零区域为$\begin{cases}0\leqslant x\leqslant 1\\ z-x>0\end{cases}$,即 $\begin{cases}0\leqslant x\leqslant 1\\ x<z\end{cases}$.

由图 4.5 知

$$f_Z(z)=\begin{cases}\int_0^z \mathrm{e}^{-(z-x)}\mathrm{d}x, & 0<z<1\\ \int_0^1 \mathrm{e}^{-(z-x)}\mathrm{d}x, & z\geqslant 1\\ 0, & z\leqslant 0\end{cases},$$

即
$$f_Z(z)=\begin{cases}1-\mathrm{e}^{-z}, & 0<z<1\\ (\mathrm{e}-1)\mathrm{e}^{-z}, & z\geqslant 1\\ 0, & z\leqslant 0\end{cases}.$$

解法二(分布函数法) 记 $D=\{(x,y)\mid 0<x<1,y>0\}$,则 $Z=X+Y$ 的分布函数

$$F_Z(z)=P\{Z\leqslant z\}=\iint_{G\cap D} f(x,y)\mathrm{d}x\mathrm{d}y,$$

其中 $G=\{(x,y)\mid x+y\leqslant z\}$.

当 $z\leqslant 0$ 时,$F_Z(z)=0$,图 4.6(a)所示.

当 $0<z<1$ 时,$F_z(z)=\int_0^z\left[\int_0^{z-x}\mathrm{e}^{-y}\mathrm{d}y\right]\mathrm{d}x=\mathrm{e}^{-z}+z-1$,如图 4.6(b)所示.

当 $z\geqslant 1$ 时,$F_z(z)=\int_0^1\left(\int_0^{z-x}\mathrm{e}^{-y}\mathrm{d}y\right)\mathrm{d}x=1+(1-\mathrm{e})\mathrm{e}^{-z}$,如图 4.6(c)所示.

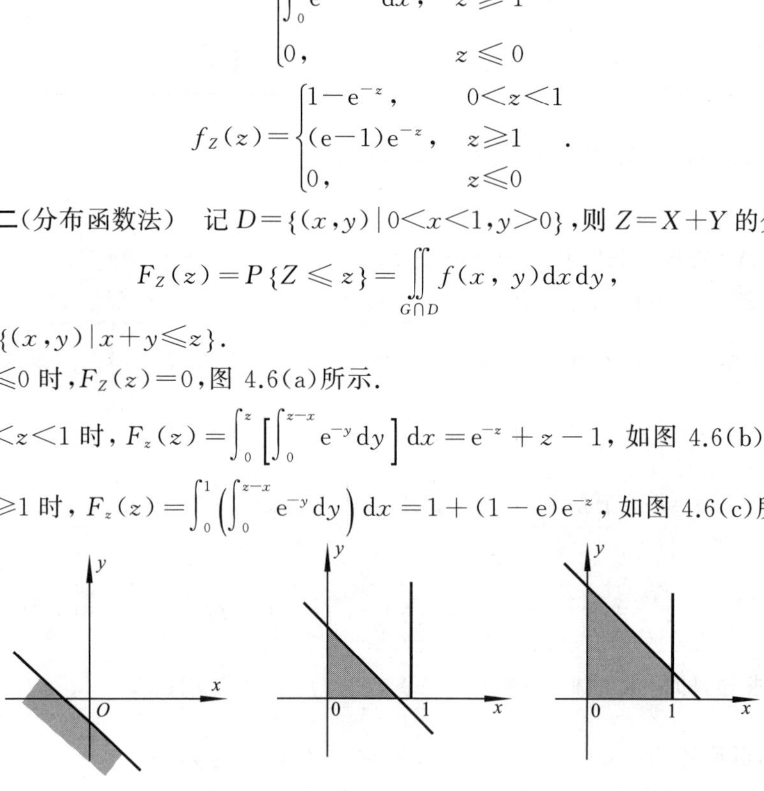

图 4.6

故
$$f_Z(z)=F_z'(z)=\begin{cases}1-e^{-z}, & 0<z<1,\\ (e-1)e^{-z}, & z\geqslant 1,\\ 0, & z\leqslant 0.\end{cases}$$

例 4.3.3　某型号战斗机中有两台独立且相同的发动机，每台发动机无故障工作时间服从参数为 5 的指数分布，首先开动其中一台，当其发生故障时停用而另一台自行开动，试求两台发动机无故障工作的总时间 T 的概率密度函数 $f_T(t)$.

解　设第一台和第二台无故障工作时间分别为 T_1 和 T_2，它们的概率密度为
$$f_{T_1}(t)=f_{T_2}(t)=\begin{cases}5e^{-5t}, & t>0\\ 0, & t\leqslant 0\end{cases},$$
而 $T=T_1+T_2$ 且 T_1 和 T_2 相互独立，由卷积公式得
$$f_T(t)=\int_{-\infty}^{+\infty}f_{T_1}(x)f_{T_2}(t-x)\mathrm{d}x.$$
$f_{T_1}(x)f_{T_2}(t-x)$表达式的非零区域为$\begin{cases}x>0\\ t-x>0\end{cases}$，即$\begin{cases}x>0\\ x<t\end{cases}$，
$$f_T(t)=\int_{-\infty}^{+\infty}f_{T_1}(x)f_{T_2}(t-x)\mathrm{d}x=\begin{cases}\int_0^t 5e^{-5x}\cdot 5e^{-5(t-x)}\mathrm{d}x, & t>0\\ 0, & t\leqslant 0\end{cases},$$
所以，两台发动机无故障工作的总时间 T 的概率密度为
$$f_T(t)=\begin{cases}25te^{-5t}, & t>0\\ 0, & t\leqslant 0\end{cases}.$$

例 4.3.4　设 X 与 Y 相互独立且都服从标准正态分布 $N(0,1)$，求 $Z=X+Y$ 的概率密度 $f_Z(z)$.

解　由题意知，X 与 Y 的概率密度分别为
$$f_X(x)=\frac{1}{\sqrt{2\pi}}e^{-\frac{x^2}{2}},\ -\infty<x<+\infty,\ f_Y(y)=\frac{1}{\sqrt{2\pi}}e^{-\frac{y^2}{2}},\ -\infty<y<+\infty.$$
由卷积公式得
$$\begin{aligned}f_Z(z)&=\int_{-\infty}^{+\infty}f_X(x)f_Y(z-x)\mathrm{d}x\\&=\frac{1}{2\pi}\int_{-\infty}^{+\infty}\exp\left(-\frac{x^2}{2}\right)\cdot\exp\left[-\frac{(z-x)^2}{2}\right]\mathrm{d}x\\&=\frac{1}{2\pi}\exp\left(-\frac{z^2}{4}\right)\int_{-\infty}^{+\infty}\exp\left[-\left(x-\frac{z}{2}\right)^2\right]\mathrm{d}x.\end{aligned}$$
令 $t=x-\frac{z}{2}$，则 $f_Z(z)=\frac{1}{2\pi}\exp\left(-\frac{z^2}{4}\right)\int_{-\infty}^{+\infty}e^{-t^2}\mathrm{d}t=\frac{1}{2\sqrt{\pi}}\exp\left(-\frac{z^2}{4}\right)$，即 $Z\sim N(0,2)$.

事实上，一般的正态分布也具有可加性，并有以下结论：

定理 4.3.1　设 $X_1\sim N(\mu_1,\sigma_1^2)$，$X_2\sim N(\mu_2,\sigma_2^2)$，且 X_1 与 X_2 相互独立，则 $X_1+X_2\sim N(\mu_1+\mu_2,\sigma_1^2+\sigma_2^2)$.

这个结论还可以推广到以下的一般情况：

定理 4.3.2 设 $X_1, X_2, \cdots, X_n$ 相互独立，且 $X_i \sim N(\mu_i, \sigma_i^2)$，$(i=1,2,\cdots,n)$，则对于任意不全为零的常数 $C_1, C_2, \cdots, C_n$，有 $U=C_1X_1+C_2X_2+\cdots+C_nX_n$ 仍服从正态分布，且 $U\sim N(C_1\mu_1+C_2\mu_2+\cdots+C_n\mu_n, C_1^2\sigma_1^2+C_2^2\sigma_2^2+\cdots+C_n^2\sigma_n^2)$.

(2)$Z_1=\max(X,Y)$ 及 $Z_2=\min(X,Y)$ 的分布.

设 X,Y 是两个互相独立的随机变量，它们的分布函数分别为 $F_X(x)$，$F_Y(y)$，对于任意实数 z，$\{Z\leqslant z\}=\{\max(X, Y)\leqslant z\}=\{(X\leqslant z)\cap(Y\leqslant z)\}$，由 X,Y 的独立性得 Z_1 的分布函数为

$$\begin{aligned}F_{\max}(z)&=P\{Z_1\leqslant z\}=P\{(X\leqslant z)\cap(Y\leqslant z)\}=P\{X\leqslant z\}\cdot P\{Y\leqslant z\}\\&=F_X(z)F_Y(z),\end{aligned}$$

类似可得 Z_2 的分布函数为

$$\begin{aligned}F_{\min}(z)&=P\{Z_2\leqslant z\}=P\{\min(X, Y)\leqslant z\}=1-P\{\min(X, Y)>z\}\\&=1-P\{(X>z)\cap(Y>z)\}=1-P\{X>z\}\cdot P\{Y>z\}\\&=1-(1-P\{X\leqslant z\})(1-P\{Y\leqslant z\})\\&=1-(1-F_X(z))(1-F_Y(z)).\end{aligned}$$

以上结果可以推广到任意 n 个相互独立的随机变量的情况：

设 $X_1, X_2, \cdots, X_n$ 是 n 个互相独立的随机变量，它们的分布函数分别为 $F_{X_1}(x_1)$，$F_{X_1}(x_1), F_{X_2}(x_2), \cdots, F_{X_n}(x_n)$.

令 $Z_1=\max(X_1, X_2, \cdots, X_n)$，$Z_2=\min(X_1, X_2, \cdots, X_n)$，则

Z_1 的分布函数为 $F_{\max}(z)=F_{X_1}(z)F_{X_2}(z)\cdots F_{X_n}(z)$，

Z_2 的分布函数为 $F_{\min}(z)=1-(1-F_{X_1}(z))(1-F_{X_2}(z))\cdots(1-F_{X_n}(z))$.

特别地，当 $X_1, X_2, \cdots, X_n$ 相互独立且具有相同的分布函数 $F(x)$ 时，有

$$F_{\max}(z)=(F(z))^n, F_{\min}(z)=1-(1-F(z))^n.$$

例 4.3.5 设某种型号的电子元件的寿命(单位：h)近似服从正态分布 $N(160, 20^2)$，随机选取 4 个，求其中没有一个寿命小于 180 h 的概率.

解 随机选取的 4 个该型号的电子元件寿命分别记为 T_1, T_2, T_3, T_4，$T_i\sim N(160,20^2)$，$i=1,2,3,4$，其分布函数都是 $F(t)$，令 $T=\min(T_1, T_2, T_3, T_4)$，则 $F_T(t)=P\{T\leqslant t\}=1-(1-F(t))^4$.

于是
$$P\{T\geqslant 180\}=1-P\{T<180\}=(1-F(180))^4.$$

又
$$F(180)=\Phi\left(\frac{180-160}{20}\right)=\Phi(1),$$

故所求的概率为 $P\{T\geqslant 180\}=(1-\Phi(1))^4=(1-0.841\ 3)^4=(0.158\ 7)^4$.

§4.4 多维随机变量的数字特征

定理 4.4.1 设二维离散型随机变量 (X,Y) 的联合分布律为

$$P(X=x_i,Y=y_j)=p_{ij},\quad i,j=1,2,\cdots,$$

$g(x,y)$是实值连续函数，且级数 $\sum_{i=1}^{\infty}\sum_{j=1}^{\infty}g(x_i,y_j)p_{ij}$ 绝对收敛，则随机变量函数 $Z=g(X,Y)$的数学期望为

$$E(Z)=E(g(X,Y))=\sum_{i=1}^{\infty}\sum_{j=1}^{\infty}g(x_i,y_j)p_{ij}. \tag{4.5}$$

特别地，二维随机变量(X,Y)具有分布律及边缘分布律

$$P(X=x_i,Y=y_j)=p_{ij},\quad i=1,2,\cdots;j=1,2,\cdots,$$

$$P(X=x_i)=\sum_{j=1}^{+\infty}p_{ij}=p_{i\cdot},\quad i=1,2,\cdots,$$

$$P(Y=y_j)=\sum_{i=1}^{\infty}p_{ij}=p_{\cdot j},\quad j=1,2,\cdots.$$

如果 $E(X)$，$E(Y)$存在，则

$$E(X)=\sum_{i=1}^{\infty}x_ip_{i\cdot}=\sum_{i=1}^{\infty}\sum_{j=1}^{\infty}x_ip_{ij},$$

$$E(Y)=\sum_{j=1}^{\infty}y_jp_{\cdot j}=\sum_{i=1}^{\infty}\sum_{j=1}^{\infty}y_jp_{ij}.$$

定理 4.4.2　设二维连续型随机变量(X,Y)的联合概率密度函数为 $f(x,y)$，$g(x,y)$是实值连续函数，且广义积分 $\int_{-\infty}^{+\infty}\int_{-\infty}^{+\infty}g(x,y)f(x,y)\mathrm{d}x\mathrm{d}y$ 绝对收敛，则随机变量函数 $Z=g(X,Y)$的数学期望为

$$E(Z)=E(g(X,Y))=\int_{-\infty}^{+\infty}\int_{-\infty}^{+\infty}g(x,y)f(x,y)\mathrm{d}x\mathrm{d}y. \tag{4.6}$$

特别地，二维随机变量(X,Y)具有概率密度函数 $f(x,y)$及边缘概率密度 $f_X(x)$、$f_Y(y)$，如果 $E(X)$，$E(Y)$存在，则

$$E(X)=\int_{-\infty}^{+\infty}xf_X(x)\mathrm{d}x=\int_{-\infty}^{+\infty}\int_{-\infty}^{+\infty}xf(x,y)\mathrm{d}x\mathrm{d}y,$$

$$E(Y)=\int_{-\infty}^{+\infty}yf_Y(y)\mathrm{d}y=\int_{-\infty}^{+\infty}\int_{-\infty}^{+\infty}yf(x,y)\mathrm{d}x\mathrm{d}y.$$

例 4.4.1　已知(X,Y)的分布律为

X	Y			
	0	1	2	3
1	0	$\frac{1}{4}$	$\frac{1}{4}$	0
2	$\frac{1}{8}$	0	0	$\frac{3}{8}$

求 $E(X)$，$E(Y)$，$E(X+Y)$.

解　要求 $E(X)$和 $E(Y)$，先求出 X 和 Y 的边缘分布律，关于 X 和 Y 的边缘分布

律为

X	1	2
$P_{i\cdot}$	$\frac{1}{2}$	$\frac{1}{2}$

Y	0	1	2	3
$P_{\cdot j}$	$\frac{1}{8}$	$\frac{1}{4}$	$\frac{1}{4}$	$\frac{3}{8}$

则

$$E(X)=1\times\frac{1}{2}+2\times\frac{1}{2}=\frac{3}{2},$$

$$E(Y)=0\times\frac{1}{8}+1\times\frac{1}{4}+2\times\frac{1}{4}+3\times\frac{3}{8}=\frac{15}{8},$$

$$\begin{aligned}E(X+Y)=&(1+0)\times 0+(1+1)\times\frac{1}{4}+(1+2)\times\frac{1}{4}+(1+3)\times 0+\\&(2+0)\times\frac{1}{8}+(2+1)\times 0+(2+2)\times 0+(2+3)\times\frac{3}{8}\\=&\frac{27}{8}.\end{aligned}$$

例 4.4.2 设二维随机变量(X,Y)的概率密度为$f(x,y)=\begin{cases}e^{-(x+y)}, & x>0,y>0\\0, & 其他\end{cases}$，求数学期望$E(X)$，$E(XY)$.

解 记$g(X,Y)=X$，则

$$E(X)=E(g(X,Y))=\int_{-\infty}^{\infty}\int_{-\infty}^{\infty}g(x,y)f(x,y)\mathrm{d}x\mathrm{d}y=\int_{0}^{\infty}\int_{0}^{\infty}x\mathrm{e}^{-(x+y)}\mathrm{d}x\mathrm{d}y=1,$$

记$g(X,Y)=XY$，则

$$E(XY)=E(g(X,Y))=\int_{-\infty}^{\infty}\int_{-\infty}^{\infty}g(x,y)f(x,y)\mathrm{d}x\mathrm{d}y=\int_{0}^{\infty}\int_{0}^{\infty}xy\mathrm{e}^{-(x+y)}\mathrm{d}x\mathrm{d}y=1.$$

注：求$E(X)$时，不必算出X的概率密度，只把X看成$g(X,Y)=X$，利用(X,Y)的概率密度$f(x,y)$来计算$E(X)$即可.

定理 4.4.3 设X，Y是两个随机变量，则：

(1)对于常数a，b，c，$E(aX+bY+c)=aE(X)+bE(Y)+c$.

(2)设X，Y相互独立，则$E(XY)=E(X)E(Y)$.

证明 下面对连续型随机变量的情形给出证明，离散型随机变量的情形可以类似证明.

(1)设(X,Y)的联合概率密度函数为$f(x,y)$，其边缘密度为$f_X(x)$，$f_Y(y)$，则由式(4.6)得

$$\begin{aligned}E(aX+bY+c)&=\int_{-\infty}^{+\infty}\int_{-\infty}^{+\infty}(ax+by+c)f(x,y)\mathrm{d}x\mathrm{d}y\\&=a\int_{-\infty}^{+\infty}\int_{-\infty}^{+\infty}xf(x,y)\mathrm{d}x\mathrm{d}y+b\int_{-\infty}^{+\infty}\int_{-\infty}^{+\infty}yf(x,y)\mathrm{d}x\mathrm{d}y+\end{aligned}$$

$$c\int_{-\infty}^{+\infty}\int_{-\infty}^{+\infty}f(x,y)\mathrm{d}x\mathrm{d}y$$

$$=aE(X)+bE(Y)+c.$$

(2)设 X,Y 相互独立,有 $f(x,y)=f_X(x)\cdot f_Y(y)$,则由式(4.6)得

$$E(XY)=\int_{-\infty}^{\infty}\int_{-\infty}^{\infty}xyf(x,y)\mathrm{d}x\mathrm{d}y=\int_{-\infty}^{\infty}\int_{-\infty}^{\infty}xyf_X(x)f_Y(y)\mathrm{d}x\mathrm{d}y$$

$$=\int_{-\infty}^{\infty}xf_X(x)\mathrm{d}x\cdot\int_{-\infty}^{\infty}yf_Y(y)\mathrm{d}y=E(X)E(Y).$$

注:(1)由 $E(XY)=E(X)E(Y)$ 不能推出 X,Y 独立;

(2)这两个结论可推广到有限个随机变量之和的情形.

例 4.4.3　一辆载有 20 位乘客的客车自始发站开出,前方有 10 个车站可以下客但不能上客.设每位乘客在这 10 个车站下车是等可能的,并设各乘客是否下车相互独立.如果到达一站没有乘客下车就不停车,以 X 表示停车的次数,求 $E(X)$.

解　引入随机变量 $X_i=\begin{cases}1, & \text{在第 } i \text{ 站有人下车}\\ 0, & \text{在第 } i \text{ 站没有人下车}\end{cases}$,$i=1,2,\cdots,10$.

易知
$$X=X_1+X_2+\cdots+X_{10}.$$

由题意,任一乘客在第 i 站下车的概率为 0.1,不下车的概率为 0.9,因此 20 名乘客在第 i 站不下车的概率为0.9^{20},第 i 站有人下车的概率为 $1-0.9^{20}$,即

$$P\{X_i=0\}=0.9^{20},\quad P\{X_i=1\}=1-0.9^{20},\quad i=1,2,\cdots,10,$$

由此

$$E(X_i)=1-0.9^{20},\quad i=1,2,\cdots,10,$$

进而

$$E(X)=E(X_1+X_2+\cdots+X_{10})=E(X_1)+E(X_2)+\cdots+E(X_{10})$$
$$=10(1-0.9^{20})\approx 8.784.$$

定理 4.4.4　设 X,Y 是两个随机变量,则

$$D(X\pm Y)=D(X)+D(Y)\pm 2E((X-E(X))(Y-E(Y))).$$

特别地,若 X,Y 相互独立,则

$$D(X\pm Y)=D(X)+D(Y).$$

证明　$D(X\pm Y)=E(((X\pm Y)-E(X\pm Y))^2)=E((X-E(X))\pm(Y-E(Y))^2)$

$$=E((X-E(X))^2+(Y-E(Y))^2)\pm 2E((X-E(X))(Y-E(Y)))$$

$$=D(X)+D(Y)\pm 2E((X-E(X))(Y-E(Y))).$$

其中

$$2E((X-E(X))(Y-E(Y)))=2E(XY-XE(Y)-YE(X)+E(X)E(Y))$$

$$=2(E(XY)-E(X)E(Y)-E(Y)E(X)+E(X)E(Y))$$

$$=2(E(XY)-E(X)E(Y));$$

若 X,Y 独立,上式右端为 0,则 $D(X\pm Y)=D(X)+D(Y)$.

例 4.4.4 设随机变量 $X\sim B(n,p)$,求 $D(X)$.

解 设 X_i 表示第 i 次实验中时间 A 发生的次数,则 X_i 服从 0—1 分布,则

$$E(X_i)=p,\quad D(X_i)=p(1-p),\quad i=1,2,\cdots,n,$$

而 $X_1,X_2,\cdots,X_n$ 相互独立,则

$$X=X_1+X_2+\cdots+X_n,$$

故

$$\begin{aligned}D(X)&=D(X_1+X_2+\cdots+X_n)=D(X_1)+D(X_2)+\cdots+D(X_n)\\&=p(1-p)+p(1-p)+\cdots+p(1-p)=np(1-p).\end{aligned}$$

利用上面方差的性质结合数学期望的性质可知,若 $X_i\sim N(\mu_i,\sigma_i^2)(i=1,2,\cdots,n)$,且它们相互独立,则它们的线性组合 $C_1X_1+C_2X_2+\cdots+C_nX_n(C_1,C_2,\cdots,C_n$ 是不全为 0 的常数)仍然服从正态分布,即

$$C_1X_1+C_2X_2+\cdots+C_nX_n\sim N\left(\sum_{i=1}^{n}C_i\mu_i,\sum_{i=1}^{n}C_i^2\sigma_i^2\right).$$

例 4.4.5 设活塞的直径 $X\sim N(22.40,0.03^2)$,气缸的直径 $Y\sim N(22.50,0.04^2)$,X 与 Y 相互独立,任取一只活塞,求活塞能装入气缸的概率.(X 与 Y 的单位:cm)

解 依题意 $P(X<Y)=P(X-Y<0)$,由于

$$X-Y\sim N(-0.10,0.0025),$$

故有

$$\begin{aligned}P(X<Y)&=P(X-Y<0)=P\left(\frac{(X-Y)-(-0.10)}{\sqrt{0.0025}}<\frac{0-(-0.10)}{\sqrt{0.0025}}\right)\\&=\Phi\left(\frac{0.10}{0.05}\right)=\Phi(2)=0.9772.\end{aligned}$$

即活塞能装入气缸的概率为 0.977 2.

§4.5 协方差与相关系数

对二维随机变量(X,Y),除了关心它的各个分量的数学期望和方差外,还需要知道这些分量之间的相互关系,这种关系无法从各个分量的数学期望和方差来说明,就需要引进描述这两个分量之间相互关系的数字特征——协方差和相关系数.

4.5.1 协方差的定义和性质

定义 4.5.1 设(X,Y)为二维随机变量,若 $E((X-E(X))(Y-E(Y)))$存在,则称它为随机变量 X 和 Y 的协方差,记为 $\mathrm{Cov}(X,Y)$,即

$$\mathrm{Cov}(X,Y)=E((X-E(X))(Y-E(Y))).$$

由定义 4.5.1、数学期望的性质和定理 4.4.4 易得下列性质:

(1) $\mathrm{Cov}(X,X)=D(X)$，$\mathrm{Cov}(X,Y)=\mathrm{Cov}(Y,X)$，$\mathrm{Cov}(X,C)=0$，$C$ 是任意常数；

(2) $\mathrm{Cov}(aX,bY)=ab\mathrm{Cov}(X,Y)$，其中 a,b 是常数；

(3) $\mathrm{Cov}(X_1+X_2,Y)=\mathrm{Cov}(X_1,Y)+\mathrm{Cov}(X_2,Y)$；

(4) $D(X\pm Y)=D(X)+D(Y)\pm 2\mathrm{Cov}(X,Y)$；

(5) $\mathrm{Cov}(X,Y)=E(XY)-E(X)E(Y)$.

特别地，当 X 与 Y 相互独立时，$\mathrm{Cov}(X,Y)=0$，$D(X\pm Y)=D(X)+D(Y)$.

利用数学期望的性质可以得到

$$\begin{aligned}\mathrm{Cov}(X,Y)&=E((X-E(X))(Y-E(Y)))=E(XY-XE(Y)-YE(X)+E(X)E(Y))\\&=E(XY)-E(X)E(Y)-E(Y)E(X)+E(X)E(Y)=E(XY)-E(X)E(Y).\end{aligned}$$

例 4.5.1　设二维随机变量 (X,Y) 的联合密度函数为

$$f(x,y)=\begin{cases}2xy, & 0<2y<x<2\\ 0, & \text{其他}\end{cases},$$

求 X 与 Y 的协方差 $\mathrm{Cov}(X,Y)$.

解　根据数学期望的定义可得

$$\begin{aligned}E(XY)&=\int_{-\infty}^{+\infty}\mathrm{d}x\int_{-\infty}^{+\infty}xy\cdot f(x,y)\mathrm{d}y\\&=\int_0^2\mathrm{d}x\int_0^{\frac{x}{2}}2x^2y^2\mathrm{d}y=\frac{9}{8},\end{aligned}$$

$$E(X)=\int_{-\infty}^{+\infty}\mathrm{d}x\int_{-\infty}^{+\infty}x\cdot f(x,y)\mathrm{d}y=\int_0^2\mathrm{d}x\int_0^{\frac{x}{2}}2x^2y\mathrm{d}y=\frac{8}{5},$$

$$E(Y)=\int_{-\infty}^{+\infty}\mathrm{d}x\int_{-\infty}^{+\infty}y\cdot f(x,y)\mathrm{d}y=\int_0^2\mathrm{d}x\int_0^{\frac{x}{2}}2xy^2\mathrm{d}y=\frac{8}{15},$$

所以

$$\mathrm{Cov}(X,Y)=E(XY)-E(X)E(Y)=\frac{8}{9}-\frac{8}{5}\times\frac{8}{15}=\frac{8}{225}.$$

例 4.5.2　设随机变量 $X_1,X_2,\cdots,X_n$ 独立同分布，且 $D(X_i)=\sigma^2>0\ (i=1,2,\cdots,n)$，记 $\overline{X}=\frac{1}{n}\sum_{i=1}^{n}X_i$，求 $\mathrm{Cov}(X_1,\overline{X})$ 和 $D(X_1-\overline{X})$.

解　由独立性及协方差的性质可知

$$\begin{aligned}\mathrm{Cov}(X_1,\overline{X})&=\frac{1}{n}\mathrm{Cov}\left(X_1,\sum_{i=1}^{n}X_i\right)=\frac{1}{n}\sum_{i=1}^{n}\mathrm{Cov}(X_1,X_i)\\&=\frac{1}{n}\mathrm{Cov}(X_1,X_1)=\frac{D(X_1)}{n}=\frac{\sigma^2}{n},\end{aligned}$$

因为　$$D(\overline{X})=D\left(\frac{1}{n}\sum_{i=1}^{n}X_i\right)=\frac{1}{n^2}\sum_{i=1}^{n}D(X_i)=\frac{1}{n^2}\times n\sigma^2=\frac{\sigma^2}{n},$$

所以 $D(X_1-\overline{X})=D(X_1)+D(\overline{X})-2\mathrm{Cov}(X_1,\overline{X})=\sigma^2+\frac{\sigma^2}{n}-\frac{2}{n}\mathrm{Cov}(X_1,X_1)=\frac{n-1}{n}\sigma^2$.

4.5.2 相关系数的定义和性质

协方差的大小在一定程度上反映了 X 和 Y 的相互关系,其大小在一定程度上反映了 X 和 Y 的相互关系,但是它还受到 X 和 Y 度量单位的影响.例如,设 X 和 Y 各自增加 c 倍,则

$$\mathrm{Cov}(cX,cY)=c^2\mathrm{Cov}(X,Y).$$

为了消除量纲的影响,可以在计算 X 和 Y 的协方差之前,先对随机变量进行标准化.令

$$X^*=\frac{X-E(X)}{\sqrt{D(X)}},\quad Y^*=\frac{Y-E(Y)}{\sqrt{D(Y)}},$$

由数学期望和方差的性质可知

$$E(X^*)=E(Y^*)=0,\quad D(X^*)=D(Y^*)=1.$$

X^*,Y^* 分别称为 X,Y 的**标准化随机变量**,则有

$$\begin{aligned}\mathrm{Cov}(X^*,Y^*)&=E((X^*-E(X^*))(Y^*-E(Y^*)))\\&=E(X^*Y^*)=E\left(\frac{X-E(X)}{\sqrt{D(X)}}\frac{Y-E(Y)}{\sqrt{D(Y)}}\right)\\&=\frac{\mathrm{Cov}(X,Y)}{\sqrt{D(X)D(Y)}}.\end{aligned}$$

定义 4.5.2 设(X,Y)为二维随机变量,$D(X)>0$,$D(Y)>0$,协方差 $\mathrm{Cov}(X,Y)$ 存在,称$\frac{\mathrm{Cov}(X,Y)}{\sqrt{D(X)D(Y)}}$为随机变量 X 和 Y 的相关系数,记 ρ_{XY},即

$$\rho_{XY}=\frac{\mathrm{Cov}(X,Y)}{\sqrt{D(X)D(Y)}}.$$

ρ_{XY}无量纲,相关系数 ρ_{XY} 与协方差 $\mathrm{Cov}(X,Y)$之间相差一个常数倍.

特别地,当 $\rho_{XY}=0$ 时,称 X 与 Y **不相关**.

性质 1 $|\rho_{XY}|\leqslant 1$.

证明 $D(X^*\pm Y^*)=D(X^*)+D(Y^*)\pm 2\mathrm{Cov}(X^*,Y^*)$,

$D(X^*\pm Y^*)=1+1\pm 2\rho_{XY}=2(1\pm\rho_{XY})$.

因为 $D(X^*\pm Y^*)\geqslant 0$,所以 $1\pm\rho_{XY}\geqslant 0$,即$|\rho_{XY}|\leqslant 1$.

由性质 1 及相关系数的定义容易得到**柯西-施瓦茨不等式**:

$$|\mathrm{Cov}(X,Y)|^2\leqslant D(X)D(Y).$$

性质 2 $|\rho_{XY}|=1$ 的充要条件是 $P\{Y=aX+b\}=1$,即 X 和 Y 以概率 1 存在线性关系 $Y=aX+b$ 其中 a,b 为常数,且 $a>0$ 时 $\rho_{XY}=1$,$a<0$ 时,$\rho_{XY}=-1$.

证明从略.

相关系数 ρ_{XY} 刻画了随机变量 Y 与 X 之间的“线性相关”程度.由性质 1 和性质 2 可知,$|\rho_{XY}|$ 的值越接近 1,Y 与 X 的线性相关程度越高;$|\rho_{XY}|$ 的值越近于 0,Y 与 X 的线性相关程度越弱;当 $|\rho_{XY}|=1$ 时,Y 与 X 的变化可完全由 X 的线性函数给出;当 $\rho_{XY}=0$ 时,Y 与 X 之间不是线性关系.

性质 3　对于随机变量 X 和 Y,以下结论是等价的:

(i)$\mathrm{Cov}(X,Y)=0$;

(ii)X 和 Y 不相关;

(iii)$E(XY)=E(X)E(Y)$;

(iv)$D(X\pm Y)=D(X)+D(Y)$.

证明　由定义 4.5.2 和不相关的定义知(i)和(ii)等价,(i)和(iv)等价,(i)和(iii)等价,因此,以上结论等价.

例 4.5.3　设二维随机变量(X,Y)的联合分布律为

X	Y	
	0	1
-1	0	$\frac{1}{3}$
0	$\frac{1}{3}$	0
1	0	$\frac{1}{3}$

试证 X 与 Y 不相关,但是不相互独立.

证明　X 与 Y 的边缘分布律分别为

X	-1	0	1
$p_{i\cdot}$	$\frac{1}{3}$	$\frac{1}{3}$	$\frac{1}{3}$

Y	0	1
$p_{\cdot j}$	$\frac{1}{3}$	$\frac{2}{3}$

$$\mathrm{Cov}(X,Y)=(-1)\times1\times0+(-1)\times1\times\frac{1}{3}+0\times0\times\frac{1}{3}+0\times1\times\frac{1}{3}+1\times0\times0+$$
$$1\times1\times\frac{1}{3}-\left[(-1)\times\frac{1}{3}+0\times\frac{1}{3}+1\times\frac{1}{3}\right]\left(0\times\frac{1}{3}+1\times\frac{2}{3}\right)=0.$$

所以 X 与 Y 不相关.

由 $p_{00}=\frac{1}{3}\neq p_{0\cdot}\cdot p_{\cdot0}=\frac{1}{3}\times\frac{1}{3}=\frac{1}{9}$,知 X 与 Y 不相互独立.

例 4.5.4　设二维随机变量$(X,Y)\sim N(\mu_1,\mu_2,\sigma_1,\sigma_2,\rho)$,求证 $\rho_{XY}=\rho$.

证明　由§4.2 节例 4.2.5 知,(X,Y)的联合概率密度为

$$f(x,y)=\frac{1}{2\pi\sigma_1\sigma_2\sqrt{1-\rho^2}}\exp\left\{-\frac{1}{2(1-\rho^2)}\left[\frac{(x-\mu_1)^2}{\sigma_1^2}-\frac{2\rho(x-\mu_1)(y-\mu_2)}{\sigma_1\sigma_2}+\frac{(y-\mu_2)^2}{\sigma_2^2}\right]\right\}.$$

(X,Y)的边缘概率密度为

$$f_X(x)=\frac{1}{\sqrt{2\pi}\sigma_1}\exp\left[-\frac{(x-\mu_1)^2}{2\sigma_1^2}\right],f_Y(y)=\frac{1}{\sqrt{2\pi}\sigma_2}\exp\left[-\frac{(y-\mu_2)^2}{2\sigma_2^2}\right].$$

故知 $E(X)=\mu_1,D(X)=\sigma_1^2,E(Y)=\mu_2,D(Y)=\sigma_2^2$,而

$$\begin{aligned}\operatorname{Cov}(X,Y)&=\int_{-\infty}^{\infty}\int_{-\infty}^{\infty}(x-\mu_1)(y-\mu_2)f(x,y)\mathrm{d}x\mathrm{d}y\\&=\frac{1}{2\pi\sigma_1\sigma_2\sqrt{1-\rho^2}}\int_{-\infty}^{\infty}\int_{-\infty}^{\infty}(x-\mu_1)(y-\mu_2)\exp\left[-\frac{(x-\mu_1)^2}{2\sigma_1^2}\right]\\&\quad\exp\left[-\frac{1}{2(1-\rho^2)}\left(\frac{y-\mu_2}{\sigma_2^2}-\rho\frac{x-\mu_1}{\sigma_1^2}\right)^2\right]\mathrm{d}y\mathrm{d}x.\end{aligned}$$

令 $t=\frac{1}{\sqrt{1-\rho^2}}\left(\frac{y-\mu_2}{\sigma_2}-\rho\frac{x-\mu_1}{\sigma_1}\right),u=\frac{x-\mu_1}{\sigma_1}$,则

$x-\mu_1=\sigma_1 u,\quad y-\mu_2=(t\sqrt{1-\rho^2}+\rho u)\sigma_2$,

于是

$$\begin{aligned}\operatorname{Cov}(X,Y)&=\frac{1}{2\pi\sigma_1\sigma_2\sqrt{1-\rho^2}}\int_{-\infty}^{\infty}\int_{-\infty}^{\infty}\sigma_1\sigma_2u(t\sqrt{1-\rho^2}+\rho u)\exp\left(-\frac{u^2}{2}-\frac{t^2}{2}\right)\left|-\sigma_1\sigma_2\sqrt{1-\rho^2}\right|\mathrm{d}t\mathrm{d}u\\&=\frac{\rho\sigma_1\sigma_2}{2\pi}\int_{-\infty}^{\infty}u^2\mathrm{e}^{-\frac{u^2}{2}}\mathrm{d}u\int_{-\infty}^{\infty}\mathrm{e}^{-\frac{t^2}{2}}\mathrm{d}t+\frac{\sigma_1\sigma_2\sqrt{1-\rho^2}}{2\pi}\int_{-\infty}^{\infty}u\mathrm{e}^{-\frac{u^2}{2}}\mathrm{d}u\int_{-\infty}^{\infty}t\mathrm{e}^{-\frac{t^2}{2}}\mathrm{d}t\\&=\frac{\rho\sigma_1\sigma_2}{2\pi}\sqrt{2\pi}\cdot\sqrt{2\pi}+0=\rho\sigma_1\sigma_2,\end{aligned}$$

于是

$$\rho_{XY}=\frac{\operatorname{Cov}(X,Y)}{\sqrt{D(X)D(Y)}}=\frac{\sigma_1\sigma_2\rho}{\sigma_1\sigma_2}=\rho.$$

注:(1)若 X 与 Y 独立,则 X 与 Y 不相关;但由 X 与 Y 不相关,不一定能推出 X 与 Y 独立.

(2)由§4.2节例4.2.8已知:若(X,Y)服从二维正态分布,那么 X 和 Y 相互独立的充要条件为 $\rho=0$.现在知道 ρ 即为 X 与 Y 的相关系数,故有下列结论:

若(X,Y)服从二维正态分布,则:X 与 Y 相互独立$\Leftrightarrow$$X$ 与 Y 不相关.

例 4.5.5 已知 $X\sim N(1,3^2),Y\sim N(0,4^2)$,且 X 与 Y 的相关系数 $\rho_{XY}=-\frac{1}{2}$,设 $Z=\frac{X}{3}-\frac{Y}{2}$,求 $D(Z)$ 及 ρ_{XZ}.

解 因 $D(X)=3^2,D(Y)=4^2$,且

$$\mathrm{Cov}(X,Y)=\sqrt{D(X)}\sqrt{D(Y)}\rho_{XY}=3\times 4\times\left(-\frac{1}{2}\right)=-6,$$

所以

$$D(Z)=D\left(\frac{X}{3}-\frac{Y}{2}\right)=\frac{1}{9}D(X)+\frac{1}{4}D(Y)-2\mathrm{Cov}\left(\frac{X}{3},\frac{Y}{2}\right)$$

$$=\frac{1}{9}D(X)+\frac{1}{4}D(Y)-2\times\frac{1}{3}\times\frac{1}{2}\mathrm{Cov}(X,Y)=7,$$

又因

$$\mathrm{Cov}(X,Z)=\mathrm{Cov}\left(X,\frac{X}{3}-\frac{Y}{2}\right)=\mathrm{Cov}\left(X,\frac{X}{3}\right)-\mathrm{Cov}\left(X,\frac{Y}{2}\right)$$

$$=\frac{1}{3}\mathrm{Cov}(X,X)-\frac{1}{2}\mathrm{Cov}(X,Y)=\frac{1}{3}D(X)-\frac{1}{2}\mathrm{Cov}(X,Y)=6,$$

故

$$\rho_{XZ}=\frac{\mathrm{Cov}(X,Z)}{\sqrt{D(X)}\sqrt{D(Z)}}=\frac{6}{3\sqrt{7}}=\frac{2\sqrt{7}}{7}.$$

§4.6　协方差矩阵和 n 维正态分布

4.6.1　协方差矩阵

定义 4.6.1　设 X 和 Y 是随机变量，k,l 都是正整数，

(1)若 $E(X^kY^l)$，$k,l=1,2,\cdots$存在，则称其为 X 和 Y 的 $k+l$ **阶混合原点矩**.

(2)若 $E((X-E(X))^k(Y-E(Y))^l)$，$k,l=1,2,\cdots$存在，则称其为 X 和 Y 的 $k+l$ **阶混合中心矩**.

注: 由定义可知，协方差 $\mathrm{Cov}(X,Y)$是随机变量 X 和 Y 的二阶混合中心矩.

定义 4.6.2　设二维随机变量(X,Y)关于 X 和 Y 的两个二阶中心矩和两个二阶混合中心矩都存在，即

$$c_{11}=E((X-E(X))^2),\quad c_{12}=E((X-E(X))(Y-E(Y))),$$
$$c_{21}=E((Y-E(Y))(X-E(X))),\quad c_{22}=E((Y-E(Y))^2),$$

则称矩阵 $\boldsymbol{C}=\begin{pmatrix}c_{11} & c_{12}\\ c_{21} & c_{22}\end{pmatrix}$(对称矩阵)为二维随机变量$(X,Y)$的**协方差矩阵**.

类似地，设 n 维随机变量$(X_1,X_2,\cdots,X_n)$关于 $X_1,X_2,\cdots,X_n$ 的二阶中心矩和二阶混合中心矩 $c_{ij}=E((X_i-E(X_i))(X_j-E(X_j)))$，　$i,j=1,2,\cdots,n$ 都存在，则称矩阵

$$C=\begin{pmatrix} c_{11} & c_{12} & \cdots & c_{1n} \\ c_{21} & c_{22} & \cdots & c_{2n} \\ \vdots & \vdots & & \vdots \\ c_{n1} & c_{n2} & \cdots & c_{nn} \end{pmatrix}$$

为$(X_1,X_2,\cdots,X_n)$的**协方差矩阵**.因为$c_{ij}=c_{ji}(i\neq j,i,j=1,2,\cdots,n)$,因而$\boldsymbol{C}$为对称矩阵.

一般地,n维随机变量的分布是未知的,或者太复杂,以致在数学上不容易处理,因此在实际应用中协方差矩阵就显得更为重要了.

4.6.2 n 维正态分布的概率密度

先分析二维正态分布的概率密度,再将其推广到n维.二维随机变量$(X,Y)\sim N(\mu_1,\mu_2,\sigma_1,\sigma_2,\rho)$,则$X\sim N(\mu_1,\sigma_1^2)$,$Y\sim N(\mu_2,\sigma_2^2)$,$E(X)=\mu_1,E(Y)=\mu_2 D(X)=\sigma_1^2,D(Y)=\sigma_2^2$,由 4.5 节例 4.5.4 得 $\mathrm{Cov}(X,Y)=\mathrm{Cov}(Y,X)=\rho\sigma_1\sigma_2$,则

$$c_{11}=\sigma_1^2,c_{12}=\rho\sigma_1\sigma_2,c_{21}=\rho\sigma_1\sigma_2,c_{22}=\sigma_2^2.$$

所以(X,Y)的协方差矩阵为$\boldsymbol{C}=\begin{pmatrix} \sigma_1^2 & \rho\sigma_1\sigma_2 \\ \rho\sigma_1\sigma_2 & \sigma_2^2 \end{pmatrix}$.

引入下面的列向量和矩阵 $\boldsymbol{x}=\begin{pmatrix} x_1 \\ x_2 \end{pmatrix}$, $\boldsymbol{\mu}=\begin{pmatrix} \mu_1 \\ \mu_2 \end{pmatrix}$,

其中 $c_{11}=\mathrm{Cov}(X_1,X_1),c_{12}=c_{21}=\mathrm{Cov}(X_1,X_2),c_{22}=\mathrm{Cov}(X_2,X_2)$.

称矩阵$\boldsymbol{C}$为随机变量(X_1,X_2)的协方差矩阵,可得

$$|\boldsymbol{C}|=\sigma_1^2\sigma_2^2(1-\rho^2),\quad \boldsymbol{C}^{-1}=\frac{1}{\sigma_1^2\sigma_2^2(1-\rho^2)}\begin{pmatrix} \sigma_2^2 & -\rho\sigma_1\sigma_2 \\ -\rho\sigma_1\sigma_2 & \sigma_1^2 \end{pmatrix}.$$

经计算得

$$(\boldsymbol{x}-\boldsymbol{\mu})^{\mathrm{T}}\boldsymbol{C}^{-1}(\boldsymbol{x}-\boldsymbol{\mu})=\frac{1}{(1-\rho^2)}\left[\frac{(x_1-\mu_1)^2}{\sigma_1^2}-2\rho\,\frac{(x_1-\mu_1)(x_2-\mu_2)}{\sigma_1\sigma_2}+\frac{(x_2-\mu_2)^2}{\sigma_2^2}\right].$$

于是为随机变量(X_1,X_2)的联合概率密度可写成

$$f(x_1,x_2)=(2\pi)^{-\frac{2}{2}}|\boldsymbol{C}|^{-\frac{1}{2}}\exp\left[-\frac{1}{2}(\boldsymbol{x}-\boldsymbol{\mu})^{\mathrm{T}}\boldsymbol{C}^{-1}(\boldsymbol{x}-\boldsymbol{\mu})\right].$$

推广到n维随机变量$(X_1,X_2,\cdots,X_n)$,引入列向量和矩阵

$$\boldsymbol{x}=\begin{pmatrix} x_1 \\ x_2 \\ \vdots \\ x_n \end{pmatrix},\quad \boldsymbol{\mu}=\begin{pmatrix} \mu_1 \\ \mu_2 \\ \vdots \\ \mu_n \end{pmatrix},\quad \boldsymbol{C}=\begin{pmatrix} c_{11} & c_{12} & \cdots & c_{1n} \\ c_{21} & c_{22} & \cdots & c_{2n} \\ \vdots & \vdots & & \vdots \\ c_{n1} & c_{n2} & \cdots & c_{nn} \end{pmatrix}.$$

其中 $\boldsymbol{C}$ 为对称正定矩阵.

若 n 维随机变量 $(X_1,X_2,\cdots,X_n)$ 的联合概率密度为

$$f(x_1,x_2,\cdots,x_n)=(2\pi)^{-\frac{n}{2}}|\boldsymbol{C}|^{-\frac{1}{2}}\exp\left[-\frac{1}{2}(\boldsymbol{x}-\boldsymbol{\mu})^{\mathrm{T}}\boldsymbol{C}^{-1}(\boldsymbol{x}-\boldsymbol{\mu})\right].$$

则称 $(X_1,X_2,\cdots,X_n)$ 服从 n 维正态分布，$\boldsymbol{C}$ 为协方差矩阵，其中

$$c_{ij}=\mathrm{Cov}(X_i,X_j)\quad(i,j=1,2,\cdots,n),$$

$$\mu_i=E(X_i)\quad(i=1,2,\cdots,n).$$

n 维正态分布的几个重要性质：

(1) n 维正态变量 $(X_1,X_2,\cdots,X_n)$ 的每一个分量 $X_i(i=1,2,\cdots,n)$ 都是正态变量；反之，若 $X_1,X_2,\cdots,X_n$ 都是正态变量，且相互独立，则 $(X_1,X_2,\cdots,X_n)$ 是 n 维正态变量.

(2) n 维随机变量 $(X_1,X_2,\cdots,X_n)$ 服从 n 维正态分布的充要条件是 $X_1,X_2,\cdots,X_n$ 的任意线性组合 $l_1X_1,l_2X_2,\cdots,l_nX_n$ 服从一维正态分布(其中 $l_1,l_2\cdots,l_n$ 不全为 0).

(3) 若 $(X_1,X_2,\cdots,X_n)$ 服从 n 维正态分布，设 $Y_1,Y_2\cdots,Y_k$ 是 $X_j(j=1,2,\cdots,n)$ 的线性函数，则 $(Y_1,Y_2\cdots,Y_k)$ 也服从多维正态分布.这一性质称为正态变量的线性变换的不变性.

(4) 若 $(X_1,X_2,\cdots,X_n)$ 服从 n 维正态分布，则“$X_1,X_2,\cdots,X_n$ 相互独立”与“$X_1,X_2,\cdots,X_n$ 两两不相关”是等价的.

例　设二维正态随机变量 $X=(X_1,X_2)$ 的数学期望 $E(X)=(0,1)$，协方差矩阵为 $\mathbf{C}=\begin{pmatrix}1 & 0.5\\ 0.5 & 1\end{pmatrix}$，试计算：(1) $D(2X_1-X_2)$；(2) $E(X_1^2-X_1X_2+X_2^2)$.

解　由已知得 $E(X_1)=0,E(X_2)=1,D(X_1)=D(X_2)=1,\mathrm{Cov}(X_1,X_2)=0.5$.

$$\begin{aligned}(1)\ D(2X_1-X_2)&=D(2X_1)+D(X_2)-2\mathrm{Cov}(2X_1,X_2)\\&=4D(X_1)+D(X_2)-4\mathrm{Cov}(X_1,X_2)=3.\end{aligned}$$

(2) $E(X_1^2)=D(X_1)+(E(X_1))^2=1,\quad E(X_2^2)=D(X_2)+(E(X_2))^2=2,$

$$E(X_1X_2)=\mathrm{Cov}(X_1,X_2)+E(X_1)E(X_2)=0.5,$$

所以　$E(X_1^2-X_1X_2+X_2^2)=1-0.5+2=2.5.$

习　题　4

1. 将一硬币抛掷三次，以 X 表示在三次中出现正面的次数，以 Y 表示三次中出现正面次数与出现反面次数之差的绝对值，求 (X,Y) 的联合分布律.

2. 盒子里装有 3 个黑球、2 个红球、2 个白球，在其中任取 4 个球，以 X 表示取到黑球的个数，以 Y 表示取到红球的个数，求 (X,Y) 的联合分布律.

3. 设(X,Y)的联合分布函数为

$$F(x,y)=\begin{cases}\sin x\sin y, & 0\leqslant x\leqslant\frac{\pi}{2},0\leqslant y\leqslant\frac{\pi}{2},\\0, & 其他\end{cases}$$

求(X,Y)在矩形区域$G=\left\{(x,y)\mid 0<x\leqslant\frac{\pi}{4},\frac{\pi}{6}<y\leqslant\frac{\pi}{3}\right\}$内取值的概率.

4. 设(X,Y)的联合密度函数为

$$f(x,y)=\begin{cases}Ae^{-(3x+4y)}, & x>0,y>0\\0, & 其他\end{cases},$$

求:(1)常数A;(2)(X,Y)的联合分布函数$F(x,y)$;(3)$P\{0\leqslant X<1,0\leqslant Y<2\}$.

5. 设(X,Y)的联合密度函数为

$$f(x,y)=\begin{cases}k(6-x-y), & 0<x<2,2<y<4\\0, & 其他\end{cases},$$

求:(1)常数k;(2)$P\{X<1,Y<3\}$;(3)$P\{X<1.5\}$;(4)$P\{X+Y\leqslant4\}$.

6. 设X和Y相互独立,X在$(0,0.2)$上服从均匀分布,Y的密度函数为

$$f_Y(y)=\begin{cases}5e^{-5y}, & y>0\\0, & 其他\end{cases},$$

求:(1)X与Y的联合密度函数$f(x,y)$;(2)$P\{Y\leqslant X\}$.

7. 求在D上服从二维均匀分布的随机变量(X,Y)的联合密度函数$f(x,y)$及联合分布函数$F(x,y)$,其中D为x轴、y轴及直线$y=2x+1$围成的封闭三角形区域.

8. 设(X,Y)的联合分布函数为

$$F(x,y)=\begin{cases}(1-e^{-4x})(1-e^{-2y}), & x>0,y>0\\0, & 其他\end{cases},$$

求(X,Y)的联合密度函数$f(x,y)$.

9. 设平面区域D由曲线$y=\frac{1}{x}$及直线$y=0$,$x=1$,$x=e^2$所围成,(X,Y)在区域D上服从均匀分布,求(X,Y)关于X的边缘概率密度在$x=2$处的值.

10. 设(X,Y)的联合密度函数为

$$f(x,y)=\begin{cases}4.8y(2-x), & 0\leqslant x\leqslant1,0\leqslant y\leqslant x\\0, & 其他\end{cases},$$

求(X,Y)的边缘密度函数$f_X(x)$,$f_Y(y)$.

11. 设(X,Y)的联合密度函数为

$$f(x,y)=\begin{cases}e^{-y}, & 0<x<y\\0, & 其他\end{cases},$$

求(X,Y)的边缘密度函数$f_X(x)$,$f_Y(y)$.

12. 设(X, Y)的联合密度函数为

$$f(x,y)=\begin{cases}cx^2y, & x^2\leqslant y\leqslant 1\\0, & \text{其他}\end{cases},$$

求：(1)常数 c；(2)(X, Y)的边缘密度函数 $f_X(x)$，$f_Y(y)$.

13. 设(X, Y)的联合密度函数为

$$f(x,y)=\begin{cases}1, & |y|<x, 0<x<1\\0, & \text{其他}\end{cases},$$

求(X, Y)的条件密度函数 $f_{Y|X}(y|x)$，$f_{X|Y}(x|y)$.

14. 设 X 与 Y 相互独立且分别具有下列的分布律：

X	-2	-1	0	0.5
p_k	$\frac{1}{4}$	$\frac{1}{3}$	$\frac{1}{12}$	$\frac{1}{3}$

Y	-0.5	1	3
p_k	$\frac{1}{2}$	$\frac{1}{4}$	$\frac{1}{4}$

求(X, Y)的联合分布律(列表格).

15. 袋中有五个号码 1,2,3,4,5,从中任取三个,记这三个号码中最小的号码为 X,最大的号码为 Y.(1)求 X 与 Y 的联合分布律;(2)问 X 与 Y 是否相互独立?

16. 设 X 与 Y 的联合分布律为

X	Y	
	0	1
0	$\frac{2}{25}$	b
1	a	$\frac{3}{25}$
2	$\frac{1}{25}$	$\frac{2}{25}$

且 $P\{Y=1|X=0\}=\frac{3}{5}$,(1)求常数 a,b;(2)判断 X 与 Y 是否相互独立?

17. 设 X 和 Y 相互独立,X 在(0,1)上服从均匀分布,Y 的密度函数为

$$f_Y(y)=\begin{cases}\frac{1}{2}\mathrm{e}^{-y/2}, & y>0\\0, & \text{其他}\end{cases}.$$

求:(1)求(X, Y)的联合密度函数 $f(x,y)$;(2)二次方程 $a^2+2Xa+Y=0$ 有实根的概率.

18. 已知(X, Y)的联合密度函数为

$$f(x,y)=\begin{cases}k(1-x)y, & 0<x<1, 0<y<x\\0, & \text{其他}\end{cases}.$$

(1)求常数 k;(2)求边缘密度函数 $f_X(x)$, $f_Y(y)$;(3)问 X 与 Y 是否独立?

19. 设 X 和 Y 相互独立,下表列出了 (X, Y) 的联合分布律及关于 X 和 Y 的边缘分布律中的部分数值,试将其余数值填入表中的空白处.

X	Y			$P\{X=x_i\}$
	y_1	y_2	y_3	
x_1		$\frac{1}{8}$		
x_2	$\frac{1}{8}$			
$P\{Y=y_j\}$	$\frac{1}{6}$			1

20. 设某班车起点站上客人数 X 服从参数为 $\lambda\ (\lambda>0)$ 的泊松分布,每位乘客在中途下车的概率为 $p\ (0<p<1)$ 且中途下车与否相互独立,以 Y 表示在中途下车的人数,求:(1)在发车时有 n 个乘客的条件下,中途有 m 人下车的概率;(2) (X, Y) 的联合分布律.

21. 设 X 与 Y 相互独立,$X\sim B\left(1, \frac{1}{4}\right)$,$Y\sim B\left(1, \frac{1}{4}\right)$,求 $Z=X+Y$ 的分布律.

22. 设 X 与 Y 相互独立,其分布律分别为

$$P\{X=k\}=p(k),\ k=0, 1, 2, \cdots;\quad P\{Y=r\}=q(r),\ r=0, 1, 2, \cdots.$$

证明:$Z=X+Y$ 的分布律为 $P\{Z=i\}=\sum\limits_{k=0}^{i}p(k)q(i-k),\ i=0, 1, 2, \cdots.$

23. 设 (X, Y) 的联合概率密度为

$$f(x, y)=\begin{cases}6x, & 0\leqslant x\leqslant 1,\ x\leqslant y\leqslant 1\\ 0, & \text{其他}\end{cases},$$

求 $Z=X+Y$ 的概率密度 $f_Z(z)$.

24. 设 X 与 Y 相互独立,其密度函数分别为

$$f_X(x)=\begin{cases}1, & 0<x<1\\ 0, & \text{其他}\end{cases},\quad f_Y(y)=\begin{cases}e^{-y}, & y>0\\ 0, & \text{其他}\end{cases},$$

求:(1) $P\{Y\leqslant X\}$;(2) $Z=X+Y$ 的概率密度 $f_Z(z)$.

25. 设某种商品一周的需要量 X 是一个随机变量,其密度函数为

$$f(x)=\begin{cases}x e^{-x}, & x>0\\ 0, & x\leqslant 0\end{cases}$$

且各周的需要量是相互独立的,求某两周需要量之和 $Z=X_1+X_2$ 的密度函数 $f_z(z)$.

26. 设 X 和 Y 相互独立,$X\sim\begin{pmatrix}1 & 2\\ 0.3 & 0.7\end{pmatrix}$,$Y$ 的密度函数为 $f_Y(y)$,求随机变量 $U=X+Y$ 的密度函数 $g(u)$.

27. 设二维随机变量 (X, Y) 的联合分布律为

X	Y					
	0	1	2	3	4	5
0	0	0.01	0.03	0.05	0.07	0.09
1	0.01	0.02	0.04	0.05	0.06	0.08
2	0.01	0.03	0.05	0.05	0.05	0.06
3	0.01	0.02	0.04	0.06	0.06	0.05

(1)求 $P\{X=2|Y=2\}$，$P\{Y=3|X=0\}$；(2)求 $V=\max(X,Y)$ 的分布律；(3)求 $U=\min(X,Y)$ 的分布律.

28. 雷达的圆形屏幕半径为 R，设目标出现点 (X,Y) 在屏幕上服从二维均匀分布.(1)求 $P\{Y>0|Y>X\}$；(2)设 $M=\max(X,Y)$，求 $P\{M>0\}$.

29. 设 X 与 Y 相互独立，且均服从 $(0,3)$ 上的均匀分布，求 $P\{\max(X,Y)\leqslant 1\}$.

30. 设 (X,Y) 的联合密度函数为

$$f(x,y)=\begin{cases} b\mathrm{e}^{-(x+y)}, & 0<x<1,\ y>0 \\ 0, & \text{其他} \end{cases}.$$

(1)求常数 b；(2)求边缘密度函数 $f_X(x)$，$f_Y(y)$；(3)求 $U=\max(X,Y)$ 的分布函数 $F_U(u)$.

31. 设 (X,Y) 的联合密度函数为

$$f(x,y)=\begin{cases} cx\mathrm{e}^{-y}, & 0<x<y<+\infty \\ 0, & \text{其他} \end{cases}.$$

(1)求常数 c；(2)判断 X 与 Y 是否独立；(3)求边缘密度函数 $f_{X|Y}(x|y)$，$f_{Y|X}(y|x)$；(4)求 $P\{X<1|Y<2\}$，$P\{X<1|Y=2\}$；(5)求 (X,Y) 的联合分布函数 $F(x,y)$；(6)求 $Z=X+Y$ 的密度函数 $f_Z(z)$；(7)求 $P\{X+Y<1\}$；(8)求 $P\{\min(X,Y)<1\}$.

32. 设 (X,Y) 的分布律为

X	Y		
	1	2	3
−1	0.2	0.1	0
0	0.1	0	0.3
1	0.1	0.1	0.1

(1)求 $E(X)$，$E(Y)$；(2)设 $Z=Y/X$，求 $E(Z)$.

33. 设 X，Y 相互独立，其密度函数分别为

$$f_X(x)=\begin{cases} 2x, & 0\leqslant x\leqslant 1 \\ 0, & \text{其他} \end{cases},\quad f_Y(y)=\begin{cases} \mathrm{e}^{-(y-5)}, & y>5 \\ 0, & y\leqslant 5 \end{cases},$$

求 $E(XY)$.

34. 设随机变量 X_1，X_2 的概率密度分别为

$$f_1(x)=\begin{cases}2e^{-2x}, & x>0\\0, & x\leqslant 0\end{cases},\quad f_2(x)=\begin{cases}4e^{-4x}, & x>0\\0, & x\leqslant 0\end{cases}.$$

(1)求$E(X_1+X_2)$,$E(2X_1-3X_2^2)$;(2)又设X_1,X_2相互独立,求$E(X_1X_2)$.

35. 设$X\sim N(0,4)$,$Y\sim U(0,4)$,且X,Y相互独立,求$E(XY)$,$D(X+Y)$,$D(2X-3Y)$.

36. 5家商店联营,它们每周售出的某种农产品的数量(以kg计)分别为X_1,X_2,X_3,X_4,X_5,已知$X_1\sim N(200,225)$,$X_2\sim N(240,240)$,$X_3\sim N(180,225)$,$X_4\sim N(260,265)$,$X_5\sim N(320,270)$,X_1,X_2,X_3,X_4,X_5相互独立.

(1)求5家商店两周的总销售量的均值和方差;

(2)商店每隔两周进货一次,为了使新的供货到达前商店不会脱销的概率大于0.99,问商店的仓库应至少储存多少kg该产品?

37. 设二维随机变量(X,Y)的概率密度为

$$f(x,y)=\begin{cases}\dfrac{1}{\pi}, & x^2+y^2\leqslant 1\\0, & \text{其他}\end{cases}.$$

试验证X和Y是不相关的,但X和Y不是相互独立的.

38. 设随机变量X和Y的联合分布为

X	Y		
	-1	0	1
-1	$\frac{1}{8}$	$\frac{1}{8}$	$\frac{1}{8}$
0	$\frac{1}{8}$	0	$\frac{1}{8}$
1	$\frac{1}{8}$	$\frac{1}{8}$	$\frac{1}{8}$

验证X和Y不相关,但X和Y不是相互独立的.

39. 设连续型随机变量(X,Y)的密度函数为

$$f(x,y)=\begin{cases}8xy, & 0\leqslant x\leqslant y\leqslant 1\\0, & \text{其他}\end{cases}.$$

求$\mathrm{Cov}(X,Y)$和$D(X+Y)$.

40. 将一枚硬币重复掷n次,以X和Y表示正面向上和反面向上的次数,试求X和Y的相关系数ρ_{XY}.

41. 设(X,Y)的概率密度为

$$f(x,y)=\begin{cases}\dfrac{1}{2}\sin(x+y), & 0\leqslant x\leqslant\dfrac{\pi}{2},0\leqslant y\leqslant\dfrac{\pi}{2}\\0, & \text{其他}\end{cases}.$$

求协方差 $\mathrm{Cov}(X,Y)$ 和相关系数 ρ_{XY}.

42. 设 $X\sim U(-\pi,\pi)$，$X_1=\sin X$，$X_2=\cos X$，求 $\rho_{X_1X_2}$.

43. 设二维随机变量 (X,Y) 在由 x 轴、y 轴及直线 $x+y-2=0$ 所围成的区域 G 上服从均匀分布，求 X 和 Y 的相关系数 ρ_{XY}.

44. 设 $D(X)=25$，$D(Y)=36$，$\rho_{XY}=0.4$，求 $D(X+Y)$，$D(X-Y)$.

45. 已知随机变量 X 和 Y 分别服从正态分布 $N(1,3^2)$ 和 $N(0,4^2)$，且 X 与 Y 的相关系数 $\rho_{XY}=-\dfrac{1}{2}$，设 $Z=\dfrac{X}{3}+\dfrac{Y}{2}$.(1)求 Z 的数学期望 $E(Z)$ 和方差 $D(Z)$；(2)求 X 与 Z 的相关系数 ρ_{XZ}；(3)问 X 与 Z 是否相互独立，为什么？

46. 已知二维随机变量 (X,Y) 的协方差矩阵为 $\begin{pmatrix}5 & 1\\ 1 & 4\end{pmatrix}$，设 $Z_1=X+Y$，$Z_2=2X-Y$，求 Z_1 与 Z_2 的相关系数 $\rho_{Z_1Z_2}$.

数学家风采

许宝騄

许宝騄(1910—1970)，字闲若，数学家，中国科学院学部委员，北京大学数学系教授.

许宝騄主要从事数理统计学和概率论研究，最先发现线性假设的似然比检验(F 检验)的优良性，给出了多元统计中若干重要分布的推导，推动了矩阵论在多元统计中的应用，与罗宾斯(H. Robbins)一起提出的完全收敛的概念是对强大数定律的重要加强.

1938 年，许宝騄导出了霍太林提出的 T2 检验在一定意义下是局部最优的，主要的困难是在零假设不成立时，如何导出 T2 的分布，通常称为非零分布，有了非零分布才能讨论功效函数的大小. 他的这一工作在 N.P.理论和多元统计分析中都是占有重要地位的先驱性工作. 1943 年，许宝騄完成了另一项重要工作，在讨论检验方法的优良性时，对于线性模型的线性假设，第一次证明了似然比检验的优良性，是对多参数假设检验第一个非局部优良性的工作，如用 λ 表示似然比检验非零分布中的非中心参数，他证明了：如果功效函数只依赖 λ，那么似然比检验就是一致最强的.

1938 年，许宝騄在论文中第一个讨论线性模型中参数 σ^2 的优良估计问题. 在二次无偏的估计类中，如要求估计量的方差与期望值参数无关，他证明了通常的无偏估计 S2 具有一致最小方差的充分必要条件是 4 阶矩具有与正态相同的关系式(这一条件在现在的文献中称为准正态分布). 许宝騄的工作是这个方向的起始点，而且他提出的方法仍然是处理更加复杂问题的有力工具,有的论文就用许氏模型这一名称来代表这类问题.

此外,许宝騄在寻求统计量的极限分布,在次序统计量的极限律型方面,都有重要的贡献.许宝騄用矩阵微分这一工具,严格而清晰地导出了联合分布.1947 年,他与罗宾斯合写的论文《全收敛和大数定律》第一次引入全收敛的概念.当时国际上在概率方面主要的兴趣是独立随机变量之和的极限分布,正在从古典结果向近代结果转化.1947 年,许宝騄已获得主要的结果:每行独立的无限小随机变量三角阵列的行和,依分布收敛到一给定的无穷可分律的充分必要条件.

第 5 章　大数定律和中心极限定理

本章主要讨论概率论中的两类重要定理:一类是描述一系列随机变量的和的平均结果稳定性的大数定律;另一类是描述满足一定条件的一系列随机变量和的分布以正态分布为极限的中心极限定理.

大数定律和中心极限定理是概率论中的重要基本理论,它们揭示了随机现象的重要统计规律,在概率论与数理统计的理论研究和实际应用中都具有重要意义.

§5.1　大数定律

前文提到,事件发生的频率具有稳定性,即随着试验次数的增加,事件发生的频率逐渐稳定于某一个常数(事件发生的概率).在实践中,还可以发现大量的随机现象的平均结果也具有稳定性,这种稳定性就是本节将要讨论的大数定律的客观背景.

5.1.1　切比雪夫不等式

切比雪夫(Chebyshev)不等式是概率极限理论中基本且重要的不等式,是证明大数定律的重要工具和理论基础,利用切比雪夫不等式还可以对某些随机事件的概率进行估计.

定理 5.1.1(切比雪夫不等式)　设随机变量 X 有期望 $E(X)=\mu$ 和方差 $D(X)=\sigma^2$,则对于任意给定的 $\varepsilon>0$, 有

$$P(|X-\mu|\geqslant\varepsilon)\leqslant\frac{\sigma^2}{\varepsilon^2}.\tag{5.1}$$

上述不等式称为**切比雪夫不等式**.

证明　只证明 X 为连续型随机变量的情形,其概率为 $f(x)$,则有(见图 5.1)

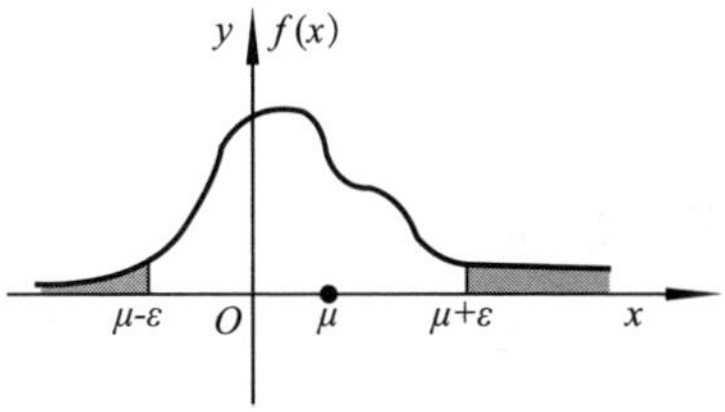

图　5.1

$$P(|X-\mu|\geqslant\varepsilon)=\int\limits_{|x-\mu|\geqslant\varepsilon}f(x)\mathrm{d}x$$

因为当 $|X-\mu|\geqslant\varepsilon$ 时, $\left(\frac{X-\mu}{\varepsilon}\right)^2\geqslant1$,所以

$$P(|X-\mu|\geqslant\varepsilon)\leqslant\int\limits_{|x-\mu|\geqslant\varepsilon}\frac{|x-\mu|^2}{\varepsilon^2}f(x)\mathrm{d}x\leqslant\frac{1}{\varepsilon^2}\int_{-\infty}^{+\infty}(x-\mu)^2f(x)\mathrm{d}x=\frac{\sigma^2}{\varepsilon^2}.$$

根据方差的定义,有

$$\sigma^2 = D(X) = \int_{-\infty}^{+\infty} (x-\mu)^2 f(x) \mathrm{d}x,$$

所以

$$P(|X-\mu| \geqslant \varepsilon) \leqslant \frac{\sigma^2}{\varepsilon^2}.$$

切比雪夫不等式也可以写成

$$P(|X-\mu| < \varepsilon) \geqslant 1 - \frac{\sigma^2}{\varepsilon^2}. \tag{5.2}$$

对于离散型随机变量的情形,只要把其中的概率密度替换为分布律,积分替换为求和即可证明.

注:(1)由切比雪夫不等式可以看出,σ^2 越小,则事件$\{|X-E(X)|<\varepsilon\}$的概率越大,即随机变量 X 的取值集中在期望附近的可能性越大.由此可见方差刻画了随机变量取值的离散程度.

(2)在方差已知的情况下,切比雪夫不等式给出了 X 与它的期望的偏差不小于 ε 的概率的估计式.如取 $\varepsilon=3\sigma$,则有

$$P(|X-E(X)| \geqslant 3\sigma) \leqslant \frac{\sigma^2}{9\sigma^2} \approx 0.111.$$

故对任意给定的分布,只要期望和方差 σ^2 存在,则随机变量 X 取值落在$(E(X)-3\sigma, E(X)+3\sigma)$外的概率不超过 0.111.

切比雪夫不等式作为一个理论工具,其应用是普遍的.

例 5.1.1 设随机变量 X 的数学期望为 μ,方差为 σ^2,利用切比雪夫不等式估计:X 落在以 μ 为中心、以 3σ 为半径的区间内的概率不小于多少?

解 $P(|X-E(X)|<3\sigma)=P(|X-\mu|<3\sigma) \geqslant 1-\dfrac{D(X)}{(3\sigma)^2}=1-\dfrac{\sigma^2}{9\sigma^2}=0.888\ 9.$

例 5.1.2 200 个新生婴儿中,估计女孩儿多于 80 个且小于 120 个的概率(假定生男孩儿和生女孩儿的概率均为 0.5).

解 设 X 表示女孩的个数,则 $X \sim B(200, 0.5)$.

用切比雪夫不等式估计

$$E(X)=np=200\times0.5=100,\ D(X)=np(1-p)=200\times0.5\times0.5=50.$$

故 $P(80<X<120)=P(|X-100|<20) \geqslant 1-\dfrac{50}{20^2}=0.875.$

从例 5.1.1 和 5.1.2 可以看出,只要能获得随机变量的数学期望与方差,切比雪夫不等式就可以提供一种估计概率的简单方法,但是估计的概率精度不够高,直接用它估计概率结果不尽如人意,但是在接下来的学习中可以看到它在理论上有着十分重要的应用.

5.1.2　大数定理

定义 5.1.1　若对于任意 $n>1, X_1, X_2, \cdots, X_n$ 都相互独立，则称 $X_1, X_2, \cdots, X_n, \cdots$ **相互独立**.

定义 5.1.2　设 $X_1, X_2, \cdots, X_n, \cdots$ 是一个随机变量序列，a 为一个常数，若对于任意正数 ε，有

$$\lim_{n\to+\infty} P(|X_n-a|\geqslant\varepsilon)=0 \quad 或 \quad \lim_{n\to+\infty} P(|X_n-a|<\varepsilon)=1,$$

则称序列 $X_1, X_2, \cdots, X_n, \cdots$ **依概率收敛**于 a，记作 $X_n \xrightarrow{P} a \quad (n\to+\infty)$.

$X_n \xrightarrow{P} a$ 的直观解释是：对任意 $\varepsilon>0$，当 n 充分大时，"X_n 与 a 的偏差大于等于 ε"这一事件 $\{|X_n-\mu|\geqslant\varepsilon\}$ 发生的概率很小（收敛于 0），这里的收敛性是在概率意义上的收敛性.也就是说，不论给定怎样小的 $\varepsilon>0$，X_n 与 a 的偏差大于等于 ε 是可能的，但是当 n 很大时，出现这种偏差的可能性很小.因此，当 n 很大时，事件 $\{|X_n-\mu|<\varepsilon\}$ 几乎是必然要发生的.

依概率收敛具有**性质**：

设 $X_n \xrightarrow{P} a(n\to\infty)$，$Y_n \xrightarrow{P} b(n\to\infty)$，函数 $g(x,y)$ 在点 (a,b) 连续，则

$$g(X_n,Y_n) \xrightarrow{P} g(a,b) \quad (n\to+\infty).$$

定理 5.1.2（切比雪夫大数定律）　设随机变量序列 $X_1, X_2, \cdots, X_n, \cdots$ 相互独立，均存在有限的数学期望 $E(X_i)(i=1,2,\cdots)$ 和方差 $D(X_i)(i=1,2,\cdots)$，并且存在正数 C，使得 $D(X_i)\leqslant C(i=1,2,\cdots)$，则对任意给定的正数 ε，有

$$\lim_{n\to+\infty} P\left(\left|\frac{1}{n}\sum_{i=1}^{n}X_i-\frac{1}{n}\sum_{i=1}^{n}E(X_i)\right|<\varepsilon\right)=1 \tag{5.3}$$

或

$$\lim_{n\to+\infty} P\left(\left|\frac{1}{n}\sum_{i=1}^{n}X_i-\frac{1}{n}\sum_{i=1}^{n}E(X_i)\right|\geqslant\varepsilon\right)=0 \tag{5.4}$$

证明　因 $X_1, X_2, \cdots, X_n, \cdots$ 相互独立，所以

$$E\left(\frac{1}{n}\sum_{i=1}^{n}X_i\right)=\frac{1}{n}\sum_{i=1}^{n}E(X_i),$$

$$D\left(\frac{1}{n}\sum_{i=1}^{n}X_i\right)=\frac{1}{n^2}\sum_{i=1}^{n}D(X_i)\leqslant\frac{1}{n^2}\sum_{i=1}^{n}C=\frac{C}{n}.$$

由切比雪夫不等式得，则对任意给定的正数 ε，有

$$P\left(\left|\frac{1}{n}\sum_{i=1}^{n}X_i-\frac{1}{n}\sum_{i=1}^{n}E(X_i)\right|<\varepsilon\right)\geqslant 1-\frac{\frac{1}{n^2}\sum_{i=1}^{n}D(X_i)}{\varepsilon^2}\geqslant 1-\frac{C}{n\varepsilon^2}$$

在上式中令 $n\to+\infty$，并注意到概率小于等于 1，得

$$\lim_{n\to+\infty}P\left(\left|\frac{1}{n}\sum_{i=1}^{n}X_i-\frac{1}{n}\sum_{i=1}^{n}E(X_i)\right|<\varepsilon\right)=1.$$

切比雪夫大数定律说明:在定理所给条件下,随机变量序列$\{X_n\}$的算术平均值$\frac{1}{n}\sum_{i=1}^{n}X_i$序列依概率收敛于它们的数学期望的算术平均值.

推论(切比雪夫大数定律的特例) 设随机变量$X_1,X_2,\cdots,X_n,\cdots$相互独立,且具有相同的数学期望和方差:$E(X_i)=\mu,D(X_i)=\sigma^2(i=1,2,\cdots)$,作前$n$个随机变量的算术平均值$\overline{X}=\frac{1}{n}\sum_{k=1}^{n}X_k$,则对任意正数$\varepsilon$,有

$$\lim_{n\to+\infty}P(|\overline{X}-\mu|<\varepsilon)=\lim_{n\to+\infty}P\left(\left|\frac{1}{n}\sum_{k=1}^{n}X_k-\mu\right|<\varepsilon\right)=1, \tag{5.5}$$

或

$$\lim_{n\to+\infty}P(|\overline{X}-\mu|\geqslant\varepsilon)=\lim_{n\to+\infty}P\left(\left|\frac{1}{n}\sum_{k=1}^{n}X_k-\mu\right|\geqslant\varepsilon\right)=0. \tag{5.6}$$

证明 因为$\frac{1}{n}\sum_{k=1}^{n}E(X_k)$,所以由切比雪夫大数定律知结论成立.

推论表明:在独立同分布的条件下,n个随机变量$X_1,X_2,\cdots,X_n$的算术平均值$\overline{X}=\frac{1}{n}\sum_{k=1}^{n}X_k$,当$n\to\infty$时,依概率收敛于$\mu$.

这个结论有很实际的意义,我们在对某随机变量进行测量时,为了减少随机误差,常常重复测量多次,并取平均值,而该算术平均值就是实际中最可能发生的值.

定理 5.1.3[伯努利(Bernoulli)大数定律] 设n_A是n次独立重复试验中事件A发生的次数,p是事件A在每次试验中发生的概率,则对任意正数ε,有

$$\lim_{n\to+\infty}P\left(\left|\frac{n_A}{n}-p\right|<\varepsilon\right)=1, \tag{5.7}$$

或

$$\lim_{n\to+\infty}P\left(\left|\frac{n_A}{n}-p\right|\geqslant\varepsilon\right)=0. \tag{5.8}$$

证明 因为$n_A\sim B(n,p)$,从而有

$$E(n_A)=np,D(n_A)=np(1-p).$$

由数学期望和方差的性质,有

$$E\left(\frac{n_A}{n}\right)=p,D\left(\frac{n_A}{n}\right)=\frac{1}{n^2},\quad D(n_A)=\frac{p(1-p)}{n}.$$

任取$\varepsilon>0$,由切比雪夫不等式可得

$$P\left(\left|\frac{n_A}{n}-p\right|\geqslant\varepsilon\right)\leqslant\frac{1}{\varepsilon^2}D\left(\frac{n_A}{n}\right)=\frac{p(1-p)}{n\varepsilon^2}\to0,\quad(n\to+\infty)$$

即
$$\lim_{n\to+\infty} P\left(\left|\frac{n_A}{n}-p\right|<\varepsilon\right)=1-\lim_{n\to+\infty} P\left(\left|\frac{n_A}{n}-p\right|\geqslant\varepsilon\right)=1.$$

注:(1)伯努利大数定律以严格的数学形式表述了频率的稳定性.它表明:一个事件 A 在 n 次独立重复试验中发生的频率 $\frac{n_A}{n}$ 依概率收敛于事件 A 发生的概率 p.即当 n 很大时,事件 A 在 n 次独立重复试验中发生的频率 $\frac{n_A}{n}$ 与 A 在试验中发生的概率有较大偏差的可能性很小,在实际应用中,当试验次数 n 很大时,便可以利用事件 A 发生的频率来近似代替事件 A 发生的概率.

(2)由伯努利大数定律知,若事件 A 的概率很小,则事件 A 发生的频率也是很小的.即"概率很小的随机事件在个别试验中几乎不会发生".这一结果称为**小概率原理**.它有很广泛的实际应用,但是要注意,小概率事件与不可能事件是有区别的.在多次试验中,小概率事件也可能发生.

切比雪夫大数定律推论中要求随机变量 $X_1,X_2,\cdots,X_n$ 的方差存在,但在这些随机变量服从同一分布的情况下,并不需要这些要求,有以下辛钦大数定律.

定理 5.1.4[辛钦(Khintchine)大数定律]　设随机变量 $X_1,X_2,\cdots,X_n,\cdots$ 相互独立,服从同一分布,且具有数学期望 $E(X_i)=\mu,i=1,2,\cdots$,则对任意给定的正数 $\varepsilon>0$,有

$$\lim_{n\to+\infty} P\left(\left|\frac{1}{n}\sum_{i=1}^{n}X_i-\mu\right|<\varepsilon\right)=1 \tag{5.9}$$

或

$$\lim_{n\to+\infty} P\left(\left|\frac{1}{n}\sum_{i=1}^{n}X_i-\mu\right|\geqslant\varepsilon\right)=0. \tag{5.10}$$

证明略.

注:(1)定理不要求随机变量的方差存在;

(2)伯努利大数定律是辛钦大数定律的特殊情况;

(3)辛钦大数定律的意义是当 n 足够大时,算术平均值几乎就是一个常数.换言之,如果对同一指标重复观察,随着观察次数的增加,可以用算术平均值近似代替该指标的数学期望.辛钦大数定律为寻找随机变量的期望值提供了一条实际可行的途径.例如,要估计某地区的平均亩产量,可收割某些有代表性的地块,如 n 块,计算其平均亩产量,则当 n 较大时,可用它作为整个地区平均亩产量的一个估计.此类做法在实际应用中具有重要意义.

(4)设随机变量序列 $X_1,X_2,\cdots,X_n,\cdots$ 独立同分布,且 $E(X_i^k)=\mu_k,i=1,2,\cdots$,则 $\forall\varepsilon>0$,有

$$\lim_{n\to+\infty} P\left(\left|\frac{1}{n}\sum_{i=1}^{n}X_i^k-\mu_k\right|<\varepsilon\right)=1 \quad \text{或} \quad \lim_{n\to+\infty} P\left(\left|\frac{1}{n}\sum_{i=1}^{n}X_i^k-\mu_k\right|\geqslant\varepsilon\right)=0.$$

记 $\frac{1}{n}\sum_{i=1}^{n}X_i^k=M_k$,则 $M_k \xrightarrow[n\to+\infty]{P} \mu_k,k=1,2,\cdots$.

(5)大数定律是统计分析的理论基础,注(3)、注(4)分别是第 7 章中依据样本均值估计总体均值、样本的原点矩估计总体的原点矩的理论依据.

例 5.1.3 假设某保险公司在某地区销售一项电动自行车的保险,每辆车每年的保费为 12 元.若车丢失,则保险公司赔偿车主 1 000 元.根据历史数据,估计该地区一年内电动自行车的丢失率为 0.006,请用大数定律估计一下该保险公司这项报销的收益.

解 将投保的电动自行车排序,设 X_n 为保险公司在第 n 个投保车辆上的收益,依据题意可计算 X_n 的分布律.

X_n	12	988
P	9.994	0.006

可计算 $E(X_n)=114$.假设各投保车辆是否发生索赔是相互独立的,即 $X_1,X_2,\cdots,X_n,\cdots$ 相互独立,则由辛钦大数定律知 $\frac{1}{n}\sum_{i=1}^{n}X_i=M_k$,则 $\frac{1}{n}\sum_{i=1}^{n}X_i\xrightarrow[n\to+\infty]{P}114$,也就是说,只要投保的电动自行车足够多,保险公司为客户提供担保的同时可以获得稳定的收益.但是,如果投保车辆比较少,风险会很大,如投保电动自行车只有 50 辆时,若其中一辆车发生索赔,保险公司将亏损 400 元.

大数定律是近代保险业建立的数理基础.保险公司正是利用在个别情形下存在的不确定性将在大数中消失的这种规则性,来分析承保标的发生损失的相对稳定性.按照大数定律,保险公司承保的每类标的数目必须足够大,保险公司才能维持正常运营.

§5.2 中心极限定理

在客观实际问题中有许多随机变量,它们由大量相互独立的随机变量的综合影响所形成,其中的每一个因素在总的影响中所起的作用是微小的,这种随机变量往往近似地服从正态分布,这种现象正是中心极限定理的客观背景.

定理 5.2.1(独立同分布的中心极限定理) 设随机变量 $X_1,X_2,\cdots,X_n,\cdots$ 相互独立,服从同一分布,且具有数学期望和方差:$E(X_i)=\mu,D(X_i)=\sigma^2\neq 0(i=1,2,\cdots)$,则随机变量

$$Y_n=\frac{\sum_{i=1}^{n}X_{\mathrm{i}}-E\left(\sum_{i=1}^{n}X_{\mathrm{i}}\right)}{\sqrt{D\left(\sum_{i=1}^{n}X_{\mathrm{i}}\right)}}=\frac{\sum_{i=1}^{n}X_{\mathrm{i}}-n\mu}{\sqrt{n}\sigma}$$

的分布函数 $F_n(x)$ 对于任意实数 x 满足

$$\lim_{n\to+\infty}F_n(x)=\lim_{n\to+\infty}P\left(\frac{\sum_{i=1}^{n}X_i-n\mu}{\sqrt{n}\sigma}\leqslant x\right)=\int_{-\infty}^{x}\frac{1}{\sqrt{2\pi}}e^{-\frac{t^2}{2}}dt=\Phi(x). \tag{5.11}$$

证明从略.

一般地,若 $X_1,X_2,\cdots,X_n,\cdots$ 为独立随机变量序列,且式(5.11)成立,则称 $\{X_i\}$ 服从**中心极限定理**.

一般情况下,很难求出 $\sum_{i=1}^{n}X_i$ 的分布函数,该定理表明,当 n 充分大时,n 个具有数学期望和方差的独立同分布的随机变量之和 $\sum_{i=1}^{n}X_i$ 近似服从正态分布,由定理结论有

$$\frac{\sum_{i=1}^{n}X_i-n\mu}{\sqrt{n}\sigma}\overset{\text{近似}}{\sim}N(0,1). \tag{5.12}$$

这样就可以利用正态分布对 $\sum_{i=1}^{n}X_i$ 作理论分析和实际计算.

对式(5.12)左端变形得到

$$\frac{\frac{1}{n}\sum_{i=1}^{n}X_i-\mu}{\sigma/\sqrt{n}}=\frac{\overline{X}-\mu}{\sigma/\sqrt{n}}\overset{\text{近似}}{\sim}N(0,1)$$

或

$$\overline{X}=\frac{1}{n}\sum_{i=1}^{n}X_i\overset{\text{近似}}{\sim}N\left(\mu,\frac{\sigma^2}{n}\right),$$

所以定理5.2.1又可表述为另一种常见形式:当 n 充分大时,均值为 μ、方差为 $\sigma^2>0$ 的独立同分布的随机变量 $X_1,X_2,\cdots,X_n,\cdots$ 的算术平均值 $\overline{X}=\frac{1}{n}\sum_{i=1}^{n}X_i$ 近似地服从均值为 μ、方差为 σ^2/n 的正态分布.这一结果是数理统计中大样本统计推断的基础.

特别地,如果定理5.2.1中的 $X_1,X_2,\cdots,X_n,\cdots$ 独立同分布,且均服从参数为 p 的0—1分布,则 $\eta_n=\sum_{i=1}^{n}X_i\sim B(n,p)$,于是有如下定理.

定理5.2.2[棣莫弗-拉普拉斯(De Moivre-Laplace)中心极限定理]　设随机变量 η_n 服从二项分布 $B(n,p)(n=1,2,\cdots$,且 $0<p<1)$,则对任意实数 x,有

$$\lim_{n\to+\infty}P\left(\frac{\eta_n-np}{\sqrt{np(1-p)}}\leqslant x\right)=\int_{-\infty}^{x}\frac{1}{\sqrt{2\pi}}e^{-\frac{t^2}{2}}dt=\Phi(x). \tag{5.13}$$

即

$$\frac{\eta_n-np}{\sqrt{np(1-p)}}\overset{\text{近似}}{\sim}N(0,1)\quad 或\quad \eta_n\overset{\text{近似}}{\sim}N(np,np(1-p)).$$

从而对任意的 $a<b$ 有

$$\lim_{n\to+\infty}P\left(a<\frac{\eta_n-np}{\sqrt{np(1-p)}}\leqslant b\right)=\frac{1}{\sqrt{2\pi}}\int_a^b e^{-\frac{t^2}{2}}dt=\Phi(b)-\Phi(a).$$

定理 5.2.2 是定理 5.2.1 的特殊情况,它表明,正态分布是二项分布的极限分布,当 n 充分大时,由服从 $B(n,p)$ 随机变量 η_n 作出的标准化随机变量 $\frac{\eta_n-np}{\sqrt{np(1-p)}}$ 的分布,可用标准正态分布 $N(0,1)$ 近似代替,从而解决了二项分布 $B(n,p)$ 的计算问题.

注 对于二项分布的计算,可以总结方法如下:

当 n 较小时候,如 $n<15$ 时,可以直接用二项分布的公式计算;

当 n 较大而 p 较小(或者 $1-p$ 较小)时,可以利用泊松分布近似计算(注意要求 np 适中);

当 n 较大,$0.1<p<0.9$,或 $n>100$,$p<0.1$ 时,可利用正态分布的近似计算.

例 5.2.1 设随机变量 $X_1,X_2,\cdots,X_{100}$ 相互独立,且都服从参数为 $\lambda=1$ 的泊松分布,记 $X=\sum_{i=1}^{100}X_i$,求 $P(X>120)$ 的近似值.

解 易知 $E(X_i)=1,\quad D(X_i)=1\quad(i=1,2,\cdots,100)$,

由定理 5.2.1,随机变量 $Y=\dfrac{\sum_{i=1}^{100}X_i-100\times 1}{\sqrt{100}\times 1}=\dfrac{X-100}{10}\overset{\text{近似}}{\sim}N(0,1)$.

于是

$$\begin{aligned}P(X>120)&=P\left(\frac{X-100}{10}>\frac{120-100}{10}\right)=P\left(\frac{X-100}{10}>2\right)\\&=1-P\left\{\frac{X-100}{10}\leqslant 2\right\}\approx 1-\Phi(2)=0.022\,8.\end{aligned}$$

例 5.2.2 在一家保险公司有 10 000 人参加保险,每年每人付 1 200 元保险费.假设在一年内这些人死亡的概率都为 0.006,死亡后家属可向保险公司领取 100 000 元,试求:

(1)保险公司一年的利润不低于 400 万元的概率;

(2)保险公司亏本的概率有多大?

解 设参保的 10 000 人中一年内死亡的人数为 X,则 $X\sim B(10\,000,\ 0.006)$,因此

$$E(X)=60,\quad D(X)=59.64.$$

由题设,公司一年收入保险费 1 200 万元,付给死者家属 $100\,000X$ 元,于是公司一年的利润为

$$12\,000\,000-100\,000X=100\,000(120-X).$$

故仅当每年的死亡人数超过 120 人时,公司才会亏本,当每年的死亡人数不超过 80 人

时公司获利不低于 400 万元.由此可知所求概率分别为 $P\{0\leqslant X\leqslant 80\}$ 与 $P\{X>120\}$，由棣莫弗-拉普拉斯中心极限定理可知：

(1)保险公司一年的利润不低于 400 万元的概率为

$$P(0\leqslant X\leqslant 80)=P\left(\frac{0-60}{\sqrt{59.64}}\leqslant\frac{X-60}{\sqrt{59.64}}\leqslant\frac{80-60}{\sqrt{59.64}}\right)\approx\Phi\left(\frac{80-60}{7.72}\right)-\Phi\left(\frac{0-60}{7.72}\right)$$

$$=\Phi(2.589\,8)-\Phi(-7.769\,3)\approx 0.955\,2-0=0.955\,2.$$

(2)保险公司亏本的概率为

$$P(X>120)=1-P(X\leqslant 120)=1-P\left(\frac{X-60}{\sqrt{59.64}}\leqslant\frac{120-60}{\sqrt{59.64}}\right)$$

$$\approx 1-\Phi(7.769\,3)\approx 1-1=0.$$

例 5.2.3　某生产车间有 200 台机器，在生产期间因各种原因，常需机器停工，设开工率为 0.6(即平均 60%的时间工作)，设每台机器的工作是独立的，且在开工时需电力 1 kW，问应供应多少千瓦电力就能以 99.9%的概率保证该车间不会因供电不足而影响生产.

解　对每台机器的观察作为一次试验，每次试验观察该台机器在某时刻是否工作，工作的概率为 0.6，共进行 200 次试验.用 X 表示在某时刻工作的机器数，则 $X\sim B(200,0.6)$，因此 $E(X)=np=200\times 0.6=120$，$D(X)=np(1-p)=200\times 0.6\times(1-0.6)=48$.

由棣莫弗-拉普拉斯中心极限定理可知

$$P(1\cdot X\leqslant N)=P\left(\frac{X-120}{\sqrt{48}}\leqslant\frac{N-120}{\sqrt{48}}\right)\approx\Phi\left(\frac{N-120}{\sqrt{48}}\right).$$

由 $\Phi\left(\frac{N-120}{\sqrt{48}}\right)\geqslant 0.999$，且查标准正态分布表得 $\Phi(3.1)=0.999$，故 $\frac{N-120}{\sqrt{48}}\geqslant 3.1$，解得 $N\geqslant 141.5$，即所求 $N=142$，即供应 142 kW 电力就能以 99.9%的概率保证该车间不会因供电不足而影响生产.

注：用中心极限定理估计要比切比雪夫不等式估计要准，事实上，切比雪夫不等式的估计只给出了这个概率的下限.

另外，正态分布和泊松分布都是二项分布的极限分布，一般说来，对于 n 很大，p 很小(通常 $p\leqslant 0.1$ 而 $np\leqslant 9$ 的情形)的二项分布，用泊松分布近似比用正态分布计算精确，用正态分布近似是以 $n\to\infty$ 为条件.

习　题　5

1.(选择题)设随机变量 $X_1,X_2,\cdots,X_9$ 相互独立同分布，且 $E(X_i)=1$，$D(X_i)=1$ $(i=1,2,\cdots,9)$，令 $S_9=\sum_{i=1}^{9}X_i$，则对任意 $\varepsilon>0$，从切比雪夫不等式直接可得(　　).

A. $P(|S_9-1|<\varepsilon)\geqslant 1-\dfrac{1}{\varepsilon^2}$ B. $P(|S_9-9|<\varepsilon)\geqslant 1-\dfrac{9}{\varepsilon^2}$

C. $P(|S_9-9|<\varepsilon)\geqslant 1-\dfrac{1}{\varepsilon^2}$ D. $P\left(\left|\dfrac{S_9}{9}-1\right|<\varepsilon\right)\geqslant 1-\dfrac{1}{\varepsilon^2}$

2. 已知正常男性成人血液中,每一毫升中白细胞数平均是7 300,均方差是700,利用切比雪夫不等式估计每毫升血液中白细胞数在5 200~9 400之间的概率.

3. 独立地掷6颗骰子,点数之和记为X,试用切比雪夫不等式估计$P(15\leqslant X\leqslant 27)$.

4. 设随机变量X和Y的数学期望都是2,方差分别为1和4,而相关系数为0.5,试根据切比雪夫不等式给出$P(|X-Y|\geqslant 6)$的估计.

5. 独立地掷10颗骰子,求掷出的点数之和在30~40点之间的概率.

6.(选择题)设μ_n是n次重复独立试验中事件A出现的次数,p是事件A每次试验中发生的概率,则$\forall\,\varepsilon>0$,均有$\lim\limits_{n\to\infty}P\left(\left|\dfrac{\mu_n}{n}-p\right|>\varepsilon\right)=($ $)$.

A. 0 B. 0.5 C. 1 D. $\dfrac{1}{n}$

7.(选择题)设$X_1,X_2,\cdots,X_n,\cdots$是独立同分布的随机变量序列,且$E(X_i)=\mu$,$D(X_i)=\sigma^2$,记$\overline{X}_n=\dfrac{1}{n}\sum\limits_{i=1}^{n}X_i$,$\Phi(x)$为标准正态分布的分布函数,则$\lim\limits_{n\to\infty}P\left(|\overline{X}_n-\mu|\leqslant\dfrac{\sigma}{\sqrt{n}}\right)=($ $)$.

A. 1 B. $\Phi(1)$ C. $1-\Phi(1)$ D. $2\Phi(1)-1$

8.(选择题)设$X_1,X_2,\cdots,X_n,\cdots$是独立同分布的随机变量序列,且$P\{X_i=0\}=1-p$,$P\{X_i=1\}=p$,$i=1,2,\cdots$,$\Phi(x)$为标准正态分布的分布函数,则$\lim\limits_{n\to\infty}P\left(\left|\dfrac{\sum\limits_{i=1}^{n}X_i-np}{\sqrt{np(1-p)}}\right|\geqslant 2\right)=($ $)$.

A. 0 B. 1 C. $\Phi(2)$ D. $1-\Phi(2)$

9. 独立地测量一个物理量,每次测量产生的误差都服从区间$(-1,1)$上的均匀分布.

(1)如果取n次测量的算术平均值作为测量结果,求它与其真值的差小于一个小的正数ε的概率;

(2)计算(1)中当$n=36$,$\varepsilon=\dfrac{1}{6}$时的概率的近似值;

(3)取$\varepsilon=\dfrac{1}{6}$,要使上述概率不小于$\alpha=0.95$,应进行多少次测量?

10. 一加法器同时收到20个噪声电压$V_k(k=1,2,\cdots,20)$,设它们是相互独立的随机变量，且都在区间(0,10)上服从均匀分布.记 $V=\sum_{k=1}^{20}V_k$，求 $P(V>105)$ 的近似值.

11. 对于一名学生而言，来参加家长会的家长人数是一个随机变量，设一名学生无家长、1 名家长、2 名家长来参加会议的概率分别为 0.05,0.8,0.15.若学校共有 400 名学生，设各学生参加会议的家长数相互独立，且服从同一分布.

(1)求参加会议的家长数 X 超过 450 的概率.

(2)求有 1 名家长来参加会议的学生数不多于 340 的概率.

12. 一生产线生产的产品成箱包装，每箱的质量是随机的.假设每箱平均质量为 50 kg，标准差为 5 kg，若用最大载质量为 5 t 的汽车承运，试利用中心极限定理说明每辆车最多可以装多少箱，才能保障不超载的概率大于 0.977.

13. 一本书共有一百万个印刷符号，排版时每个符号被排错的概率为 0.000 1，校对时每个排版错误被改正的概率为 0.9，求在校对后错误不多于 15 个的概率.

14. 据统计，某年龄段保险者中，一年内每个人死亡的概率为 0.005，现在有 10 000 个该年龄段的人参加人寿保险，试求未来一年内在这些保险者里面死亡人数不超过 70 个人的概率.

15. 某单位内部有 260 架电话分机，每个分机有 4%的时间要用外线通话.可以认为各个电话分机用不同外线是相互独立的.问总机需备多少条外线才能以 95%的把握保证各个分机在使用外线时不必等候？

16. 有一批种子，其中良种占 $\frac{1}{6}$，从中任取 6 000 粒，问能以 0.99 的概率保证其中良种的比例与 $\frac{1}{6}$ 相差多少？

17. 若某产品的不合格率为 0.005，任取 10 000 件，不合格品不多于 70 件的概率等于多少？

18. 某螺钉厂的不合格品率为 0.01，一盒中应装多少只螺钉才能使其中含有 100 只合格品的概率不小于 0.95？

19. 某药厂断言，该厂生产的某种药品对于医治一种疑难的血液病的治愈率为 0.8.医院检验员任意抽查 100 个服用此药品的病人，如果其中多于 75 人治愈，就接受这一断言，否则就拒绝这一断言.

(1)若实际上此药品对这种疾病的治愈率是 0.8，问接受这一断言的概率是多少.

(2)若实际上此药品对这种疾病的治愈率是 0.7，问接受这一断言的概率是多少.

20. 某保险公司多年统计资料表明，在索赔户中，被盗索赔户占 20%，以 X 表示在随机抽查的 100 个索赔户中，因被盗向保险公司索赔的户数.

(1)写出 X 的概率分布；

(2)利用中心极限定理，求被盗索赔户不少于 14 户且不多于 30 户的概率近似值.

数学家风采

亚伯拉罕·棣莫弗

亚伯拉罕·棣莫弗(Abraham De Moivre,1667—1754),法国裔英国籍数学家.

1684 年,棣莫弗来到巴黎,遇见了法国杰出的数学教育家、热心传播数学知识的奥扎拉姆.在奥扎拉姆的鼓励下,棣莫弗学习了欧几里得的《几何原本》及其他数学家的一些重要数学著作.

1685 年,包括棣莫弗在内的许多有才华的学者由法国移住英国,他对数学的所有贡献全是在英国做出的.抵达伦敦后,一个偶然的机会,他读到牛顿刚刚出版的《自然哲学的数学原理》,深深地被这部著作吸引了.

1692 年,棣莫弗拜会了英国皇家学会秘书 E.哈雷,哈雷将棣莫弗的第一篇数学论文《论牛顿的流数原理》在英国皇家学会上宣读,引起了学术界的注意.1697 年,由于哈雷的努力,棣莫弗当选为英国皇家学会会员.棣莫弗的成就逐渐受到了人们广泛的关注和尊重.哈雷将棣莫弗的重要著作《机会的学说》呈送牛顿,牛顿对棣莫弗十分欣赏.1710 年,棣莫弗被委派参与英国皇家学会调查牛顿-莱布尼茨关于微积分优先权的委员会.1735 年,棣莫弗被选为柏林科学院院士.1754 年,棣莫弗被法国的巴黎科学院接纳为会员.

棣莫弗的主要贡献在概率论,1711 年写成《抽签的计量》一文,1718 年修改扩充为《机会论》(*The Doctrine of Chances*).这是概率论较早的专著之一,首次定义了独立事件的乘法定理,给出了二项分布的公式,讨论了掷骰子等问题.他在 1730 年出版的另一专著《分析杂论》中最早使用概率积分.他将概率论用于保险事业,于 1725 年出版论著《论终身年金》.

切比雪夫

切比雪夫(Pafnuty Chebyshev,1821—1894),俄罗斯数学家、力学家.他一生发表了 70 多篇科学论文,内容涉及数论、概率论、函数逼近论、积分学等方面.他证明了贝尔特兰公式、自然数列中素数分布的定理、大数定律的一般公式以及中心极限定理.他不仅重视纯数学,而且十分重视数学的应用.

切比雪夫在概率论、数学分析等领域有重要贡献.在力学方面,他主要从事这些数学问题的应用研究.他在一系列专论中对最佳近似函数进行了解析研究，并把成果用来研究机构理论.他首次解决了直动机构(将旋转运动转化成直线运动的机构)的理论计算方法，并由此创立了机构和机器的理论，提出了有关传动机械的结构公式.他发明了约 40 余种机械，制造了有名的步行机(能精确模仿动物走路动作的机器)和计算器.切比雪夫关于机构的两篇著作是发表在 1854 年的《平行四边形机构的理论》和 1869 年的《论平行四边形》.

第 6 章 数理统计基础知识

前面五章讲述了概率论的基本内容,从本章开始将讲述数理统计.数理统计是以概率论为理论基础的具有广泛应用的一个数学分支,是一门分析带有随机影响数据的学科.它主要研究如何有效地收集、整理有限数据资料,并利用一定的统计模型对所得的数据资料进行分析、研究,从而提取数据中的有用信息,对所研究的对象的性质、特点作出推断,即解决统计推断问题.本章主要讲述统计推断的基本内容.

§6.1 数理统计的基本概念

6.1.1 总体

定义 6.1.1 在数理统计中,将研究对象的全体称为**总体**.总体中的每个元素称为**个体**.总体中所包含的个体的个数称为**总体的容量**.容量有限的称为**有限总体**.否则称为**无限总体**.

当有限总体所包含的个体数量很大时,可以近似地看作无限总体.例如,考察全国正在使用的某种型号灯泡的寿命所形成的总体,由于个体的个数很多,就可以认为是无限总体.

在实际问题中,研究总体时,往往只关心它的一个或几个数量指标的分布情况,如上述例子中只关心灯泡的使用寿命,而对其他指标暂不关心.这样,每个灯泡的所具有的数量指标值——使用寿命就是一个个体,所有灯泡的使用寿命看成总体.

在总体中,由于每个个体的出现是随机的,所以研究对象的该项数量指标 X 的取值具有随机性,X 是一个随机变量.为了方便起见,今后把总体与随机变量 X 等同看待,即总体就是某随机变量 X 可能取值的全体,X 的分布函数和数字特征称为总体的分布函数和数字特征,今后将不区分总体与相应的随机变量,将其统称为总体 X.

6.1.2 样本

在实际中,总体的分布一般是未知的,或只知道它具有某种形式,其中包含着未知参数.为了判断总体服从何种分布或估计未知参数的取值,在数理统计中,人们通过从总体中抽取一部分个体进行观察,然后通过对这些数据的统计分析,对总体分布得出推断的或对未知参数做出合理的估计.从总体抽取一个个体,就是对代表总体的随机

变量 X 进行一次试验(或观测),得到 X 的一个试验数据(或观测值).从总体中抽取一部分个体,就看作对随机变量 X 进行若干次试验(或观测),得到 X 的一些试验数据(或观测值).从总体中抽取若干个体的过程称为**抽样**.抽样结果得到 X 的一组试验数据(或观测值)称为**样本**.样本中所含个体的数量称为**样本容量**.为了使抽取的样本能很好地反映总体的信息,除了对样本的容量有一定的要求外,还对样本的抽取方式有一定的要求,从总体中抽取样本$(X_1,X_2,\cdots,X_n)$,必须满足下述两个条件:

(1)**同分布性**:即 $X_1,X_2,\cdots,X_n$ 都与 X 服从相同的分布.

(2)**独立性**:即 $X_1,X_2,\cdots,X_n$ 相互独立.

这种随机的、独立的抽样方法称为**简单随机抽样**.现将具有上述特征的样本定义如下:

定义 6.1.2　设$(X_1,X_2,\cdots,X_n)$是 n 维随机变量,若 $X_1,X_2,\cdots,X_n$ 相互独立且其中的每个都与总体 X 具有相同的分布,则称$(X_1,X_2,\cdots,X_n)$是取自总体的样本容量为 n 的**简单随机样本**,简称**样本**.

在对总体 X 进行一次具体的抽样并做观测之后,得到样本 $X_1,X_2,\cdots,X_n$ 的确切数值 $x_1,x_2,\cdots,x_n$,称为**样本观察值**,简称为**样本值**.

本书中提到的抽样与样本,都是指简单随机抽样与简单随机样本.

如果总体 X 的分布函数为 $F(X)$,则样本$(X_1,X_2,\cdots,X_n)$的联合分布函数为

$$F(x_1,x_2,\cdots,x_n)=F(x_1)F(x_2)\cdots F(x_n)=\prod_{i=1}^{n}F(x_i).$$

如果总体 X 是离散型随机变量,且概率分布为 $P\{X=x_i\},i=1,2,\cdots$,则样本$(X_1,X_2,\cdots,X_n)$的联合概率分布为

$$\begin{aligned}P(X=x_1,X=x_2,\cdots,X=x_n)&=P(X=x_1)P(X=x_2)\cdots P(X=x_n)\\&=\prod_{i=1}^{n}P(X_i=x_i).\end{aligned}$$

如果总体 X 是连续型随机变量,且具有概率密度 $f(x)$,则样本$(X_1,X_2,\cdots,X_n)$的联合概率密度为

$$f(x_1,x_2,\cdots,x_n)=f(x_1)f(x_2)\cdots f(x_n)=\prod_{i=1}^{n}f(x_i).$$

例 6.1.1　设总体 X 服从正态分布 $N(\mu,\sigma^2)$,概率密度为 $f(x)=\dfrac{1}{\sqrt{2\pi}\sigma}e^{-\frac{(x-\mu)^2}{2\sigma^2}}$,$x\in\mathbf{R}$,则其样本 $X_1,X_2,\cdots,X_n$ 的**联合概率密度**为

$$f^*(x_1,x_2,\cdots,x_n)=\prod_{i=1}^{n}\frac{1}{\sqrt{2\pi}\sigma}\exp\left[-\frac{(x-\mu)^2}{2\sigma^2}\right]=\frac{1}{(2\pi)^{n/2}\sigma^n}\exp\left[-\frac{1}{2\sigma^2}\sum_{i=1}^{n}(x_i-\mu)^2\right].$$

样本是进行统计推断的依据.在应用时,样本所含的信息一般不能直接用于推断总体.因此需要针对不同的问题构造样本的适当函数,利用这些样本的函数进行统计推断.

6.1.3 统计量

一组样本 $X_1,X_2,\cdots,X_n$ 可以看作一个 n 维随机变量$(X_1,X_2,\cdots,X_n)$,所以任何样本函数 $g(X_1,X_2,\cdots,X_n)$都是 n 维随机变量的函数,显然也是随机变量.根据样本 $X_1,X_2,\cdots,X_n$ 的观测值 $x_1,x_2,\cdots,x_n$ 计算得到的函数值 $g(x_1,x_2,\cdots,x_n)$就是样本函数 $g(X_1,X_2,\cdots,X_n)$的观测值.

定义 6.1.3 设$(X_1,X_2,\cdots,X_n)$为总体 X 的简单随机样本, $g(X_1,X_2,\cdots,X_n)$是一个实值连续函数,且不含除自变量之外的未知参数,则称随机变量 $g(X_1,X_2,\cdots,X_n)$为**统计量**.如果$(x_1,x_2,\cdots,x_n)$是一个样本值,则称 $g(x_1,x_2,\cdots,x_n)$为统计量 $g(X_1,X_2,\cdots,X_n)$的一个**样本值**.

6.1.4 常用的统计量

统计量常常用来对总体做出推断和统计分析,下面给出一些常用的统计量.

设$(X_1,X_2,\cdots,X_n)$为总体 X 的一个样本容量为 n 样本.

(1)样本均值 $\overline{X}=\dfrac{1}{n}\sum_{i=1}^{n}X_i$;

样本值记为 $\bar{x}=\dfrac{1}{n}\sum_{i=1}^{n}x_i$.

(2)样本方差 $S^2=\dfrac{1}{n-1}\sum_{i=1}^{n}(X_i-\overline{X})^2=\dfrac{1}{n-1}\left(\sum_{i=1}^{n}X_i^2-n\overline{X}^2\right)$;

样本值记为 $s^2=\dfrac{1}{n-1}\sum_{i=1}^{n}(x_i-\bar{x})^2=\dfrac{1}{n-1}\left(\sum_{i=1}^{n}x_i^2-n\bar{x}^2\right)$.

(3)样本标准差 $S=\sqrt{S^2}=\sqrt{\dfrac{1}{n-1}\sum_{i=1}^{n}(X_i-\overline{X})^2}$;

样本值记为 $s=\sqrt{s^2}=\sqrt{\dfrac{1}{n-1}\sum_{i=1}^{n}(x_i-\bar{x})^2}$.

(4)样本(k 阶)原点矩 $A_k=\dfrac{1}{n}\sum_{i=1}^{n}X_i^k,\quad k=1,2,\cdots$;

样本值记为 $a_k=\dfrac{1}{n}\sum_{i=1}^{n}x_i^k,\quad k=1,2,\cdots$.

(5)样本(k 阶)中心矩 $B_k=\dfrac{1}{n}\sum_{i=1}^{n}(X_i-\overline{X})^k,\quad k=2,3,\cdots$;

样本值记为 $b_k=\dfrac{1}{n}\sum_{i=1}^{n}(x_i-\bar{x})^k,\quad k=1,2,\cdots$.

注:(1)上述五种统计量可统称为**矩统计量**,简称为**样本矩**,它们都是样本的显示函数,它们的观察值仍分别称为**样本均值**、**样本方差**、**样本标准差**、**样本(k 阶)原点矩**、

样本(k 阶)中心矩.

(2)样本的一阶原点矩就是样本均值,样本一阶中心矩恒等于零.

$$A_1=\overline{X},\quad B_1=0,\quad B_2=\frac{n-1}{n}S^2.$$

这些统计量与其对应的总体的数字特征有什么关系?若总体 X 的 k 阶矩 $E(x^k)=\mu_k$ 存在,则当 $n\to\infty$ 时,$A_k\xrightarrow{P}\mu_k,k=1,2,\cdots$.这是因为 $X_1,X_2,\cdots,X_n$ 独立且与 X 同分布,所以 $X_1^k,X_2^k,\cdots,X_n^k$ 独立且与 X^k 同分布,即 $E(X_1^k)=E(X_2^k)=\cdots=E(X_n^k)=\mu_k$.

故由辛钦大数定律知

$$A_k=\frac{1}{n}\sum_{i=1}^{n}X_i^k\xrightarrow{P}\mu_k,\quad k=1,2,\cdots,$$

进而由以依概率收敛的序列的性质可知

$$g(A_1,A_2,\cdots,A_k)\xrightarrow{P}g(\mu_1,\mu_2,\cdots,\mu_k),$$

其中 g 为连续函数.这就是下一章所要介绍的矩估计法的理论根据.

例 6.1.2 某个班级 30 人某次概率论与数理统计的测验成绩如下:

79	62	89	56	100	67	86	57	67	78	66	70	78	66	70
98	56	79	88	46	65	64	95	96	99	60	83	99	60	83

计算此次测验的 $\bar{x},s^2,a_4,b_3$.

解 $\bar{x}=\dfrac{1}{30}\sum\limits_{i=1}^{30}x_i=75.4$;

$$s^2=\frac{1}{30-1}\sum_{i=1}^{30}(x_i-75.4)^2=237.01;$$

$$a_4=\frac{1}{30}\sum_{i=1}^{30}x_i^4=40\ 376\ 638.27;$$

$$b_3=\frac{1}{30}\sum_{i=1}^{30}(x_i-\bar{x})^3=466.01.$$

例 6.1.3 设总体 X 服从参数为 λ 的泊松分布,记作 $X\sim\pi(\lambda)$,从总体 X 中抽取样本 $X_1,X_2,\cdots,X_n$,$\overline{X}$ 和 S^2 分别为样本均值和样本方差.求 $E(\overline{X}),D(\overline{X}),E(S^2)$.

解 由已知有

$$E(X)=\lambda,D(X)=\lambda,E(X)=E(X_i),D(X)=D(X_i),i=1,2,\cdots,n,$$

$$E(\overline{X})=E\left(\frac{1}{n}\sum_{i=1}^{n}X_i\right)=\frac{1}{n}\sum_{i=1}^{n}E(X_i)=\frac{1}{n}\cdot nE(X)=E(X)=\lambda.$$

$$D(\overline{X})=D(\frac{1}{n}\sum_{i=1}^{n}X_i)=\frac{1}{n^2}\sum_{i=1}^{n}D(X_i)=\frac{1}{n^2}\cdot nD(X)=\frac{D(X)}{n}=\frac{\lambda}{n}.$$

因为 $E(X^2)=D(X)+[E(X)]^2$,所以

$$
\begin{aligned}
E(S^2)&=E\left(\frac{1}{n-1}\left(\sum_{i=1}^{n}X_i^2-n\overline{X}^2\right)\right)=\frac{1}{n-1}\left(\sum_{i=1}^{n}E(X_i^2)-nE(\overline{X}^2)\right)\\
&=\frac{1}{n-1}\left(\sum_{i=1}^{n}E(X^2)-nE(\overline{X}^2)\right)=\frac{1}{n-1}(nE(X^2)-nE(\overline{X}^2))\\
&=\frac{n}{n-1}(E(X^2)-E(\overline{X}^2))\\
&=\frac{n}{n-1}(D(X)+E^2(X)-(D(\overline{X})+E^2(\overline{X}))^2)\\
&=\frac{n}{n-1}\left(\lambda+\lambda^2-\left(\frac{\lambda}{n}+\lambda^2\right)\right)=\frac{n}{n-1}\cdot\frac{n-1}{n}\lambda=\lambda.
\end{aligned}
$$

定义 6.1.4 设有分布函数 $F(x)$ 对给定的 $\alpha(0<\alpha<1)$,若有

$$P(X>x_\alpha)=\alpha, \tag{6.1}$$

则称点 x_α 为 $F(x)$ 的上 α 分位点.当 $F(x)$ 有密度函数 $f(x)$ 时,式(6.1)可写成

$$P(X>x_\alpha)=\int_{x_\alpha}^{+\infty}f(x)\mathrm{d}x=\alpha, \tag{6.2}$$

称满足 $F(x_\alpha)=\alpha$(即 $P(X\leqslant x_\alpha)=\alpha$)的 x_α 为 $F(x)$ 的下 α 分位点.

若实数 $x_{\frac{\alpha}{2}}$ 满足

$$P(|X|>x_{\frac{\alpha}{2}})=\alpha,$$

则称点 $x_{\frac{\alpha}{2}}$ 为 $F(x)$ 的**双侧 α 分位点**.

(1)标准正态分布的上 α 分位点定义.

设 $X\sim N(0,1)$,对给定的正数 $\alpha(0<\alpha<1)$,若 u_α 满足条件 $P\{X>u_\alpha\}=\alpha$,即 $\Phi(u_\alpha)=1-\alpha$,则称点 u_α 为标准正态分布 $N(0,1)$ 的**上 α 分位点**,如图 6.1 所示.标准正态分布的上 α 分位点可自附录 C 查得.如,设 $\alpha=0.025$,满足 $P(X>u_\alpha)=0.025$ 的点 u_α 查附录 C 知 $u_\alpha=1.96$.

(2)标准正态分布 $N(0,1)$ 的双侧 α 分位点

设 $X\sim N(0,1)$,对给定的正数 $\alpha(0<\alpha<1)$,若 $u_{\frac{\alpha}{2}}$ 满足条件 $P(|X|>u_{\frac{\alpha}{2}})=\alpha$,即 $\Phi(u_{\frac{\alpha}{2}})=1-\frac{\alpha}{2}$,则称点 $u_{\frac{\alpha}{2}}$ 为标准正态分布 $N(0,1)$ 的**双侧 α 分位点**,如图 6.2 所示.

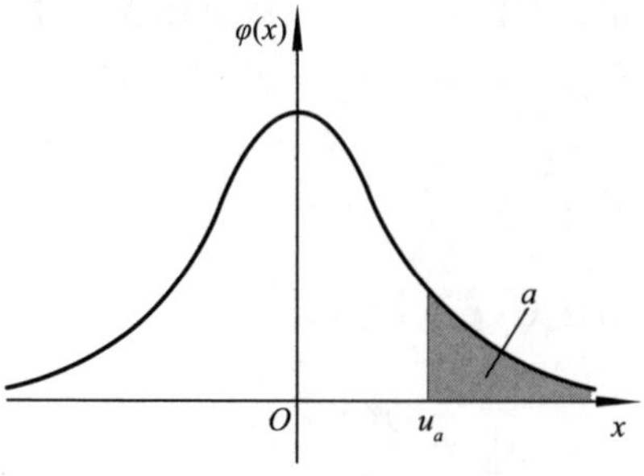

图 6.1

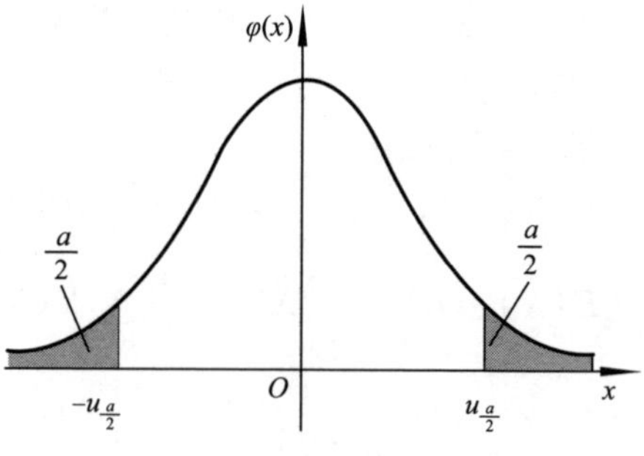

图 6.2

注:求双侧 α 分位点 $u_{\frac{\alpha}{2}}$,即是求上$\frac{\alpha}{2}$分位点 $u_{\frac{\alpha}{2}}$.例如,设 $\alpha=0.05$ 满足 $P(X>u_{\frac{\alpha}{2}})=\frac{0.05}{2}=0.025$ 的 $u_{\frac{\alpha}{2}}$,查附录 C 可得 $u_{0.025}=1.96$.

§6.2　几个常用的统计量

统计量的分布称为**抽样分布**.在使用统计量进行统计推断时常常需要知道它的分布.当总体的分布函数已知时,要求出统计量的精确分布,但是一般来说确定统计量的精确分布是困难的.本节介绍来自正态总体的几个常用统计量的分布,这些分布在数理统计中有重要的应用.

6.2.1　χ^2 分布

定义 6.2.1　设随机变量 $X_1,X_2,\cdots,X_n$ 是取自总体 $N(0,1)$的样本，则称统计量

$$\chi^2=X_1^2+X_2^2+\cdots+X_n^2=\sum_{i=1}^{n}X_i^2 \tag{6.3}$$

服从自由度为 n 的 χ^2 分布,记为 $\chi^2\sim\chi^2(n)$.

自由度是指式(6.3)右端所包含的独立变量的个数.

(1)$\chi^2(n)$的概率密度函数为

$$f(x)=\begin{cases}\dfrac{1}{2^{n/2}\Gamma(n/2)}x^{\frac{n}{2}-1}\mathrm{e}^{-\frac{1}{2}x}, & x>0\\0, & x\leqslant 0\end{cases},$$

其中 $\Gamma(\cdot)$为伽马(Gamma)函数，$\Gamma(\alpha)=\int_0^{+\infty}x^{\alpha-1}\mathrm{e}^{-t}\,\mathrm{d}t,\alpha>0$.

几个不同自由度的 χ^2 分布的概率密度函数 $f(x)$的图形如图 6.3 所示.

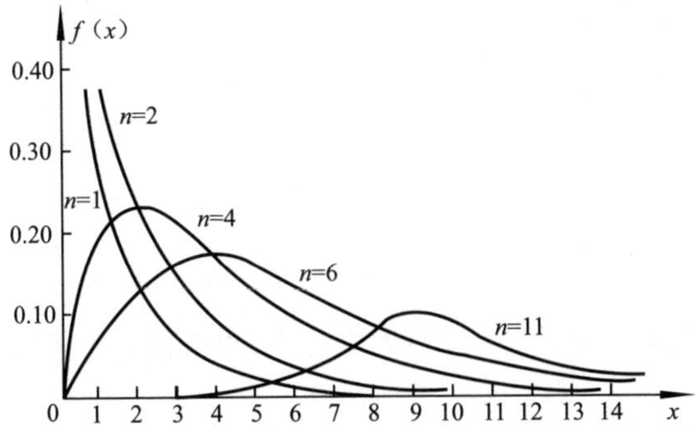

图　6.3

(2)χ^2 分布的可加性.

设 $\chi_1^2 \sim \chi^2(n_1)$,$\chi_2^2 \sim \chi^2(n_2)$,且 χ_1^2 与 χ_2^2 相互独立,则

$$\chi_1^2+\chi_2^2 \sim \chi^2(n_1+n_2).$$

此结论推广:$X_i \sim \chi^2(n_i)(i=1,2,\cdots,k)$且相互独立,则

$$\sum_{i=1}^{k} X_i \sim \chi^2\left(\sum_{i=1}^{n} n_i\right).$$

(3)χ^2 分布的数学期望与方差.

若 $\chi^2 \sim \chi^2(n)$,则

$$E(\chi^2)=n,\quad D(\chi^2)=2n.$$

证明 因为 $X_i \sim N(0,1)$,所以 $E(X_i)=0$,$D(X_i)=1$.

故 $$E(X_i^2)=D(X_i)=1;E(X_i^4)=\int_{-\infty}^{+\infty} x^4 \frac{1}{\sqrt{2\pi}}\mathrm{e}^{-\frac{x^2}{2}}\mathrm{d}x=3.$$

所以 $$E(\chi^2)=E\left(\sum_{i=1}^{n} X_i^2\right)=\sum_{i=1}^{n} E(X_i^2)=n.$$

又 $$D(X_i^2)=E(X_i^4)-(E(X_i^2))^2=3-1=2.$$

由于 $X_1,X_2,\cdots,X_n$ 相互独立,所以 $X_1^2,X_2^2,\cdots,X_n^2$ 也相互独立,于是

$$D(\chi^2)=D\left(\sum_{i=1}^{n} X_i^2\right)=\sum_{i=1}^{n} D(X_i^2)=2n.$$

(4)χ^2 分布的分位点.

设 $\chi^2 \sim \chi^2(n)$,对给定的正数 $\alpha(0<\alpha<1)$,称满足条件

$$P(\chi^2 > \chi_\alpha^2(n))=\int_{\chi_\alpha^2(n)}^{+\infty} f(x)\mathrm{d}x=\alpha$$

的点 $\chi_\alpha^2(n)$ 为 $\chi^2(n)$ 分布的**上 α 分位点**,如图 6.4 所示.

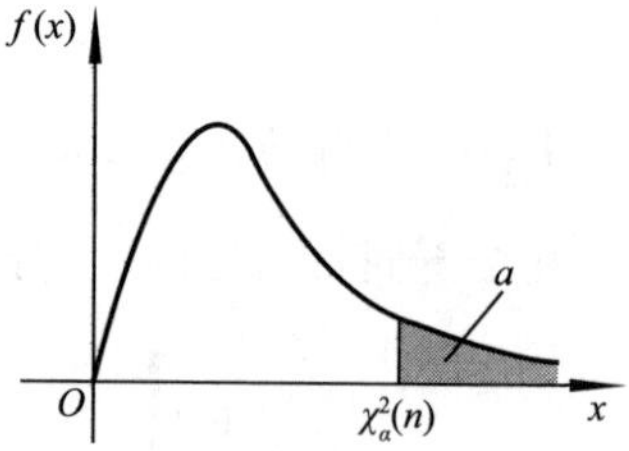

图 6.4

图 6.4 中,$\chi_\alpha^2(n)$就是使得图中阴影部分的面积为 α 时,在 x 轴上所确定出来的点.对于不同的 α 与 n,上 α 分位点的值已制成表格,可以查用附录 D.但该表只详列到 $n=45$ 为止,费歇(R.A. Fisher)曾证明,当 n 充分大时,近似有

$$\chi_\alpha^2(n) \approx \frac{1}{2}(u_\alpha+\sqrt{2n-1})^2 \tag{6.4}$$

其中 u_α 是标准正态分布的上 α 分位点.利用式(6.4)可以求得当 $n>45$ 时,$\chi^2(n)$分布的上 α 分位点的近似值.例如,$\chi_{0.025}^2(50)$无表可查,可查附录 C 得 $u_{0.025}(50)=-1.96$,由式(6.4)可得 $\chi_{0.025}^2(50) \approx \frac{1}{2}(-1.96+\sqrt{99})^2=31.919$.

例 6.2.1 $X_1,X_2,\cdots,X_8$ 是取自正态总体 $X \sim N(0,\sigma^2)$的样本,记

$$Y=\frac{1}{\sigma^2}\left[\left(\sum_{i=1}^{4}X_i\right)^2+\left(\sum_{i=5}^{8}X_i\right)^2\right],$$

求当非零常数 c 取何值时，cY 服从 χ^2 分布？其自由度为多少？

解　由正态分布的可加性知，$\sum_{i=1}^{4}X_i \sim N(0,4\sigma^2)$，$\sum_{i=5}^{8}X_i \sim N(0,4\sigma^2)$，因此 $\frac{\sum_{i=1}^{4}X_i}{2\sigma} \sim N(0,1)$，$\frac{\sum_{i=5}^{8}X_i}{2\sigma} \sim N(0,1)$，且两者相互独立，由 χ^2 分布的定义可得

$$\left(\frac{\sum_{i=1}^{4}X_i}{2\sigma}\right)^2+\left(\frac{\sum_{i=5}^{8}X_i}{2\sigma}\right)^2=\frac{1}{4}Y \sim \chi^2(2).$$

故当非零常数 $c=\frac{1}{4}$ 时，cY 服从 χ^2 分布，其自由度为 2.

6.2.2　t 分布

定义 6.2.2　设 $X\sim N(0,1)$，$Y\sim\chi^2(n)$，且 X 与 Y 相互独立，则称随机变量

$$T=\frac{X}{\sqrt{Y/n}} \tag{6.5}$$

服从自由度为 n 的 t **分布**，记为 $T\sim t(n)$.t 分布又称**学生氏**(Student)**分布**.

(1)$t(n)$分布的概率密度.

$$f(x)=\frac{\Gamma\left(\frac{n+1}{2}\right)}{\sqrt{n\pi}\,\Gamma\left(\frac{n}{2}\right)}\left(1+\frac{x^2}{n}\right)^{-\frac{n+1}{2}},\quad -\infty<x<+\infty.$$

图 6.5 中画出了 $f(x)$ 的图形.$f(x)$ 的图形关于 $x=0$ 对称，且 $\lim_{x\to\infty}f(x)=0$.当 n 充分大时，当 n 充分大时，t 分布近似于标准正态分布.

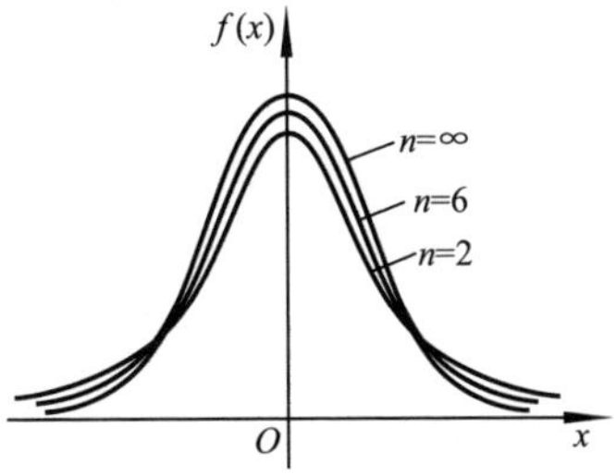

图　6.5

事实上，利用 Γ 函数的性质可得

$$\lim_{n\to\infty}f(x)=\frac{1}{\sqrt{2\pi}}e^{-x^2/2}.$$

故当 n 足够大时，t 分布近似于 $N(0,1)$ 分布.但对于较小的 n，t 分布与 $N(0,1)$ 分布相差较大(见附录 E 与附录 C).

(2)t 分布的分位点.

设 $T\sim t(n)$，对给定的实数 $\alpha(0<\alpha<1)$，称满足条件

$$P(T>t_\alpha(n))=\int_{t_\alpha(n)}^{+\infty}f(x)\mathrm{d}x=\alpha$$

的点 $t_\alpha(n)$ 为 $t(n)$ 分布的**上 α 分位点**,如图 6.6 所示.

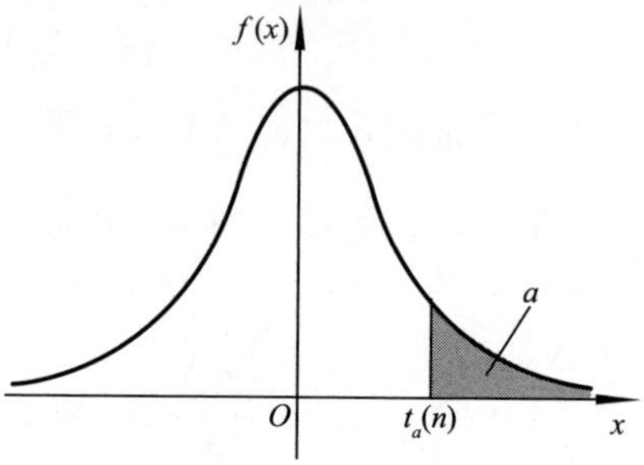

图 6.6

由密度函数 $f(x)$ 的对称性有

$$t_{1-\alpha}(n)=-t_\alpha(n). \tag{6.6}$$

注:由分布上分位点的定义及 $f(x)$ 图形的对称性知,t 分布的上 α 分位点可通过附录 E 查得.例如,$t_{0.05}(10)=1.812\ 5$,$t_{0.95}(10)=-t_{0.05}(10)=-1.812\ 5$.在 $n>45$ 时,就用标准正态分布的上 α 分位点近似,即

$$t_\alpha(n)\approx u_\alpha.$$

例 6.2.2 设随机变量 T 服从自由度为 5 的 t 分布,求常数 c 使得 $P(|T|>c)=0.02$.

解 由于

$$P(|T|>c)=1-P(|T|\leqslant c),\quad P(|T|\leqslant c)=0.80,$$

$$\begin{aligned}P(|T|\leqslant c)&=P(T\leqslant c)-P(T\leqslant -c)=P(T\leqslant c)-(1-P(T\leqslant c))\\&=2P(T\leqslant c)-1=0.8,\end{aligned}$$

故 $P(T\leqslant c)=0.90$,即 $P(T>c)=0.10$,从而 $c=t_{0.10}(5)=1.475\ 9$.

6.2.3 F 分布

定义 6.2.3 $U\sim\chi^2(n_1)$,$V\sim\chi^2(n_2)$,U 与 V 相互独立,则称随机变量

$$F=\frac{U/n_1}{V/n_2} \tag{6.7}$$

服从自由度为 (n_1,n_2) 的 F **分布**,记作 $F\sim F(n_1,n_2)$.

(1)$F(n_1,n_2)$ 分布的概率密度.

$$f(x)=\begin{cases}\dfrac{\Gamma\left(\dfrac{n_1+n_2}{2}\right)}{\Gamma\left(\dfrac{n_1}{2}\right)\Gamma\left(\dfrac{n_2}{2}\right)}\left(\dfrac{n_1}{n_2}\right)^{\frac{n_1}{2}}x^{\frac{n_1}{2}-1}\left(1+\dfrac{n_1}{n_2}x\right)^{-\frac{n_1+n_2}{2}}, & x>0\\ 0, & x\leqslant 0\end{cases}.$$

图 6.7 中画出了 $f(x)$ 的图形.

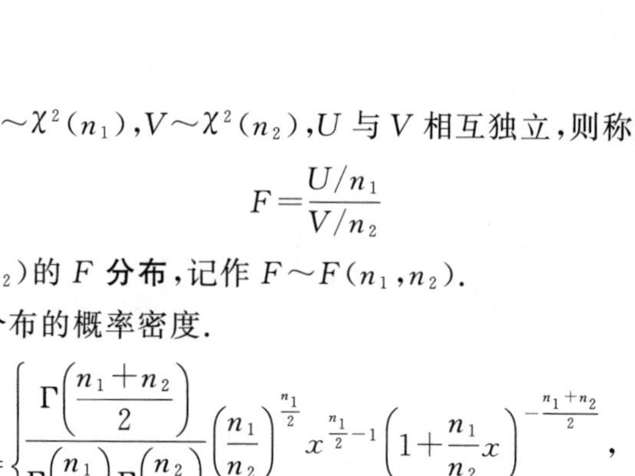

图 6.7

由定义可知,若 $F \sim F(n_1,n_2)$，则$\frac{1}{F} \sim F(n_2,n_1)$.

(2)F 分布的分位点.

设 $F \sim F_\alpha(n_1,n_2)$,对给定的实数 $\alpha(0<\alpha<1)$,称满足条件

$$P(F > F_\alpha(n_1,n_2)) = \int_{F_\alpha(n_1,n_2)}^{+\infty} f(x)\mathrm{d}x = \alpha$$

的点 $F_\alpha(n_1,n_2)$为 $F(n_1,n_2)$分布的**上 α 分位点**，如图 6.8 所示.

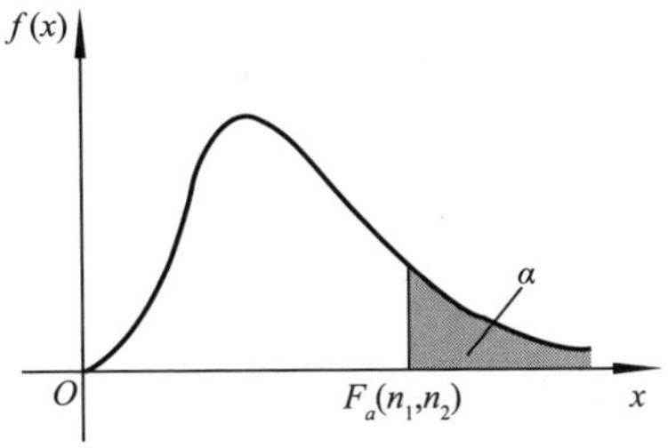

图　6.8

F 分布的上侧分位数可自附录 F 查得.

容易证明下面的等式：

$$F_{1-\alpha}(n_1,n_2) = \frac{1}{F_\alpha(n_2,n_1)} \tag{6.8}$$

利用这个等式,查附录 F,可以计算当 $\alpha=0.95$ 时 F_α的值.例如,有

$$F_{0.95}(5,10) = \frac{1}{F_{0.05}(10,5)} = \frac{1}{4.74} = 0.211;$$

$$F_{0.95}(12,9) = \frac{1}{F_{0.05}(9,12)} = \frac{1}{2.80} = 0.357.$$

例 6.2.3　设 $X_1,X_2,\cdots,X_8$ 是取自正态总体 $X \sim N(0,\sigma^2)$的样本,求当非零常数 c 取何值时,统计量 $c\frac{(X_1+X_2+X_3+X_4)^2}{X_5^2+X_6^2+X_7^2+X_8^2}$服从 F 分布？其自由度为多少？

解　由正态分布的可加性知，$\sum_{i=1}^{4} X_i \sim N(0,4\sigma^2)$，故 $\frac{\sum_{i=1}^{4} X_i}{2\sigma} \sim N(0,1)$，由 χ^2 分布的定义可得 $\frac{\left(\sum_{i=1}^{4} X_i\right)^2}{4\sigma^2} \sim \chi^2(1)$，$\left(\frac{X_5}{\sigma}\right)^2 + \left(\frac{X_6}{\sigma}\right)^2 + \left(\frac{X_7}{\sigma}\right)^2 + \left(\frac{X_8}{\sigma}\right)^2 \sim \chi^2(4)$,且两者相互独立,由 F 分布的定义可得

$$\frac{(X_1+X_2+X_3+X_4)^2}{X_5^2+X_6^2+X_7^2+X_8^2}=\frac{\dfrac{(X_1+X_2+X_3+X_4)^2}{4\sigma^2}}{\dfrac{X_5^2+X_6^2+X_7^2+X_8^2}{4\sigma^2}}\sim F(1,4).$$

故当非零常数 $c=1$ 时，统计量 $c\dfrac{(X_1+X_2+X_3+X_4)^2}{X_5^2+X_6^2+X_7^2+X_8^2}$ 服从自由度为(1,4)的 F 分布.

§6.3 正态分布的抽样分布

通常很难得到统计量的精确分布，但是在总体服从正态分布的情况下，能够得到样本均值和样本方差的精确分布.若总体服从正态分布，则称总体为正态总体.

6.3.1 单个正态总体的抽样分布

设总体 $X\sim N(\mu,\sigma^2)$，$X_1,X_2,\cdots,X_n$ 是来自 X 的样本，则有下面的重要定理.

定理 6.3.1 设 $X\sim N(\mu,\sigma^2)(X_1,X_2,\cdots,X_n)$ 是来自总体 X 的一个简单随机样本，$\overline{X}$ 是样本均值，则 $\overline{X}\sim N\left(\mu,\dfrac{\sigma^2}{n}\right)$.

证明 因为随机变量 $X_1,X_2,\cdots,X_n$ 相互独立且来自总体 $X\sim N(\mu,\sigma^2)$，所以 $\overline{X}=\dfrac{1}{n}\sum\limits_{i=1}^{n}X_i$ 服从正态分布，则 $E(\overline{X})=\dfrac{1}{n}\sum\limits_{i=1}^{n}E(X_i)=\mu$，$D(\overline{X})=\dfrac{1}{n^2}\sum\limits_{i=1}^{n}D(X_i)=\dfrac{\sigma^2}{n}$，于是 $\overline{X}\sim N\left(\mu,\dfrac{\sigma^2}{n}\right)$.

推论 设总体 $X\sim N(\mu,\sigma^2)$，$X_1,X_2,\cdots,X_n$ 是取自 X 的一个样本，则

$$U=\frac{\overline{X}-\mu}{\sigma/\sqrt{n}}\sim N(0,1).$$

定理 6.3.2 设 $X\sim N(\mu,\sigma^2)(X_1,X_2,\cdots,X_n)$ 是来自总体 X 的一个简单随机样本，$\overline{X}$ 与 S^2 分别为样本均值与样本方差，则：

(1) $\dfrac{(n-1)S^2}{\sigma^2}\sim\chi^2(n-1)$；

(2) $\overline{X}$ 与 S^2 相互独立.

证明从略.下面仅对自由度做一些说明：由样本方差 S^2 的定义易知

$$(n-1)S^2=\sum_{i=1}^{n}(X_i-\overline{X})^2,$$

所以统计量

$$\chi^2=\frac{(n-1)S^2}{\sigma^2}=\frac{1}{\sigma}\sum_{i=1}^{n}(X_i-\overline{X})^2=\sum_{i=1}^{n}\left(\frac{X_i-\overline{X}}{\sigma}\right)^2.$$

虽然是 n 个随机变量的平方和,但是这些随机变量不是相互独立的.因为它们的和恒等于零

$$\sum_{i=1}^{n}\frac{X_i-\overline{X}}{\sigma}=\frac{1}{\sigma}\left(\sum_{i=1}^{n}X_i-n\overline{X}\right)\equiv 0.$$

由于受到一个条件的约束,所以自由度为 $n-1$.

上述两个定理是正态总体统计推断的基础,因而是十分重要的.

定理 6.3.3　设 $X\sim N(\mu,\sigma^2)(X_1,X_2,\cdots,X_n)$ 是来自总体 X 的一个简单随机样本,$\overline{X}$ 与 S^2 分别为该样本的样本均值与样本方差,则有 $\dfrac{\overline{X}-\mu}{S/\sqrt{n}}\sim t(n-1)$.

证明　由定理 6.3.1 知,统计量 $U=\dfrac{\overline{X}-\mu}{\sigma/\sqrt{n}}\sim N(0,1)$.又由定理 6.3.2 知,统计量 $\chi^2=\dfrac{(n-1)S^2}{\sigma^2}\sim\chi^2(n-1)$.因为 $\overline{X}$ 与 S^2 相互独立,所以 $U=\dfrac{\overline{X}-\mu}{\sigma/\sqrt{n}}$ 与 $\chi^2=\dfrac{(n-1)S^2}{\sigma^2}$ 也相互独立,于是,由 t 分布的定义可知,统计量

$$T=\frac{U}{\sqrt{\dfrac{\chi^2}{n-1}}}=\frac{\dfrac{\overline{X}-\mu}{\sigma/\sqrt{n}}}{\sqrt{\dfrac{(n-1)S^2}{\sigma^2(n-1)}}}=\frac{\overline{X}-\mu}{S/\sqrt{n}}\sim t(n-1).$$

6.3.2　两个正态总体的抽样分布

定理 6.3.4　设 $X\sim N(\mu_1,\sigma_1^2)(X_1,X_2,\cdots,X_n)$ 是来自总体 X 的一个简单随机样本,$\overline{X}$ 与 S_1^2 分别为该样本的样本均值与样本方差;$Y\sim N(\mu_2,\sigma_2^2)(Y_1,Y_2,\cdots,Y_{n_2})$ 是取自总体 Y 的一个简单随机样本,$\overline{Y}$ 与 S_2^2 分别为此样本的样本均值与样本方差,并且 X 与 Y 相互独立,记 S_ω^2 是 S_1^2 与 S_2^2 的加权平均,即 $S_\omega^2=\dfrac{(n_1-1)S_1^2+(n_2-1)S_2^2}{n_1+n_2-2}$,则

$$U=\frac{(\overline{X}-\overline{Y})-(\mu_1-\mu_2)}{\sqrt{\sigma_1^2/n_1+\sigma_2^2/n_2}}\sim N(0,1).$$

证明　统计量 $\overline{X}\sim N\left(\mu_1,\dfrac{\sigma_1^2}{n_1}\right)$,$\overline{Y}\sim N\left(\mu_2,\dfrac{\sigma_2^2}{n_2}\right)$,且 $\overline{X}$ 与 $\overline{Y}$ 相互独立,由正态分布的性质知 $\overline{X}-\overline{Y}\sim N\left(\mu_1-\mu_2,\dfrac{\sigma_1^2}{n_1}+\dfrac{\sigma_2^2}{n_2}\right)$,即

$$U=\frac{(\overline{X}-\overline{Y})-(\mu_1-\mu_2)}{\sqrt{\dfrac{\sigma_1^2}{n_1}+\dfrac{\sigma_2^2}{n_2}}}\sim N(0,1).$$

推论　在定理 6.3.4 的条件下,如果 $\sigma_1^2=\sigma_2^2=\sigma^2$,则有:

(1)$U=\dfrac{(\overline{X}-\overline{Y})-(\mu_1-\mu_2)}{\sigma\sqrt{\dfrac{1}{n_1}+\dfrac{1}{n_2}}}\sim N(0,1)$;

(2)$T=\dfrac{(\overline{X}-\overline{Y})-(\mu_1-\mu_2)}{S_\omega\sqrt{1/n_1+1/n_2}}\sim t(n_1+n_2-2)$;

(3)$F=\dfrac{\sigma_2^2}{\sigma_1^2}\cdot\dfrac{S_1^2}{S_2^2}\sim F(n_1-1,n_2-1)$.

证明 (1)定理 6.3.4 可知,统计量 $U=\dfrac{(\overline{X}-\overline{Y})-(\mu_1-\mu_2)}{\sigma\sqrt{\dfrac{1}{n_1}+\dfrac{1}{n_2}}}\sim N(0,1)$.

(2)由定理 6.3.2 知 $\chi_1^2=\dfrac{(n_1-1)S_1^2}{\sigma^2}\sim\chi^2(n_1-1)$,$\chi_2^2=\dfrac{(n_2-1)S_2^2}{\sigma^2}\sim\chi^2(n_2-1)$.

因为 S_1^2 与 S_2^2 相互独立,所以由 χ^2 分布的可加性可知,统计量

$$V=\chi_1^2+\chi_2^2=\frac{(n_1-1)S_1^2+(n_2-1)S_2^2}{\sigma^2}\sim\chi^2(n_1+n_2-2).$$

因为 $\overline{X}$ 与 S_1^2 相互独立,$\overline{Y}$ 与 S_2^2 相互独立,所以统计量 U 与 V 也相互独立,于是,由 t 分布定义可知,统计量

$$T=\frac{U}{\sqrt{\dfrac{\chi_1^2+\chi_2^2}{n_1+n_2-2}}}=\frac{(\overline{X}-\overline{Y})-(\mu_1-\mu_2)}{S_\omega\sqrt{\dfrac{1}{n_1}+\dfrac{1}{n_2}}}\sim t(n_1+n_2-2).$$

(3)$\chi_1^2=\dfrac{(n_1-1)S_1^2}{\sigma_1^2}\sim\chi^2(n_1-1)$, $\chi_2^2=\dfrac{(n_2-1)S_2^2}{\sigma_2^2}\sim\chi^2(n_2-1)$且相互独立,由 F 分布的定义有

$$F=\frac{\chi_1^2/(n_1-1)}{\chi_2^2/(n_2-1)}=\frac{\sigma_2^2}{\sigma_1^2}\cdot\frac{S_1^2}{S_2^2}\sim F(n_1-1,n_2-1).$$

例 6.3.1 设 $X_1,X_2,\cdots,X_n$ 是来自 $N(\mu,\sigma^2)$的样本,则统计量

$$T=\frac{(\overline{X}-\mu)\sqrt{n}}{S}\sim t(n-1).$$

证明 由定理 6.3.1 知,统计量 $u=\dfrac{(\overline{X}-\mu)\sqrt{n}}{\sigma}\sim N(0,1)$.

又由定理 6.3.2 知,统计量 $\chi^2=\dfrac{(n-1)S^2}{\sigma^2}\sim\chi^2(n-1)$.

因为 $\overline{X}$ 与 S^2 相互独立,所以 $u=\dfrac{(\overline{X}-u)\sqrt{n}}{\sigma^2}$ 与 $\chi^2=\dfrac{(n-1)S^2}{\sigma^2}$ 也相互独立,于

是，由 t 分布的定义可知，统计量

$$T=\frac{\mu}{\sqrt{\frac{\chi^2}{n-1}}}=\frac{\frac{\overline{X}-\mu}{\frac{\sigma}{\sqrt{n}}}}{\sqrt{\frac{\frac{(n-1)S^2}{\sigma^2}}{n-1}}}=\frac{(\overline{X}-\mu)\sqrt{n}}{S}\sim t(n-1).$$

例 6.3.2　从正态总体 $N(5,4)$ 中抽取容量为 25 的样本，求样本均值落在区间 $(4.7,5.5)$ 内的概率.

解　由于 $U=\frac{\overline{X}-5}{2/\sqrt{25}}\sim N(0,1)$，则

$$\begin{aligned}P(4.7<\overline{X}<5.5)&=P\left(\frac{4.7-5}{2/\sqrt{25}}<\frac{\overline{X}-5}{2/\sqrt{25}}<\frac{5.5-5}{2/\sqrt{25}}\right)=P\left(-0.75<\frac{\overline{X}-5}{2/\sqrt{25}}<1.25\right)\\&=\Phi(1.25)-\Phi(-0.75)=\Phi(1.25)+\Phi(0.75)-1\\&=0.8944+0.7734-1=0.6678.\end{aligned}$$

习　题　6

1. 设总体 X 服从均值为 $\frac{1}{2}$ 的指数分布，X_1,X_2,X_3,X_4 是来自总体容量为 4 的样本，求：

(1) X_1,X_2,X_3,X_4 的联合概率密度；(2) $P(0.5<X_1<1,0.7<X_2<1.2)$；

(3) $E(\overline{X}),D(\overline{X})$；(4) $E(X_1X_2),E(X_1(X_2-0.5)^2)$；(5) $D(X_1X_2)$.

2. 设总体 $X\sim\pi(5)$，X_1,X_2,X_3 是来自 X 的容量为 3 的样本，求：

(1) $P(X_1=1,X_2=2,X_3=3)$；(2) $P\{X_1+X_2=1\}$.

3. （选择题）设 X_1,X_2,X_3,X_4 是总体 $N(\mu,\sigma^2)$ 的样本，μ 已知，σ^2 未知，则不是统计量的是(　　).

A. X_1+5X_4　　B. $\sum_{i=1}^{4}X_i-\mu$　　C. $X_1-\sigma$　　D. $\sum_{i=1}^{4}X_i^2$

4. 设 $X_1,X_2,\cdots,X_6$ 是来自 $(0,\theta)$ 上的均匀分布的样本，$\theta>0$ 未知，则：

(1) 指出下列样本函数中哪些是统计量，哪些不是？为什么？

$$T_1=\frac{X_1+X_2+\cdots+X_6}{6},$$

$$T_2=X_4-\theta,T_3=X_2-E(X_3),$$

$$T_4=\max\{X_1,X_2,\cdots,X_6\}.$$

(2)设样本的一组观察是:0.5,1,0.7,0.6,1,1,写出样本均值、样本方差和标准差.

5. 设 $X_1,X_2,\cdots,X_6$ 是来自总体 $N(0,1)$ 的样本, 又设 $Y=(X_1+X_2+X_3)^2+(X_4+X_5+X_6)^2$,试求常数 C, 使 CY 服从 χ^2 分布.

6. 设总体 X 服从正态分布 $N(0,1)$,从此总体中抽取容量为 8 的样本$(X_1,X_2,X_3,X_4,X_5,X_6,X_7,X_8)$.又设 $Y=(X_1+X_2+X_3+X_4)^2+(X_5+X_6+X_7+X_8)^2$,则 $b=$________使得随机变量 bY 服从 χ^2 分布.

7. (选择题) 设 $X_1,X_2,\cdots,X_n$ 是来自正态母体 $N(\mu,\sigma^2)$的样本,令 $Y=\frac{1}{\sigma^2}\sum_{i=1}^{n}(X_i-\mu)^2$, 则 $Y\sim$(　　).

A. $\chi^2(n)$　　B. $N(\mu,\sigma^2)$　　C. $\chi^2(n-1)$　　D. $N\left(\mu,\frac{\sigma^2}{n}\right)$

8. (选择题)设 $X_1,X_2,\cdots,X_6$ 是来自 $N(\mu,\sigma^2)$的样本,S^2 为其样本方差,则 $D(S^2)$的值为(　　).

A. $\frac{1}{3}\sigma^4$　　B. $\frac{1}{5}\sigma^4$　　B. $\frac{2}{5}\sigma^4$　　D. $\frac{2}{5}\sigma^2$

9. (选择题)设 $X_1,X_2,\cdots,X_n$ 是总体 $N(0,1)$的样本,$\overline{X}$ 和 S 分别为样本的均值和样本标准差,则(　　).

A. $\overline{X}/S\sim t(n-1)$　　B. $\overline{X}\sim N(0,1)$

C. $(n-1)S^2\sim\chi^2(n-1)$　　D. $\sqrt{n}\overline{X}\sim t(n-1)$

10. 设总体 $X\sim N(\mu,16)$,$X_1,X_2,\cdots,X_{10}$是来自总体 X 的一个容量为 10 的简单随机样本,S^2 为其样本方差,且 $P(S^2>a)=0.1$,求 a 的值.

11. 设 $X_1,X_2,\cdots,X_{16}$是来自正态总体 $N(0,4)$的样本,求概率 $P\left(\sum_{i=1}^{16}X_i^2\leqslant 77.476\right)$.

12. 证明若 $X\sim\chi^2(n)$,则 $E(X)=n,D(X)=2n$.

13. (选择题)设 $X_1,X_2,\cdots,X_n$ 是总体 $N(\mu,\sigma^2)$的样本,$\overline{X}$ 是样本均值,记

$S_1^2=\frac{1}{n-1}\sum_{i=1}^{n}(X_i-\overline{X})^2$,$S_2^2=\frac{1}{n}\sum_{i=1}^{n}(X_i-\overline{X})^2$,$S_3^2=\frac{1}{n-1}\sum_{i=1}^{n}(X_i-\mu)^2$,

$S_4^2=\frac{1}{n}\sum_{i=1}^{n}(X_i-\mu)^2$, 则服从自由度为 $n-1$ 的 t 分布的随机变量是(　　).

A. $T=\frac{\overline{X}-\mu}{S_1/\sqrt{n-1}}$　　B. $T=\frac{\overline{X}-\mu}{S_2/\sqrt{n-1}}$

C. $T=\frac{\overline{X}-\mu}{S_3/\sqrt{n}}$　　D. $T=\frac{\overline{X}-\mu}{S_4/\sqrt{n}}$

14. 设某厂生产的灯泡的使用寿命 $X\sim N(1\,000,\sigma^2)$(单位:h),随机抽取一容量为 9 的样本,并测得样本均值及样本方差.但是由于工作上的失误,事后失去了此试验

的结果，只记得样本方差为 $S^2=100^2$，试求 $P(\overline{X}>1\,062)$.

15. 设 $X_1,X_2,\cdots,X_n,X_{n+1}$ 是来自总体 $N(\mu,\sigma^2)$ 的样本，

$$\overline{X}=\frac{1}{n}\sum_{i=1}^{n}X_i,\quad S^{*2}=\frac{1}{n}\sum_{i=1}^{n}(X_i-\overline{X})^2,$$

试求统计量 $T=\dfrac{X_{n+1}-\overline{X}}{S^*}\sqrt{\dfrac{n-1}{n+1}}$ 的分布.

16. 已知 $X\sim t(n)$，求证 $X^2\sim F(1,n)$.

17. 设总体 X 服从标准正态分布，是来自总体 X 的一个简单随机样本，试问统计量 $Y=\left(\dfrac{n}{5}-1\right)\sum\limits_{i=1}^{5}X_i^2\Big/\sum\limits_{i=6}^{5}X_i^2$，$n>5$ 服从何种分布？

18. 设 $X_1,X_2\cdots,X_n,X_{n+1},\cdots,X_{n+m}$ 是分布 $N(0,\sigma^2)$ 的容量为 $n+m$ 的样本，试求下列统计量的概率分布：

(1) $Y_1=\dfrac{\sqrt{m}\sum\limits_{i=1}^{n}X_i}{\sqrt{n}\sqrt{\sum\limits_{i=n+1}^{n+m}X_i^2}}$；　　(2) $Y_2=\dfrac{m\sum\limits_{i=1}^{n}X_i^2}{n\sum\limits_{i=n+1}^{n+m}X_i^2}$.

19. (1)设总体 $X\sim N(52,6.3^2)$，$X_1,X_2,\cdots,X_{36}$ 是来自 X 的容量为 36 的样本，求 $P(50.8<\overline{X}<53.8)$；

(2)设总体 $X\sim N(12,4)$，$X_1,X_2,\cdots,X_5$ 是来自 X 的容量为 5 的样本，求样本均值与总体均值之差的绝对值大于 1 的概率.

20. 设 $X\sim N(21,2^2)$，$X_1,X_2,\cdots,X_{25}$ 为 X 的一个样本，求：

(1)样本均值 $\overline{X}$ 的数学期望与方差；(2) $P(|\overline{X}-21|\leqslant 0.24)$.

21. 设两个总体 X 与 Y 都服从正态分布 $N(20,3)$，今从总体 X 与 Y 中分别抽得容量 $n_1=10$，$n_2=15$ 的两个相互独立的样本，求 $P(|\overline{X}-\overline{Y}|>0.3)$.

22. 从正态总体 $N(3.4,6^2)$ 中抽取容量为 n 的样本，如果要求样本均值位于区间 $(1.4,5.4)$ 内的概率不小于 0.95，问样本容量 n 至少应多大？

23. 从一正态总体中抽取容量为 10 的样本，假定有 2% 的样本均值与总体均值之差的绝对值在 4 以上，求总体的标准差.

24. 某市有 100 000 个年满 18 岁的居民，他们中 10% 年收入超过 1 万，20% 受过高等教育.今从中抽取 1 600 人的随机样本，求：

(1)样本中不少于 11% 的人年收入超过 1 万的概率；

(2)样本中 19% 和 21% 之间的人受过高等教育的概率.

25. 某区有 25 000 户家庭，10% 的家庭没有汽车，今有 1 600 户家庭的随机样本，试求：9%～11% 之间的样本家庭没有汽车的概率.

数学家风采

钟开莱

钟开莱(1917—2009),生于上海,浙江杭州人. 1936 年入清华大学物理系,1940 年毕业于西南联合大学数学系,之后留校任数学系助教.钟开莱师从华罗庚,也是中国概率论与数理统计研究的开拓者之一的许宝騄的学生. 1944 年考取第六届庚子赔款公费留美奖学金. 1945 年底赴美国留学,1947 年获普林斯顿大学博士学位.

钟开莱对马尔可夫链(Markov Chain)的数学理论框架进行了系统性研究,尤其是对状态分类(循环态与瞬态)和收敛行为的分析.他提出了马尔可夫链遍历性的严格条件,并探讨了其长期行为的数学性质,相关成果总结于 1967 年出版的《具有平稳转移概率的马尔可夫链》.该著作成为该领域的标准参考书,奠定了现代马尔可夫链研究的基础.他形式化定义了鞅、下鞅和上鞅,并建立了鞅与马尔可夫链、布朗运动等其他随机过程之间的联系.通过将鞅论应用于动态过程的分析,钟开莱为金融数学和统计物理学等领域提供了理论工具.他在布朗运动的概率结构研究中引入位势理论,分析了布朗运动的边界条件和击中时间(首次到达特定状态的预期时间).这一工作不仅深化了对扩散过程的理解,还为调和分析中的经典问题提供了新的概率视角.钟开莱在随机积分理论中提出了关键方法,其著作《随机积分导论》系统阐述了随机积分的数学基础,成为该领域的经典教材.他还研究了扩散过程的长期行为,为金融市场的随机模型提供了数学支持.钟开莱先生著有十余部专著,代表作品包括:《概率论教程》(*A Course in Probability Theory*):奠定了概率论教学的标准框架.《初等概率论与随机过程》(*Elementary Probability Theory with Stochastic Processes*):以简洁风格阐释复杂理论,成为入门经典.*Green*, *Brown*, *and Probability*:探讨概率论与位势理论的关联,展示了随机过程在物理问题中的应用.

第7章 参数估计

根据样本所提供的信息来建立关于总体的种种结论，这就是统计推断.参数估计是统计推断的基本问题之一.在很多实际问题中，当总体的分布函数的形式已知，但分布函数中含有一个或多个未知参数时，如何根据样本来估计未知参数，这就是参数估计问题.参数估计通常有两种方法：一个是点估计，就是用样本的某一个函数值作为总体中未知参数的估计值；另一个是区间估计，就是对于未知参数给出一个区间，并且在一定的概率下使这个区间包含未知参数.

§7.1 参数的点估计

定义 7.1.1 设 θ 是总体分布中的未知参数，用样本 $X_1,X_2,\cdots,X_n$ 的一个统计量 $\hat{\theta}=\hat{\theta}(X_1,X_2,\cdots,X_n)$ 来估计 θ，则称 $\hat{\theta}=\hat{\theta}(X_1,X_2,\cdots,X_n)$ 为 θ 的**点估计**.若样本的观测值为 $x_1,x_2,\cdots,x_n$，则称 $\hat{\theta}(x_1,x_2,\cdots,x_n)$ 为 θ 的**点估计值**.在不致混淆的情况下估计量与估计值统称为估计，记为 $\hat{\theta}$.

例如，样本产品的平均寿命是 1 000 h，用这个数值估计这一批产品的平均寿命，就是点估计.

构造估计量有两种常用的方法：矩估计法和极大似然估计法.

7.1.1 矩估计法

矩是描写随机变量的最简单的数字特征.样本来自总体，根据大数定律，当总体的 k 阶矩存在时，样本的 k 阶矩依概率收敛于总体的 k 阶矩.样本矩在一定程度上反映了总体矩的特征，因而可以用样本矩来估计与之相应的总体矩，这种估计方法称为**矩估计法**.

定义 7.1.2 设总体 X 的分布函数为 $F(x;\theta_1,\theta_2,\cdots,\theta_k)$，其中 $\theta_1,\theta_2,\cdots,\theta_k$ 为未知参数，假设总体 X 的前 k 阶矩都存在，则有

$$\mu_i=E(X^i)=\mu_i(\theta_1,\theta_2,\cdots,\theta_k),\quad i=1,2,\cdots,k.$$

以样本的 i 阶矩 A_i 作为总体 i 阶矩 μ_i 的估计量，即

$$\hat{\mu}_i=A_i=\frac{1}{n}\sum_{j=1}^{n}X_j^i,\quad i=1,2,\cdots,k.$$

得方程组

$$\mu_i(\theta_1,\theta_2,\cdots,\theta_k)=\hat{\mu}_i,\quad i=1,2,\cdots,k.$$

如果方程组可解,解得

$$\hat{\theta}_i=\hat{\theta}_i(X_1,X_2,\cdots,X_n),\quad i=1,2,\cdots,k.$$

称 $\hat{\theta}_i$ 是 θ_i 的**矩估计量**.若样本的观测值为 $x_1,x_2,\cdots,x_n$,则称 $\hat{\theta}_i(x_1,x_2,\cdots,x_n)$ 为是 θ_i 的矩估计值.矩估计量与矩估计值统称为**矩估计**.

例 7.1.1 设总体 X 的概率分别为

X	0	1	2	3
p_k	θ^2	$2\theta(1-\theta)$	θ^2	$1-2\theta$

其中,$0<\theta<0.5$,θ 是未知参数,利用总体 X 的简单随机样本:3,1,3,0,3,1,2,3,求 θ 的矩估计.

解 $E(X)=0\cdot\theta^2+1\cdot 2\theta(1-\theta)+2\cdot\theta^2+3\cdot(1-2\theta)=3-4\theta$,

样本均值 $\bar{x}=\frac{1}{8}(3+1+3+0+3+1+2+3)=2$,

令
$$E(X)=\bar{x},$$
得
$$\theta \text{ 的矩估计 } \hat{\theta}=\frac{1}{4}.$$

例 7.1.2 设总体 X 服从参数为 λ 的泊松分布,$X_1,X_2,\cdots,X_n$ 是 X 的一个样本,求 λ 的矩估计.

解 由于 $E(X)=\lambda$.

令
$$\overline{X}=E(X)=\lambda,$$
得 λ 的矩估计
$$\hat{\lambda}=\overline{X}=\frac{1}{n}\sum_{i=1}^{n}X_i.$$

例 7.1.3 设总体 X 的均值 μ 和方差 σ^2 均存在但未知,$X_1,X_2,\cdots,X_n$ 是 X 的一个样本,求 μ 和 σ^2 的矩估计量.

解 本题有两个未知参数,因此需要列两个方程.

令
$$\begin{cases}A_1=\overline{X}=\mu\\ A_2=\frac{1}{n}\sum_{i=1}^{n}X_i^2=E(X^2)=D(X)+(E(X))^2=\sigma^2+\mu^2\end{cases}.$$

解得 μ 的矩估计量
$$\hat{\mu}=\overline{X},$$
σ^2 的矩估计量
$$\hat{\sigma}^2=\frac{1}{n}\sum_{i=1}^{n}X_i^2-\overline{X}^2=\frac{1}{n}\sum_{i=1}^{n}(X_i-\overline{X})^2.$$

可见,不管总体 X 服从什么分布,样本均值 $\overline{X}$ 都是总体均值 μ 的矩估计量,样本的二阶中心矩 $B_2=\frac{1}{n}\sum_{i=1}^{n}(X_i-\overline{X})^2$ 都是总体方差 σ^2 的矩估计量.

7.1.2 极大似然估计法

极大似然估计法也称最大似然估计法，它最早是由高斯所提出的，后来由英国统计学家费希尔重新发现并且证明了这个方法的一些性质.它是建立在最大似然原理基础上的一种统计方法.例如，随机事件 A 的概率为 p，p 可能取 0.01 或 0.95，在一次试验中事件 A 发生了，这样一般认为 p 取 0.95 是合理的.又如，甲、乙两人分别射击同一目标各一次，事先两人的命中率是未知的，结果只有甲命中了目标，那么就认为甲的命中率比较高.

综上所述，利用极大似然估计法估计来某未知参数 θ，即在已经得到试验结果的情况下，可寻找使这个结果出现的可能性最大的 θ 作为其估计量 $\hat{\theta}$.

这种方法可推广到一般情形.

若总体为离散型时，分布律为 $P\{X=x\}=p(x,\theta)$，θ 未知，$X_1,X_2,\cdots,X_n$ 是取自总体 X 的样本，样本的观察值为 $x_1,x_2,\cdots,x_n$，则样本的联合分布律为

$$P\{X_1=x_1,X_2=x_2,\cdots,X_n=x_n\}=\prod_{i=1}^{n}p(x_i,\theta).$$

当样本给定时，它是 θ 的函数，记为 $L(\theta)=L(x_1,x_2,\cdots,x_n,\theta)=\prod_{i=1}^{n}p(x_i,\theta)$，称其为**似然函数**.

若总体为连续型时，概率密度为 $f(x,\theta)$，θ 未知，$X_1,X_2,\cdots,X_n$ 是取自总体 X 的样本，样本的观察值为 $x_1,x_2,\cdots,x_n$，此时定义似然函数

$$L(\theta)=L(x_1,x_2,\cdots,x_n,\theta)=\prod_{i=1}^{n}f(x_i,\theta).$$

似然函数 $L(\theta)$的值的大小意味着该样本值出现的可能性的大小，在样本值 $x_1,x_2,\cdots,x_n$ 给定的情况下，则应该选择使 $L(\theta)$达到最大值的那个 θ 作为θ 的估计$\hat{\theta}$.这就是**极大似然估计法**.

定义 7.1.3 若对任意给定的样本值 $x_1,x_2,\cdots,x_n$，存在 $\hat{\theta}=\hat{\theta}(x_1,x_2,\cdots,x_n)$，使 $L(\theta)$取得最大值，则称 $\hat{\theta}=\hat{\theta}(x_1,x_2,\cdots,x_n)$为 θ 的**极大似然估计值**.称相应的统计量 $\hat{\theta}(X_1,X_2,\cdots,X_n)$为 θ **极大似然估计量**.它们统称为 θ 的**极大似然估计**.

若 $L(\theta)$关于 θ 可导，要使 $L(\theta)$取得最大值，θ 必须满足$\frac{\mathrm{d}L(\theta)}{\mathrm{d}\theta}=0$，从上式解出的 θ，便可得到 θ 的极大似然估计 $\hat{\theta}$.由于 $\ln L(\theta)$是 $L(\theta)$的单调递增函数，所以 $L(\theta)$和 $\ln L(\theta)$具有相同的最大值点，因此极大似然估计 $\hat{\theta}$ 又可由$\frac{\mathrm{d}\ln L(\theta)}{\mathrm{d}\theta}=0$ 求出.

极大似然估计法也适用于总体分布中含有多个未知参数 $\theta_1,\theta_2,\cdots,\theta_k$ 的情况，这时似然函数是这些参数的多元函数 $L(\theta_1,\theta_2,\cdots,\theta_k)$，可构造由 k 个方程构成的方

程组:

$$\frac{\partial \ln L(\theta_1,\theta_2,\cdots,\theta_k)}{\partial \theta_i}=0,\quad i=1,2,\cdots,k.$$

解出 $\hat{\theta}_1,\hat{\theta}_2,\cdots,\hat{\theta}_k$ 即分别为参数 $\theta_1,\theta_2,\cdots,\theta_k$ 的极大似然估计值.

例 7.1.4 设 $X\sim B(1,p)$, $X_1,X_2,\cdots,X_n$ 是取自总体 X 的一个样本,求参数 p 的极大似然估计.

解 设样本值为 $x_1,x_2,\cdots,x_n$, X 的分布律为

$$P\{X=x\}=p^x(1-p)^{1-x},\quad x=0,1.$$

构造似然函数

$$L(p)=\prod_{i=1}^{n}p^{x_i}(1-p)^{1-x_i}=p^{\sum_{i=1}^{n}x_i}\cdot(1-p)^{n-\sum_{i=1}^{n}x_i},$$

令
$$\frac{\mathrm{d}}{\mathrm{d}p}\ln L(p)=\frac{\sum_{i=1}^{n}x_i}{p}-\frac{n-\sum_{i=1}^{n}x_i}{1-p}=0,$$

解得
$$\hat{p}=\frac{1}{n}\sum_{i=1}^{n}x_i=\bar{x},$$

即为 p 的极大似然估计值. 故 p 的极大似然估计量为

$$\hat{p}=\frac{1}{n}\sum_{i=1}^{n}X_i=\overline{X}.$$

例 7.1.5 设总体 X 服从指数分布,其概率密度函数为

$$f(x)=\begin{cases}\lambda\mathrm{e}^{-\lambda x}, & x>0\\ 0, & x\leqslant 0\end{cases},$$

其中未知参数 $\lambda>0$, $X_1,X_2,\cdots,X_n$ 是 X 的样本,求 λ 的极大似然估计量.

解 设样本值为 $x_1,x_2,\cdots,x_n$,构造似然函数

$$L(\lambda)=\prod_{i=1}^{n}f(x_i,\lambda)=\lambda^n\exp\left(-\lambda\sum_{i=1}^{n}x_i\right),\quad x_1,x_2,\cdots,x_n>0,$$

取对数
$$\ln L(\lambda)=n\ln\lambda-\lambda\sum_{i=1}^{n}x_i,$$

令
$$\frac{\mathrm{d}\ln L}{\mathrm{d}\lambda}=\frac{n}{\lambda}-\sum_{i=1}^{n}x_i=0,$$

解得 λ 的极大似然估计值为 $\hat{\lambda}=\dfrac{n}{\sum_{i=1}^{n}x_i}=\dfrac{1}{\bar{x}}$,

所以 λ 的极大似然估计量为 $\hat{\lambda}=\dfrac{n}{\sum_{i=1}^{n}X_i}=\dfrac{1}{\overline{X}}$.

例 7.1.6 设总体 X 服从 $[a,b]$ 上的均匀分布, $X_1,X_2,\cdots,X_n$ 是取自总体 X 的样本.其概率密度函数为

$$f(x)=\begin{cases}\dfrac{1}{b-a}, & a\leqslant x\leqslant b\\ 0, & 其他\end{cases}.$$

其中 a,b 为未知参数,求 a,b 的极大似然估计量.

注:与§3.3节均匀分布定义不同,均匀分布也可定义在闭区间上.

解 似然函数为

$$L(a,b)=\begin{cases}\dfrac{1}{(b-a)^n}, & a\leqslant x_1,x_2,\cdots,x_n\leqslant b\\ 0, & 其他\end{cases}.$$

当 $a\leqslant x_i\leqslant b(i=1,2,\cdots,n)$ 时,$\dfrac{\partial L}{\partial a}=\dfrac{n}{(b-a)^{n+1}}\neq 0$,$\dfrac{\partial L}{\partial b}=\dfrac{-n}{(b-a)^{n+1}}\neq 0$,因而只能根据极大似然估计法的思想,要使 $L(a,b)$ 取到最大值,$b-a$ 应取最小值.

若将 $x_1,x_2,\cdots,x_n$ 按照从小到大排序,分别记为 $x_{(1)},x_{(2)},\cdots,x_{(n)}$,则有 $x_{(1)}\leqslant x_{(2)}\leqslant\cdots\leqslant x_{(n)}$,而 $a\leqslant x_{(1)}\leqslant x_{(2)}\leqslant\cdots\leqslant x_{(n)}\leqslant b$,所以 a 应尽可能大,b 尽可能小,故

$$\hat{a}=x_{(1)},\quad \hat{b}=x_{(n)}.$$

相应地,a 和 b 的极大似然估计量为

$$\hat{a}=X_{(1)},\quad \hat{b}=X_{(n)}.$$

§7.2 估计量的评选标准

对于总体分布中的未知参数,用不同方法可能提出不同的估计量.例如,根据例7.1.3的结论,泊松分布 $\pi(\lambda)$ 的参数 λ 可用 $\hat{\lambda}=\overline{X}$,也可用 $\hat{\lambda}=\dfrac{1}{n}\sum\limits_{i=1}^{n}(X_i-\overline{X})^2$ 来估计;对于均匀分布 $U(a,b)$ 中的参数 a 与 b,其矩估计和极大似然估计也完全不同.那么,采用哪一个估计量更好呢?因此有必要建立评价估计量好坏的标准,下面介绍三个常用的标准.

7.2.1 无偏性

定义7.2.1 设 $\hat{\theta}=\hat{\theta}(X_1,X_2,\cdots,X_n)$ 是 θ 的一个估计量,若 $E(\hat{\theta})=\theta$,则称 $\hat{\theta}$ 是 θ 的**无偏估计量**,否则称 $\hat{\theta}$ 是 θ 的**有偏估计**.

一般称 $E(\hat{\theta})-\theta$ 为估计量 $\hat{\theta}$ 的系统误差.无偏估计的意义是无系统误差,即用一个估计量 $\hat{\theta}$ 去估计未知参数 θ,$\hat{\theta}$ 可围绕 θ 波动,但是平均下来 $\hat{\theta}$ 等于 θ.

例7.2.1 设 $X_1,X_2,\cdots,X_n$ 是来自总体 X 的样本,作为总体均值的估计有

$$T_1=\overline{X}=\frac{1}{n}\sum_{i=1}^{n}X_i,\quad T_2=X_1,\quad T_3=\sum_{i=1}^{n}a_iX_i,$$

其中 $a_i>0(i=1,2,\cdots,n)$，且 $\sum_{i=1}^{n}a_i=1$. 试证 T_1,T_2,T_3 都是无偏估计.

证明 因 $X_1,X_2,\cdots,X_n$ 相互独立且与总体同分布，有

$$E(X_i)=E(X),i=1,2,\cdots,n.$$

得

$$E(T_1)=\frac{1}{n}\sum_{i=1}^{n}E(X_i)=E(X),$$

$$E(T_2)=E(X_1)=E(X),$$

$$E(T_3)=\sum_{i=1}^{n}a_iE(X_i)=E(X)\left(\sum_{i=1}^{n}a_i\right)=E(X),$$

故 T_1,T_2,T_3 都是 $E(X)$ 的无偏估计.

由此可见同一个未知参数可以有不同的无偏估计量，事实上，在本例中 T_1,T_2,T_3 都可以作为总体均值的无偏估计.

例 7.2.2 设 X 是任意一个总体，$E(X)=\mu,D(X)=\sigma^2$ 均存在，证明 $\hat{\mu}=\overline{X}$ 是 μ 的无偏估计，$\hat{\sigma}_1^2=\frac{1}{n-1}\sum_{i=1}^{n}(X_i-\overline{X})^2=S^2$ 是 σ^2 的无偏估计.

证明 $$E(\overline{X})=E\left(\frac{1}{n}\sum_{i=1}^{n}X_i\right)=\frac{1}{n}\sum_{i=1}^{n}E(X_i)=\frac{1}{n}\sum_{i=1}^{n}\mu=\frac{1}{n}\cdot n\mu=\mu,$$

即 $\overline{X}$ 是 μ 的无偏估计；

因为 $$S^2=\frac{1}{n-1}\sum_{i=1}^{n}(X_i-\overline{X})^2=\frac{1}{n-1}\left(\sum_{i=1}^{n}X_i^2-n\overline{X}^2\right),$$

所以 $$\begin{aligned}E(S^2)&=\frac{1}{n-1}\left(\sum_{i=1}^{n}E(X_i^2)-nE(\overline{X}^2)\right)\\&=\frac{1}{n-1}\left\{\sum_{i=1}^{n}[D(X_i)+(E(X_i))^2]-n[D(\overline{X})+(E(\overline{X}))^2]\right\}\\&=\frac{1}{n-1}\left[\sum_{i=1}^{n}(\sigma^2+\mu^2)-n\left(\frac{\sigma^2}{n}+\mu^2\right)\right]=\sigma^2,\end{aligned}$$

即 S^2 是 σ^2 的无偏估计.

7.2.2 有效性

一个参数 θ 常有多个无偏估计量.人们希望选择的估计量关于 θ 的偏离程度尽可能小，即方差应该尽可能小，这就是有效性的要求.

定义 7.2.2 设 $\hat{\theta}_1=\hat{\theta}_1(X_1,X_2,\cdots,X_n)$ 和 $\hat{\theta}_2=\hat{\theta}_2(X_1,X_2,\cdots,X_n)$ 都是 θ 的无偏估计量，若

$$D(\hat{\theta}_1)<D(\hat{\theta}_2),$$

则称估计量 $\hat{\theta}_1$ 比估计量 $\hat{\theta}_2$ 更**有效**.

例 7.2.3　设 $X_1,X_2,\cdots,X_n$ 是来自总体 X 的样本，X 的均值 μ 和方差 σ^2 均存在，$\hat{\mu}_1=\overline{X}$ 和 $\hat{\mu}_2=\overline{X}_1$ 都是 μ 的估计量，试问二者哪个更有效？

解　显然 $E(\overline{X})=\mu,E(X_1)=\mu$，但

$$D(\overline{X})=\frac{\sigma^2}{n}<D(X_1)=\sigma^2,$$

所以 $\hat{\mu}_1=\overline{X}$ 比 $\hat{\mu}_2=X_1$ 更有效.

7.2.3　一致性

无偏性和有效性都是在样本容量固定的条件下提出的，而当样本容量增大时，样本信息增多，人们希望估计量能充分地接近于待估参数的真值，为此引入一致性（相合性）的概念.

定义 7.2.3　设 $\hat{\theta}$ 是 θ 的估计量，若对于任意 $\varepsilon>0$，有 $\lim\limits_{n\to\infty}P\{|\hat{\theta}-\theta|<\varepsilon\}=1$，则称 $\hat{\theta}$ 是 θ 的一致估计量（相合估计量）.

根据大数定理，样本均值 $\overline{X}$ 是总体均值 μ 的一致估计量，而样本方差 S^2 是总体方差 σ^2 的一致估计量.一致性是对于极限性质而言的，只有在样本容量 n 相当大时才起作用，而在实际中往往很难达到.

§7.3　参数的区间估计

点估计有使用方便、直观等优点，但它并没有提供关于估计精度的任何信息，为此提出未知参数的区间估计法.即采用一个区间去估计未知量，同时还要给出该区间包含待估参数真实值的可靠程度，这种形式的估计称为**区间估计**.例如，估计某中学男生的平均身高在 160～170 cm 之间，6 月上海的平均气温在 28～33 ℃，等等.显然，估计区间的长度度量了该区间估计的精度，估计区间的长度越长，它的精度就越低.

定义　设总体 X 的分布中含有未知参数 θ，$X_1,X_2,\cdots,X_n$ 是来自总体的样本.如果对于给定的 α 值（$0<\alpha<1$），存在两个统计量 $\underline{\theta}(X_1,X_2,\cdots,X_n)$ 和 $\overline{\theta}(X_1,X_2,\cdots,X_n)$，使得 $P\{\underline{\theta}(X_1,X_2,\cdots,X_n)<\theta<\overline{\theta}(X_1,X_2,\cdots,X_n)\}=1-\alpha$，则称随机区间 $(\underline{\theta},\overline{\theta})$ 为参数 θ 的置信度为 $1-\alpha$ 的**置信区间**，$\underline{\theta}$ 和 $\overline{\theta}$ 分别称为**置信下限**和**置信下限**.

置信区间的意义：若多次抽样（每次抽样容量相同），则每次抽样都会得到一个置信区间 $(\underline{\theta},\overline{\theta})$，这些区间有的包含 θ 的真值，有的不包含 θ 的真值.根据大数定律，当抽样次数充分大时，包含 θ 的真值的区间约占 $100(1-\alpha)\%$.例如，若令 $1-\alpha=0.97$，重复抽样 100 次，则其中大约有 97 个区间包含 θ 的真值，大约有 3 个区间不包含 θ 的真值.

例 7.3.1　设总体 $X\sim N(\mu,\sigma^2)$，σ^2 为已知，μ 未知，设 $X_1,X_2,\cdots,X_n$ 是来自总

体 X 的样本,求 μ 的置信水平为 $1-\alpha$ 的置信区间.

解 已知 $\overline{X}$ 是 μ 的无偏估计,且

$$\frac{\overline{X}-\mu}{\sigma/\sqrt{n}} \sim N(0,1),$$

而 $N(0,1)$ 不依赖于任何未知参数,按标准正态分布的上 $\frac{\alpha}{2}$ 分位数的定义,有

$$P\left\{\left|\frac{\overline{X}-\mu}{\sigma/\sqrt{n}}\right| < u_{\alpha/2}\right\} = 1-\alpha \quad (见图 7.1),$$

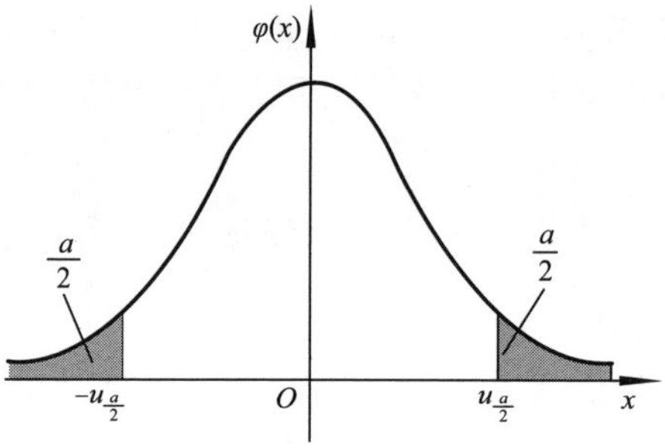

图 7.1

即

$$P\left\{\overline{X}-\frac{\sigma}{\sqrt{n}}u_{\alpha/n} < \mu < \overline{X}+\frac{\sigma}{\sqrt{n}}u_{\alpha/2}\right\} = 1-\alpha,$$

这样,就得到了 μ 的一个置信水平为 $1-\alpha$ 的置信区间

$$\left(\overline{X}-\frac{\sigma}{\sqrt{n}}u_{\alpha/n}, \overline{X}+\frac{\alpha}{\sqrt{n}}u_{\alpha/2}\right),$$

也常写成

$$\left(\overline{X} \pm \frac{\sigma}{\sqrt{n}}u_{\alpha/2}\right).$$

由例 7.3.1 可以归纳出求置信区间 $(\underline{\theta}, \overline{\theta})$ 的一般步骤:

(1)以 θ 的某个点估计 $\hat{\theta}$ 出发,寻找一个样本函数 $U=U(X_1, X_2, \cdots, X_n, \theta)$,除含 θ 外 U 不含其他未知参数,U 的分布已知且与 θ 无关,U 也称**枢轴量**;

(2)对于给定的置信水平 $1-\alpha$,确定两个常数 a, b,使得

$$P\{a < U(X_1, X_2, \cdots, X_n, \theta) < b\} = 1-\alpha;$$

(3)将 $P\{a < U(X_1, X_2, \cdots, X_n, \theta) < b\} = 1-\alpha$ 化成等价形式

$$P\{\underline{\theta}(X_1, X_2, \cdots, X_n) < \theta < \overline{\theta}(X_1, X_2, \cdots, X_n)\} = 1-\alpha,$$

区间 $(\underline{\theta}, \overline{\theta})$ 即为所求置信区间.

7.3.1　单个正态总体的区间估计

1. 均值 μ 的置信区间

(1)当 σ^2 已知时.由例 7.3.1 可得,μ 的置信水平为 $1-\alpha$ 的置信区间为

$$\left(\overline{X}\pm\frac{\sigma}{\sqrt{n}}u_{\frac{\alpha}{2}}\right).$$

(2)当 σ^2 未知时.由 § 7.2 节例 7.2.2 知,样本方差 S^2 是 σ^2 的无偏估计,在 $\dfrac{\overline{X}-\mu}{\sigma/\sqrt{n}}$ 中将 σ 换成 $S=\sqrt{S^2}$,根据 § 6.3 节定理 6.3.3 知

$$T=\frac{\overline{X}-\mu}{S/\sqrt{n}}\sim t(n-1),$$

由 t 分布的分位点的定义有

$$P\{|T|<t_{\frac{\alpha}{2}}(n-1)\}=1-\alpha\quad(\text{见图 7.2}),$$

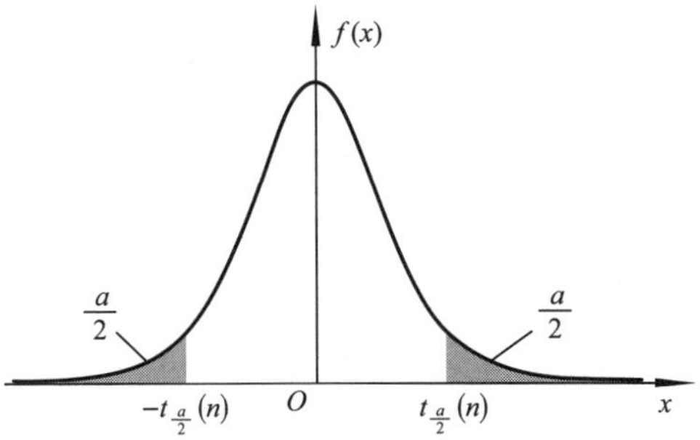

图　7.2

即
$$P\left\{\overline{X}-\frac{S}{\sqrt{n}}\cdot t_{\frac{\alpha}{2}}(n-1)<\mu<\overline{X}+\frac{S}{\sqrt{n}}\cdot t_{\frac{\alpha}{2}}(n-1)\right\}=1-\alpha,$$

所以 μ 的置信水平为 $1-\alpha$ 的置信区间为

$$\left(\overline{X}-\frac{S}{\sqrt{n}}\cdot t_{\frac{\alpha}{2}}(n-1),\ \overline{X}+\frac{S}{\sqrt{n}}\cdot t_{\frac{\alpha}{2}}(n-1)\right).$$

例 7.3.2　设某种节能灯的寿命 X 服从正态分布 $N(\mu,8)$,已知 10 个样本的均值为 $\bar{x}=1\ 147$,求 μ 的置信水平为 0.95 的置信区间.

解　$1-\alpha=0.95,\alpha=0.05$,由正态分布的上 $\dfrac{\alpha}{2}$ 分位点的定义,有 $\Phi(u_{\frac{\alpha}{2}})=1-\dfrac{\alpha}{2}=0.975$,查附录 C 得

$$u_{\frac{\alpha}{2}}=1.96.$$

又 $$\bar{x}=1\ 147,\quad n=10,\quad \sigma=\sqrt{8}=2\sqrt{2},$$

得 μ 的置信水平为 0.95 的置信区间为

$$\left(1\ 147-\frac{2\sqrt{2}}{\sqrt{10}}\times1.96, 1\ 147+\frac{2\sqrt{2}}{\sqrt{10}}\times1.96\right),$$

即

$$(1\ 145.25, 1\ 148.75).$$

例 7.3.3 设某炼铁厂的铁水含碳量 X 服从正态分布 $N(\mu,\sigma^2)$,且 $\sigma^2=0.108^2$,现测试了 9 炉铁水样本,样本平均含碳量为 4.484,求 μ 的置信水平为 0.95 的置信区间.

解 同例 7.3.2,得 $u_{\frac{\alpha}{2}}=1.96$.

又 $$\bar{x}=4.484, n=9, \sigma=0.108,$$

得 μ 的置信水平为 0.95 的置信区间为

$$\left(4.484-\frac{0.108}{\sqrt{9}}\times1.96, 4.484+\frac{0.108}{\sqrt{9}}\times1.96\right),$$

即 $$(4.413, 4.555).$$

例 7.3.4 从一批零件中抽取 12 个零件,测得其质量(单位:g)分别为 3 100,2 520,3 000,3 000,3 600,3 160,3 560,3 320,2 880,2 600,3 400,2 540.设零件质量 X 服从正态分布 $N(\mu,\sigma^2)$,求 μ 的置信水平为 0.95 的置信区间.

解 $1-\alpha=0.95, \alpha=0.05, 1-\dfrac{\alpha}{2}=0.975, n-1=12-1=11.$

σ^2 未知,查附录 E 得

$$t_{\frac{\alpha}{2}}(11)=2.201,$$

计算得样本均值和样本方差分别为

$$\bar{x}=\frac{1}{12}\sum_{i=1}^{12}x_i\approx 3\ 057,$$

$$s=\sqrt{\frac{1}{11}\sum_{i=1}^{12}(x_i-3\ 057)^2}=\sqrt{\frac{1}{11}\left(\sum_{i=1}^{12}x_i{}^2-12\bar{x}\right)^2}\approx375.3.$$

得 μ 的置信水平为 0.95 的置信区间为

$$\left(3\ 057-\frac{375.3}{\sqrt{12}}\times2.201,\ 3\ 057+\frac{375.3}{\sqrt{12}}\times2.201\right),$$

即(2 819,3 295).

根据《中华人民共和国妇女权益保障法》的要求,全社会要坚定不移地贯彻男女平等的基本国策,维护妇女权益,提高妇女地位,尽可能减轻妇女的工作和生活压力.那

么能否估计出某地区工薪阶层妇女平均每天从事的家务劳动的时间范围?

为了解决这个问题,需要利用参数的区间估计.

例 7.3.5 假设从某地区工薪阶层妇女中随机抽取 33 位妇女,她们平均每天从事家务劳动的时间 $\bar{x}$ 为 2.75 h,样本的标准差 s 为 0.85,一般认为妇女从事家务劳动的时间近似服从正态分布 $N(\mu,\sigma^2)$,计算该地区工薪阶层妇女平均每天从事家务劳动的时间 μ 的置信水平为 0.95 的置信区间.

解 $1-\alpha=0.95,\alpha=0.05,n-1=33-1=32.$

σ^2 未知,查附录 E 得

$$t_{\frac{\alpha}{2}}(n-1)=t_{0.025}(32)=2.036\,9.$$

又
$$\bar{x}=2.75,n=33,s=0.85,$$

得 μ 的置信水平为 0.95 的置信区间为

$$\left(2.75-\frac{0.85}{\sqrt{33}}\times 2.036\,9,2.75+\frac{0.85}{\sqrt{33}}\times 2.036\,9\right),$$

即(2.45,3.05).

表示该地区工薪阶层妇女平均每天从事家务劳动的时间范围为 2.45~3.05 h.

2. 方差 $\boldsymbol{\sigma}^2$ 的置信区间

(1)当 μ 已知时,显然有 $X_i\sim N(\mu,\sigma^2),i=1,2,\cdots,n$,故

$$\frac{X_i-\mu}{\sigma}\sim N(0,1),i=1,2,\cdots,n,$$

由§6.2 节 χ^2 分布的定义知

$$\frac{1}{\sigma^2}\sum_{i=1}^{n}(X_i-\mu)^2\sim\chi^2(n),$$

根据 χ^2 分布的分位点的定义,可得

$$P\left\{\chi^2_{1-\frac{\alpha}{2}}(n)<\frac{1}{\sigma^2}\sum_{i=1}^{n}(X_i-\mu)^2<\chi^2_{\frac{\alpha}{2}}(n)\right\}=1-\alpha \quad (\text{见图 } 7.3),$$

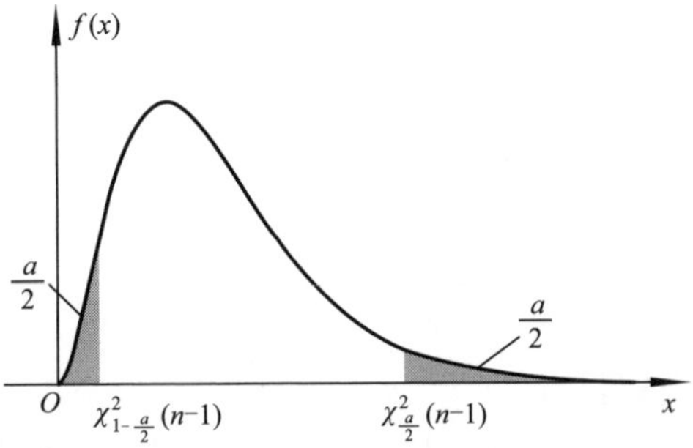

图 7.3

即

$$P\left\{\frac{\sum_{i=1}^{n}(X_i-\mu)^2}{\chi_{\frac{\alpha}{2}}^2(n)}<\sigma^2<\frac{\sum_{i=1}^{n}(X_i-\mu)^2}{\chi_{1-\frac{\alpha}{2}}^2(n)}\right\}=1-\alpha,$$

故方差 σ^2 的一个置信水平为 $1-\alpha$ 的置信区间为

$$\left(\frac{\sum_{i=1}^{n}(X_i-\mu)^2}{\chi_{\frac{\alpha}{2}}^2(n)}, \frac{\sum_{i=1}^{n}(X_i-\mu)^2}{\chi_{1-\frac{\alpha}{2}}^2(n)}\right).$$

标准差 σ 的置信水平为 $1-\alpha$ 的置信区间为

$$\left(\sqrt{\frac{\sum_{i=1}^{n}(X_i-\mu)^2}{\chi_{\frac{\alpha}{2}}^2(n)}}, \sqrt{\frac{\sum_{i=1}^{n}(X_i-\mu)^2}{\chi_{1-\frac{\alpha}{2}}^2(n)}}\right).$$

(2)当 μ 未知时,根据§6.3 节定理 6.3.2 知

$$\frac{(n-1)S^2}{\sigma^2}\sim\chi^2(n-1).$$

对给定的置信水平 $1-\alpha$,有

$$P\left\{\chi_{1-\frac{\alpha}{2}}^2(n)<\frac{(n-1)S^2}{\sigma^2}\leqslant\chi_{\frac{\alpha}{2}}^2(n)\right\}=1-\alpha.$$

即

$$P\left\{\frac{(n-1)S^2}{\chi_{\frac{\alpha}{2}}^2(n-1)}<\sigma^2<\frac{(n-1)S^2}{\chi_{1-\frac{\alpha}{2}}^2(n-1)}\right\},$$

所以方差 σ^2 的一个置信水平为 $1-\alpha$ 的置信区间为

$$\left(\frac{(n-1)S^2}{\chi_{\frac{\alpha}{2}}^2(n-1)}, \frac{(n-1)S^2}{\chi_{1-\frac{\alpha}{2}}^2(n-1)}\right).$$

标准差 σ 的置信水平为 $1-\alpha$ 的置信区间为

$$\left(\sqrt{\frac{(n-1)S^2}{\chi_{\frac{\alpha}{2}}^2(n-1)}}, \sqrt{\frac{(n-1)S^2}{\chi_{1-\frac{\alpha}{2}}^2(n-1)}}\right).$$

例 7.3.6 设某种矿石密度的测量误差 X 服从正态分布 $N(\mu,\sigma^2)$,随机抽测 12 个样品,且样本的标准差为 $s=0.2$,求 σ^2 的置信水平为 0.9 的置信区间.

解 $\alpha=1-0.9=0.1, n-1=11.$

查附录 D 得

$$\chi_{1-\frac{\alpha}{2}}^2(11)=4.574\,8, \chi_{\frac{\alpha}{2}}^2(11)=19.675\,7,$$

又

$$(n-1)s^2=11\times0.04=0.44,$$

得 σ^2 的置信水平为 0.9 的置信区间为

$$\left(\frac{(n-1)s^2}{\chi_{\frac{\alpha}{2}}^2(n-1)}, \frac{(n-1)s^2}{\chi_{1-\frac{\alpha}{2}}^2(n-1)}\right)=\left(\frac{0.44}{19.675\,7},\frac{0.44}{4.574\,8}\right),$$

即(0.022 4,0.096 2).

7.3.2　两个正态总体的区间估计

在实际应用中,常常需要对两个对象的同一特征进行比较.例如,要比较甲、乙两种同类型的药物的治疗效果,可以把两种药物的药效分别看成服从正态分布的两个总体,那么,两种药效的差异也就是两个正态总体的均值的差异.从而,可以通过研究两个正态总体的均值之差来评价两种药物的治疗效果.一般情况下,如果要比较两个正态总体均值之间或方差之间是否有差异,可以讨论两个正态总体的均值差或者方差比的区间估计.

设有两个正态总体 $X\sim N(\mu_1,\sigma_1^2)$,$Y\sim N(\mu_2,\sigma_2^2)$,且 X 与 Y 相互独立,$X_1,X_2,\cdots,X_{n_1}$ 是 X 的样本,$Y_1,Y_2,\cdots,Y_{n_2}$ 是 Y 的样本,设 $\overline{X}$,$\overline{Y}$ 分别是两个总体的样本均值,S_1^2,S_2^2 分别是两个总体的样本方差.

1. 两个正态总体均值差的置信区间

(1)σ_1^2,σ_2^2 均已知.显然

$$\overline{X}\sim N\left(\mu_1,\frac{\sigma_1^2}{n_1}\right),\overline{Y}\sim N\left(\mu_2,\frac{\sigma_2^2}{n_2}\right),$$

于是

$$\overline{X}-\overline{Y}\sim N\left(\mu_1-\mu_2,\frac{\sigma_1^2}{n_1}+\frac{\sigma_2^2}{n_2}\right),$$

将其标准化得

$$U=\frac{(\overline{X}-\overline{Y})-(\mu_1-\mu_2)}{\sqrt{\dfrac{\sigma_1^2}{n_1}+\dfrac{\sigma_2^2}{n_2}}}\sim N(0,1).$$

对于给定的置信水平 $1-\alpha$,存在 $u_{\frac{\alpha}{2}}$ 使得

$$P\{-u_{\frac{\alpha}{2}}<U<u_{\frac{\alpha}{2}}\}=1-\alpha,$$

即

$$P\left\{(\overline{X}-\overline{Y})-u_{\frac{\alpha}{2}}\sqrt{\frac{\sigma_1^2}{n_1}+\frac{\sigma_2^2}{n_2}}<\mu_1-\mu_2<(\overline{X}-\overline{Y})+u_{\frac{\alpha}{2}}\sqrt{\frac{\sigma_1^2}{n_1}+\frac{\sigma_2^2}{n_2}}\right\}=1-\alpha,$$

得 $\mu_1-\mu_2$ 的置信度为 $1-\alpha$ 的置信区间为

$$\left(\overline{X}-\overline{Y}-u_{\frac{\alpha}{2}}\sqrt{\frac{\sigma_1^2}{n_1}+\frac{\sigma_2^2}{n_2}},\ \overline{X}-\overline{Y}+u_{\frac{\alpha}{2}}\sqrt{\frac{\sigma_1^2}{n_1}+\frac{\sigma_2^2}{n_2}}\right).$$

(2)$\sigma_1^2=\sigma_2^2=\sigma^2$ 均未知.根据 § 6.3 节定理 6.3.4 的推论知,

$$\frac{(\overline{X}-\overline{Y})-(\mu_1-\mu_2)}{S_\omega\sqrt{\dfrac{1}{n_1}+\dfrac{1}{n_2}}}\sim t(n_1+n_2-2),$$

其中

$$S_\omega=\sqrt{\frac{(n_1-1)S_1^2+(n_2-1)S_2^2}{n_1+n_2-2}}.$$

对于给定的置信水平 $1-\alpha$，可得 $\mu_1-\mu_2$ 的置信区间为

$$\left(\overline{X}-\overline{Y}-t_{\frac{\alpha}{2}}(n_1+n_2-2)S_\omega\sqrt{\frac{1}{n_1}+\frac{1}{n_2}},\ \overline{X}-\overline{Y}+t_{\frac{\alpha}{2}}(n_1+n_2-2)S_\omega\sqrt{\frac{1}{n_1}+\frac{1}{n_2}}\right).$$

2. 两个正态总体方差比的置信区间

下面仅讨论 μ_1,μ_2 均未知的情况下，方差比 $\frac{\sigma_1^2}{\sigma_2^2}$ 的区间估计.根据 §6.3 节定理 6.3.4 的推论知

$$\left(\frac{\sigma_2}{\sigma_1}\right)^2\frac{S_1^2}{S_2^2}\sim F(n_1-1,n_2-1),$$

对给定的置信水平 $1-\alpha$，由

$$P\left\{F_{1-\frac{\alpha}{2}}(n_1-1,n_2-1)<\left(\frac{\sigma_2}{\sigma_1}\right)^2\frac{S_1^2}{S_2^2}<F_{\frac{\alpha}{2}}(n_1-1,n_2-1)\right\}=1-\alpha,$$

$$P\left\{\frac{1}{F_{\frac{\alpha}{2}}(n_1-1,n_2-1)}\cdot\frac{S_1^2}{S_2^2}<\frac{\sigma_1^2}{\sigma_2^2}<\frac{1}{F_{1-\frac{\alpha}{2}}(n_1-1,n_2-1)}\cdot\frac{S_1^2}{S_2^2}\right\}=1-\alpha,$$

得方差比 $\frac{\sigma_1^2}{\sigma_2^2}$ 的 $1-\alpha$ 置信区间为

$$\left(\frac{1}{F_{\frac{\alpha}{2}}(n_1-1,n_2-1)}\cdot\frac{S_1^2}{S_2^2},\ \frac{1}{F_{1-\frac{\alpha}{2}}(n_1-1,n_2-1)}\cdot\frac{S_1^2}{S_2^2}\right).$$

例 7.3.7 检查某地正常成年男子 156 名，正常成年女子 74 名，测得男性红细胞样本均值为 465.13 个单位，样本方差为 3 022.41 平方单位；女性红细胞样本均值为 422.16 个单位，样本方差为 2 453.80 平方单位，用总体 X 和 Y 分别表示成年男子及成年女子的红细胞数，由经验可知 $X\sim N(\mu_1,\sigma_1^2)$，$Y\sim N(\mu_2,\sigma_2^2)$.若 $\sigma_1^2=\sigma_2^2=\sigma^2$ 均未知，求 $\mu_1-\mu_2$ 的置信水平为 0.95 的置信区间.

解 若 $\sigma_1^2=\sigma_2^2=\sigma^2$ 均未知，$\alpha=1-0.95=0.05$，
查附录 E 得

$$t_{\frac{\alpha}{2}}(n_1+n_2-2)=t_{0.025}(228)\approx u_{0.025}=1.96,$$

又

$$s_\omega=\sqrt{\frac{(n_1-1)s_1^2+(n_2-1)s_2^2}{n_1+n_2-2}}$$

$$=\sqrt{\frac{(156-1)\times 3\ 022.41+(74-1)\times 2\ 453.80}{156+74-2}}$$

$$=53.29$$

故 $\mu_1-\mu_2$ 的置信水平为 0.95 的置信区间为

$$\left(\bar{x}-\bar{y}-t_{\frac{\alpha}{2}}(n_1+n_2-2)s_\omega\sqrt{\frac{1}{n_1}+\frac{1}{n_2}},\ \bar{x}-\bar{y}+t_{\frac{\alpha}{2}}(n_1+n_2-2)s_\omega\sqrt{\frac{1}{n_1}+\frac{1}{n_2}}\right)$$

$$=\left(42.97-1.96\times 52.39\sqrt{\frac{1}{156}+\frac{1}{74}},\ 42.97+1.96\times 52.39\sqrt{\frac{1}{156}+\frac{1}{74}}\right)$$

$$=(42.97-14.49,\ 42.97+14.49),$$

即 $\mu_1-\mu_2$ 的置信水平为 0.95 的置信区间为(28.47, 57.46).

例 7.3.8　机床厂有两台机器加工的同一种零件.设 X 与 Y 分别表示两台机器加工的零件尺寸(单位:mm),根据经验,X 与 Y 均服从正态分布,现抽取 11 个第一台机器加工的零件,测得样本方差是 $s_1^2=0.064$,抽取 9 个第二台机器加工的零件,测得样本方差是 $s_2^2=0.03$.为比较两台机器的加工精度,求方差比 σ_1^2/σ_2^2 的置信水平为 0.95 的区间估计.

解　设 $X\sim N(\mu_1,\sigma_1^2)$,$Y\sim N(\mu_2,\sigma_2^2)$,已知

$$n_1=11,\quad n_2=9,\quad \alpha=1-0.95=0.05.$$

查附录 F 得

$$F_{0.025}(10,8)=4.30,\quad F_{0.975}(10,8)=\frac{1}{F_{0.025}(8,10)}=\frac{1}{3.85}.$$

故 σ_1^2/σ_2^2 的置信水平为 0.95 的置信区间为

$$\left(\frac{1}{4.30}\times\frac{0.064}{0.03},\ 3.85\times\frac{0.064}{0.03}\right)=(0.496,\ 8.213).$$

习　题　7

1. 设总体 X 具有如下分布律,其中 $\theta(0<\theta<1)$ 为未知参数,已知取得样本值 $x_1=1,x_2=2,x_3=1$,试求 θ 的极大似然估计值.

X	1	2	3
P	θ^2	$2\theta(1-\theta)$	$(1-\theta)^2$

2. 设总体 $X\sim U(0,b)$,$b>0$ 未知,$X_1,X_2,\cdots,X_9$ 是来自总体 X 的样本,求 b 的矩估计量.今测得一个样本值 0.5,0.6,0.1,1.3,0.9,1.6,0.7,0.9,1.0,求 b 的矩估计值.

3. 设总体 X 具有概率密度 $f(x)=\begin{cases}\dfrac{2}{\theta^2}(\theta-x), & 0<x<\theta\\ 0, & \text{其他}\end{cases}$,参数 θ 未知,X_1,$X_2,\cdots,X_n$ 是来自 X 的样本,求 θ 的矩估计量.

4. 设总体 $X\sim B(m,p)$,参数 $m,p(0<p<1)$ 未知,$X_1,X_2,\cdots,X_n$ 是来自 X 的样本,求 m,p 的矩估计量(对于具体样本值,若求得的 $\hat{m}$ 不是整数,则取与 $\hat{m}$ 最接近的整数作为 m 的估计值).

5. 设总体 $X\sim\pi(\lambda)$,$\lambda>0$ 未知,$X_1,X_2,\cdots,X_n$ 是来自 X 的样本,$x_1,x_2,\cdots,x_n$

是相应的样本值.求:(1)λ 的矩估计量;(2)λ 的极大似然估计值.

6. 设 X 服从参数为 p 的几何分布,其分布律为 $P\{X=k\}=(1-p)^{k-1}p,k=1,2,\cdots$,参数 p 未知,$0<p<1$.设 $x_1,x_2,\cdots,x_n$ 是一个样本值,求 p 的极大似然估计值.

7. 设 $x_1,x_2,\cdots,x_n$ 是来自总体 X 的样本,其概率密度函数 $f(x)=\begin{cases}\dfrac{1}{\theta}, & 0\leqslant x\leqslant\theta\\ 0, & \text{其他}\end{cases}$,其中 $\theta>0$,试求:(1)θ 的无偏估计 $\hat{\theta}_1$;(2)θ 的极大似然估计 $\hat{\theta}_2$.

8. 设总体 X 的概率密度为 $f(x)=\begin{cases}(\theta+1)x^{\theta}, & 0<x<1\\ 0, & \text{其他}\end{cases}$,其中 $\theta>-1$ 是未知参数,$X_1,X_2,\cdots,X_n$ 为一个样本,试求参数 θ 的矩估计量和极大似然估计量.

9. (1)设总体 $X\sim N(\mu,\sigma^2)$,参数 σ^2 已知,μ 未知,$x_1,x_2,\cdots,x_n$ 是来自 X 的一个样本值.求 μ 的极大似然估计值.

(2)设总体 $X\sim N(\mu,\sigma^2)$,参数 μ 已知,$\sigma^2(\sigma^2>0)$ 未知,$x_1,x_2,\cdots,x_n$ 是来自 X 的一个样本值.求 σ^2 的极大似然估计值.

10. 设 $X_1,X_2,\cdots,X_n$ 是总体 X 的一个样本,$x_1,x_2,\cdots,x_n$ 为一相应的样本值.

(1)总体 X 的概率密度函数为 $f(x)=\begin{cases}\dfrac{x}{\theta^2}\mathrm{e}^{-x/\theta}, & x>0\\ 0, & \text{其他}\end{cases}$,$0<\theta<\infty$,求参数 θ 的极大似然估计量和估计值.

(2)总体 X 的概率密度函数为 $f(x)=\begin{cases}\dfrac{x^2}{2\theta^3}\mathrm{e}^{-x/\theta}, & x>0\\ 0, & \text{其他}\end{cases}$,$0<\theta<\infty$,求参数 θ 的极大似然估计值.

(3)设 $X\sim B(m,p)$,m 已知,p 未知$(0<p<1)$,求 p 的极大似然估计值.

11. 设总体 X 在(a,b)上服从均匀分布,a,b 未知.$X_1,X_2,\cdots,X_n$ 是来自 X 的样本,试求 a,b 的矩估计量.

12. 设 $\hat{\theta}$ 是参数 θ 的无偏估计,且有 $D(\hat{\theta})>0$.证明:$\hat{\theta}^2$ 不是 θ^2 的无偏估计.

13. (1)验证均匀分布 $U(0,\theta)$ 中的未知参数 θ 的矩估计量是无偏估计量.

(2)设某种小型计算机一星期中的故障次数 $Y\sim\pi(\lambda)$,设 $Y_1,Y_2,\cdots,Y_n$ 是来自总体 Y 的样本,验证 $\overline{Y}$ 是 λ 的无偏估计量.

(3)设一星期中故障维修费用为 $Z=3Y+Y^2$,求 $E(Z)$,并验证 $U=3\overline{Y}+\dfrac{1}{n}\sum\limits_{i=1}^{n}Y_i^2$ 是 $E(Z)$ 的无偏估计量.

14. 已知 X_1,X_2,X_3,X_4 是来自均值为 θ 的指数分布总体的样本,其中 θ 未知.设有估计量

$$T_1=\frac{1}{6}(X_1+X_2)+\frac{1}{3}(X_3+X_4),$$

$$T_2=(X_1+2X_2+3X_3+4X_4)/5,$$

$$T_3=(X_1+X_2+X_3+X_4)/4.$$

(1)指出 T_1,T_2,T_3 中哪几个是 θ 的无偏估计量.

(2)在上述 θ 的无偏估计量中哪一个较为有效?

15. 设冷抽铜丝的折断力服从正态分布 $X\sim N(\mu,\sigma^2)$,从一批铜丝任取 10 根,测得折断力如下:

578　572　570　568　572　570　570　596　584　572

求方差 σ^2 的置信水平为 0.9 的置信区间.

16. 设自总体 $X\sim N(\mu_1,25)$得到容量为 10 的样本,样本均值为 $\overline{X}=19.8$,自总体 $Y\sim N(\mu_2,36)$得到容量为 10 的样本,样本均值 $\overline{Y}=24.0$,两样本的总体相互独立,求 $\mu_1-\mu_2$ 的置信水平为 0.9 的置信区间.

17. 某车间两条生产线生产同一种产品,产品的质量指标可以认为服从正态分布,现分别从两条生产线的产品中抽取容量为 25 和 21 的样本进行检测,样本方差分别是 7.89 和 5.07,求产品质量指标方差比的置信水平为 0.95 的置信区间.

18. 以 X 表示某一工厂制造的某种器件的寿命(以 h 计),设 $X\sim N(\mu,1\,296)$,今取得一容量为 $n=27$ 的样本,测得其样本均值为 $\bar{x}=1\,478$,求:(1)μ 的置信水平为 0.95 的置信区间;(2)μ 的置信水平为 0.90 的置信区间.

19. 以 X 表示某种小包装糖果的质量(以 g 计),设 $X\sim N(\mu,4)$,今取得样本(容量为 $n=10$):

55.95　56.54　57.58　55.13　57.48　56.06　59.93　58.30　52.57　58.46

(1)求 μ 的极大似然估计值.

(2)求 μ 的置信水平为 0.95 的置信区间.

20. 一农场种植生产果冻的葡萄,以下数据是从 30 车葡萄中采样测得的糖含量(以某种单位计)

16.0	15.2	12.0	16.9	14.4	16.3	15.6	12.9	15.3	15.1
15.8	15.5	12.5	14.5	14.9	15.1	16.0	12.5	14.3	15.4
15.4	13.0	12.6	14.9	15.1	15.3	12.4	17.2	14.7	14.8

设样本来自正态总体 $N(\mu,\sigma^2)$,μ,σ^2 均未知.

(1)求 μ,σ^2 的无偏估计值;

(2)求 μ 的置信水平为 0.90 的置信区间.

21. 一油漆商希望知道某种新的内墙油漆的干燥时间.在面积相同的 12 块内墙上做试验,记录干燥时间(以 min 计),得样本均值 $\bar{x}=66.3$,样本标准差 $s=9.4$.设样本

来自正态总体 $N(\mu,\sigma^2)$,μ,σ^2 均未知,求干燥时间的数学期望的置信水平为 0.95 的置信区间.

22. 某湖泊分为东、西两个区域.下面的数据是取自西区的水的样本,测得其中的钠含量(以 10^{-6} 计)如下:

13.0	18.5	16.4	14.8	19.4	17.3	23.2	24.9
20.8	19.3	18.8	23.1	15.2	19.9	19.1	18.1
25.1	16.8	20.4	17.4	25.2	23.1	15.3	19.4
16.0	21.7	15.2	21.3	21.5	16.8	15.6	17.6

设样本来自正态总体 $N(\mu,\sigma^2)$,μ,σ^2 均未知.求 μ 的置信水平为 0.95 的置信区间.

23. 设 X 是春天捕到的某种鱼的长度(以 cm 计),设 $X\sim N(\mu,\sigma^2)$,μ,σ^2 均未知.下面是 X 的一个容量为 $n=13$ 的样本:

13.1　5.1　18.0　8.7　16.5　9.8　6.8　12.0　17.8　25.4　19.2　15.8　23.0

(1)求 σ^2 的无偏估计值;

(2)求 σ 的置信水平为 0.95 的置信区间.

24. 为比较两个学校同一年级学生数学课程的成绩,随机地抽取学校 A 的 9 个学生,得分数的平均值为 $\bar{x}_A=81.31$,方差为 $s_A^2=60.76$;随机地抽取学校 B 的 15 个学生,得分数的平均值为 $\bar{x}_B=78.61$,方差为 $s_B^2=48.24$.设样本均来自正态总体且方差相等,参数均未知,两样本独立.求均值差 $\mu_A-\mu_B$ 的置信水平为 0.95 的置信区间.

25. 以 X,Y 分别表示有过滤嘴和无过滤嘴的香烟含煤焦油的量(以 mg 计),设 $X\sim N(\mu_1,\sigma_1^2)$,$Y\sim N(\mu_2,\sigma_2^2)$,$\mu_1,\mu_2,\sigma_1^2,\sigma_2^2$ 均未知,下面是两个样本:

X: 0.9　1.1　0.1　0.7　0.3　0.9　0.8　1.0　0.4

Y: 1.5　0.9　1.6　0.5　1.4　1.9　1.0　1.2　1.3　1.6　2.1

两样本独立.求 σ_1^2/σ_2^2 的置信水平为 0.95 的置信区间.

26. 设以 X,Y 分别表示健康人与怀疑有病的人的血液中铬的含量(以 10 亿份中的份数计),设 $X\sim N(\mu_1,\sigma_1^2)$,$Y\sim N(\mu_2,\sigma_2^2)$,$\mu_1,\mu_2,\sigma_1^2,\sigma_2^2$ 均未知.下面是分别来自 X 和 Y 的两个独立样本:

X: 15　23　12　18　9　28　11　10

Y: 25　20　35　15　40　16　10　22　18　32

求 σ_1^2/σ_2^2 的置信水平为 0.95 的单侧置信上限,以及 σ_1 的置信水平为 0.95 的单侧置信上限.

27. 在第 23 题中,求鱼长度的均值 μ 的置信水平为 0.95 的单侧置信下限.

28. 在第 24 题中,求 $\mu_A-\mu_B$ 的置信水平为 0.90 的单侧置信上限.

数学家风采

王梓坤

王梓坤(1929—),出生于湖南零陵,籍贯江西吉安,数学家,北京师范大学教授,1991年当选为中国科学院学部委员(院士).

王梓坤在随机过程等研究中彻底解决了生灭过程的构造问题,创造了极限过渡的概率构造方法.求出了生灭过程泛函的分布.在中国国内最早研究随机泛函分析,得到广义函数空间中随机元的极限定理.创造了多种统计预报方法及供导航之用的数学方法. 20世纪70年代,他系统研究了高维布朗运动及对称稳定过程的末离球面时间分布、位置分布和极大游程分布,为随机过程与物理学的交叉应用奠定理论基础. 80年代初,他在国际上率先引入多参数Ornstein-Uhlenbeck过程,求出了布朗运动与对称稳定过程的若干分布,获得马尔可夫过程的常返性、零一律等成立的条件,推动了随机过程理论的发展. 80年代末,他领导团队开展超过程研究,使我国在该领域迅速达到国际先进水平,相关成果涉及测度值过程的极限定理、中偏差及大偏差原理等.他提出了地震随机迁移的统计预报方法,为地震预测提供了数学工具;同时设计了供舰艇导航的数学方法,展现了概率论在工程领域的应用潜力.在随机分析与几何领域,其团队发展了耦合方法、泛函不等式等工具,应用于马氏过程稳定性、Harnack不等式及流形路径空间扩散过程的研究,成果被国际同行广泛引用.

王梓坤著有《概率论基础及其应用》、《随机过程论》、《生灭过程与马尔可夫链》等经典教材,构建了从基础到前沿的完整学科体系.其中《随机过程通论》获全国优秀科技图书一等奖,部分著作被Springer-Verlag出版英文版,影响深远.

第 8 章　假设检验

统计推断的另一种重要形式是假设检验.它的基本任务是根据样本所提供的信息,对总体的某些性质,如分布类型、参数大小等作出“是”或“否”的结论性判断,即在总体上作某项假设,用样本数据来检验此项假设是否成立.

§8.1　假设检验的基本概念

8.1.1　引例

先通过几个例题,来了解假设检验问题中的一些重要概念.

例 8.1.1　一工厂用包装机包装奶粉,额定标准为每袋净质量是 0.5 kg,设包装所得奶粉的质量 $X \sim N(\mu, \sigma^2)$,据长期经验可知其标准差为 $\sigma = 0.015$ kg,某日开工后为检验包装机是否正常,随机抽取 9 袋,称得净质量为(kg):

0.499, 0.514, 0.508, 0.512, 0.498, 0.515, 0.516, 0.513, 0.524

试问包装机是否正常?

看机器是否正常,就是要根据样本数据判断 $\mu = \mu_0 = 0.5$ 是否成立.

例 8.1.2　某厂有一批产品,共 2 万件,须经检验才能出厂,按规定标准,次品率不得超过 5%,今从中随机抽取了 100 件产品,发现有 8 件次品,问这批产品能否出厂?

看产品能否出厂,就是根据样本判断,次品率 $P \leqslant 5\%$ 是否成立.

例 8.1.3　随机抽查得某班 10 位学生的英语课考试分数为:74,82,96,70,90,84,88,79,71,94.能否认为该班学生的英语成绩服从正态分布?

以上三个例子是常见的假设检验问题,它们都是要对一些问题作出肯定或否定的回答,根据样本数据,对所关心的问题作出肯定或否定回答的过程称为**假设检验**.一般可将假设检验分为两类:一类是当总体的分布类型已知时,检验未知参数的某项假设是否成立,称之为**参数假设检验**,如例 8.1.1、例 8.1.2;另一类是当总体的分布类型未知时,对总体的分布作某项假设并进行检验,称之为**分布假设检验**,也称**非参数假设检验**,例 8.1.3 就是分布假设检验问题.

在例 8.1.1 中,若标准差 $\sigma = \sigma_0 = 0.015$ 已知,要判断包装机是否正常,就是要根据样本判断 $\mu = 0.5$ 还是 $\mu \neq 0.5$,为此提出假设:$H_0: \mu = \mu_0 = 0.5$,$H_1: \mu \neq \mu_0$,这是两个

对立的假设，H_0 称为**原假设**或**零假设**，H_1 称为**备择假设**或**对立假设**.

在上例的假设中，备择假设 H_1 表示 μ 可能大于 μ_0，也可能小于 μ_0，称为**双边备择假设**，形如 $H_0:\mu=\mu_0$，$H_1:\mu\neq\mu_0$ 的假设检验称为**双边假设检验**.

形如 $H_0:\mu\leqslant\mu_0$，$H_1:\mu>\mu_0$ 的假设检验称为**右边假设检验**.

形如 $H_0:\mu\geqslant\mu_0$，$H_1:\mu<\mu_0$ 的假设检验称为**左边假设检验**.

右边检验与左边检验统称为**单边检验**.

8.1.2　假设检验的思想方法

假设检验制定检验规则用到的统计思想是小概率原理和概率反证法.所谓**小概率原理**，即小概率事件在一次试验中几乎不可能发生.如果一次试验中小概率事件发生了，往往我们认为是不合理的现象.所谓**概率反证法**，与一般的纯数学中的反证法不同，这是一种带有概率性质的反证法，即先假定 H_0 成立，然后根据样本值推断会产生什么后果，如果导致一个不合理现象出现，则认为原先的假定是错误的，即 H_0 不成立，应拒绝 H_0；如果没有出现不合理现象，则认为假定 H_0 成立是正确的，这时应接受 H_0.这里所指的“不合理”并不是形式逻辑中的绝对矛盾，而是与小概率原理矛盾产生的不合理.

为了在 H_0 和 H_1 之间作出选择，需要建立一个检验规则.我们知道样本均值 $\overline{X}$ 是总体均值 μ 的一个无偏估计，在 H_0 成立下，$\overline{X}$ 的观察值 $\bar{x}$ 与 μ_0 应相差不大，即若 H_0 成立，$|\overline{X}-\mu_0|$ 取小值的可能性较大；如果 H_0 不成立，即 H_1 成立时，$|\overline{X}-\mu_0|$ 取小值的可能性较小.如果能确定一个常数 k，当 $|\overline{X}-\mu_0|<k$ 时，则接受 H_0，当 $|\overline{X}-\mu_0|\geqslant k$ 时，则拒绝 H_0，即接受 H_1.

在例 8.1.1 中，当 H_0 成立时，$\overline{X}\sim N\left(\mu_0,\dfrac{\sigma^2}{n}\right)$，因而 $U=\dfrac{\overline{X}-\mu_0}{\sigma/\sqrt{n}}\sim N(0,1)$.根据§6.1 节标准正态分布的分位点的定义，利用给定的小概率 α（一般取 0.05，0.01，0.1 等值）可以构造一个小概率事件 $P\{|U|\geqslant u_{\frac{\alpha}{2}}\}=\alpha$，如图 8.1 所示，即

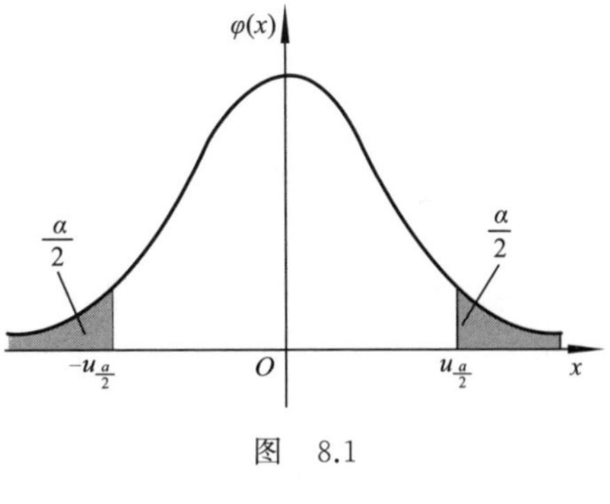

图　8.1

$$P\left\{|\overline{X}-\mu_0|\geqslant u_{\frac{\alpha}{2}}\frac{\sigma}{\sqrt{n}}\right\}=\alpha,k=u_{\frac{\alpha}{2}}\frac{\sigma}{\sqrt{n}}.$$

若取 $\alpha=0.05$，则 $k=u_{0.025}\dfrac{0.015}{\sqrt{9}}=1.96\times\dfrac{0.015}{3}=0.009\,8$，

故 $P\{|\overline{X}-\mu_0|\geqslant0.009\,8\}=0.05$，即括号内事件发生的概率仅为 0.05.

此时,$P\{|\overline{X}-\mu_0|<0.009\,8\}=0.95$,即括号内事件$\{|\overline{X}-\mu_0|<0.009\,8\}$的概率是大概率事件,概率达到0.95,因此可建立如下规则:

若$|\overline{X}-\mu_0|<0.009\,8$,则接受$H_0$,即包装机正常;

若$|\overline{X}-\mu_0|\geqslant 0.009\,8$,则拒绝$H_0$,即接受$H_1$,即包装机不正常.

经过计算,样本均值$\bar{x}=0.511$,$|\bar{x}-\mu_0|=|0.511-0.5|=0.11>0.009\,8$,应拒绝$H_0$,即包装机不正常.

假设检验中,统计量$U=\dfrac{\overline{X}-\mu_0}{\sigma_0/\sqrt{n}}$称为**检验统计量**,小概率值$\alpha$称为**显著性水平**或**检验水平**.

一般地,若$|U|=\left|\dfrac{\overline{X}-\mu_0}{\sigma/\sqrt{n}}\right|<u_{\frac{\alpha}{2}}$,则接受$H_0$,区间$|\overline{X}-\mu_0|<u_{\frac{\alpha}{2}}\dfrac{\sigma}{\sqrt{n}}$称为$H_0$关于$\overline{X}$的**接受域**.

反之,若$|U|\geqslant u_{\frac{\alpha}{2}}$或$|\overline{X}-\mu_0|\geqslant u_{\frac{\alpha}{2}}\dfrac{\sigma}{\sqrt{n}}$,则拒绝$H_0$,区间$|\overline{X}-\mu_0|\geqslant u_{\frac{\alpha}{2}}\dfrac{\sigma}{\sqrt{n}}$称为$H_0$关于$\overline{X}$的**拒绝域**.

8.1.3 假设检验的一般步骤

综上所述,假设检验的一般步骤如下:

(1)根据实际问题提出原假设H_0和备择假设H_1;

(2)选择适当的检验统计量,这个统计量包含要检验的参数,在H_0成立的条件下有确定的分布;

(3)给定显著性水平α,构造小概率事件,确定H_0的拒绝域;

(4)根据样本值和拒绝域,从而作出接受H_0或拒绝H_0的判断.

8.1.4 两类错误

用样本去推断总体,也就是用部分来推断整体.由于样本的随机性和局限性,难免会作出错误的判断,通常会犯以下两类错误:

当原假设H_0为真时,却拒绝了H_0,把这类错误叫"弃真"的错误,也称**第一类错误**.显然,显著性水平α正是犯第一类错误的概率,即$P\{拒绝H_0|H_0为真\}=\alpha$.

当原假设H_0不真时,却接受了H_0,这是犯了"取伪"的错误,也称**第二类错误**.犯第二类错误的概率用β表示,则$\beta=P\{接受H_0|H_0为假\}$.

在确定检验法则时,希望犯这两类错误的概率越小越好.但是,当样本容量n固定时,若减少犯一类错误的概率,则犯另一类错误的概率往往会增大.要使犯这两类错误的概率都减小,可以加大样本容量n,这是因为随着n的增大,提供的信息量大,样本均值的方差就会变小,判断就更准确.在实际应用中,当样本容量n给定时,一般是先控制犯第一类错误的概率,使它不超过所给定的显著性水平 α,再考虑如何减少犯第二类错误的概率.

§8.2　单个正态总体的假设检验

在实际应用中,许多量都可以近似地用正态总体去刻画,因此关于正态总体两个参数的假设检验是在其中经常会遇到的问题.本节讨论单个正态总体的假设检验问题.

8.2.1　总体均值的假设检验

1. 当方差 σ^2 已知时

设总体 $X\sim N(\mu,\sigma^2)$,其中 σ^2 已知,$X_1,X_2,\cdots,X_n$ 是来自总体的样本,显著性水平为 α,关于均值 μ 的假设检验问题有以下三种:

(1) $H_0:\mu=\mu_0,H_1:\mu\neq\mu_0$;

(2) $H_0:\mu\leqslant\mu_0,H_1:\mu>\mu_0$;

(3) $H_0:\mu\geqslant\mu_0,H_1:\mu<\mu_0$.

其中,μ_0 为已知常数.

对于问题(1),在§8.1 节中,已经得到这类假设检验问题的拒绝域为

$$|u|=\left|\frac{\bar{x}-\mu_0}{\sigma/\sqrt{n}}\right|\geqslant u_{\frac{\alpha}{2}};$$

问题(2)即右边检验,检验假设 $H_0:\mu\leqslant\mu_0,H_1:\mu>\mu_0$,可得拒绝域为

$$u=\frac{\bar{x}-\mu_0}{\sigma/\sqrt{n}}\geqslant u_\alpha;$$

问题(3)即左边检验,检验假设 $H_0:\mu\geqslant\mu_0,H_1:\mu<\mu_0$,可得拒绝域为

$$u=\frac{\bar{x}-\mu_0}{\sigma/\sqrt{n}}\leqslant -u_\alpha.$$

当 $\mu=\mu_0$ 时,以上检验使用的检验统计量 $U=\dfrac{\overline{X}-\mu_0}{\sigma/\sqrt{n}}\sim N(0,1)$,其观察值记为 u,相应的检验法记为 u **检验法**.

例 8.2.1　某种产品在正常情况下,质量 X(单位:g)服从正态分布 $N(12,1)$.更新设备后,从新生产的产品中随机抽取 100 个,测得样本均值 $\bar{x}=12.5$ g.若方差没有变化,问设备更新后,产品的平均质量是否有显著变化?(取 $\alpha=0.05$)

解　由题意可提出如下假设:

$$H_0:\mu=\mu_0=12,\quad H_1:\mu\neq 12.$$

令 $U=\dfrac{\overline{X}-12}{1/\sqrt{100}}$，则 $U=10(\overline{X}-12)\sim N(0,1)$，

又 $\alpha=0.05$，$P(|U|>u_{\frac{\alpha}{2}})=0.05$，查附录 C 得 $u_{0.025}=1.96$，

$\bar{x}=12.5$，统计值 $|u|=\left|\dfrac{\bar{x}-\mu_0}{\sigma/\sqrt{n}}\right|=\left|\dfrac{12.5-12}{1/\sqrt{100}}\right|=5$.

因为 $|u|=5>u_{0.05}=1.96$，所以应拒绝 H_0，即认为产品的平均质量有显著变化.

例 8.2.2 一家食品加工公司的质量管理部门规定，某种包装食品的净质量不得少于 20 kg.经验表明，其质量近似服从标准差为 1.5 kg 的正态分布.假定取一个由 50 包食品构成的随机样本，测得平均质量为 19.5 kg，问有无充分证据说明这些包装食品的平均质量减少了？（取 $\alpha=0.05$）

解 把平均质量保持不变或增加作为原假设的内容，只要能否定原假设，就能说明样本数据提供了充分证据证明平均质量减少了，于是可提出如下假设：

$$H_0:\mu\geqslant\mu_0=20,\quad H_1:\mu<20.$$

检验统计量为

$$U=\frac{\overline{X}-\mu_0}{\sigma/\sqrt{n}}\sim N(0,1).$$

又 $\alpha=0.05$，$P(U<-u_\alpha)=1-P(U<u_\alpha)=0.05$，查附录 C 得 $u_{0.05}=1.645$.

因为 $\bar{x}=19.5$，$\sigma=1.5$，统计值 $u=\dfrac{\bar{x}-\mu_0}{\sigma/\sqrt{n}}=\dfrac{19.5-20}{1.5/\sqrt{50}}=-2.357$.

又
$$u=-2.357<-u_{0.05}=-1.645,$$
所以拒绝 H_0，而接受 $H_1:\mu<20$，即检验结果能提供充分证据说明这些包装食品的平均质量减少了.

例 8.2.3 某市质检部门怀疑生产商在牛奶中掺水以牟利，可以利用假设检验的方法维护消费者的合法权益.通过测量液体的冰点可检测牛奶中是否掺水.天然牛奶的冰点温度近似服从正态分布，测定均值 $\mu_0=-0.545$ ℃，标准差 $\sigma=0.008$ ℃.若牛奶掺水可使其冰点温度升高而接近水的冰点温度 0 ℃.质检部门任意抽取 5 批牛奶，测得其冰点温度的平均值为 $\bar{x}=-0.535$ ℃，问是否可以认为生产商在牛奶中掺了水？（取 $\alpha=0.05$）

解 由题意可提出如下假设：

$$H_0:\mu\leqslant\mu_0=-0.545\ ℃\text{(牛奶未掺水)},\quad H_1:\mu>\mu_0\text{(牛奶已掺水)}.$$

检验统计量为

$$U=\frac{\overline{X}-\mu_0}{\sigma/\sqrt{n}}\sim N(0,1).$$

又 $\alpha=0.05$，查附录 C 得 $u_{0.05}=1.645$，

$\bar{x}=-0.535,\sigma=0.008$，统计值 $u=\dfrac{\bar{x}-\mu_0}{\sigma/\sqrt{n}}=\dfrac{-0.535+0.545}{0.008/\sqrt{5}}=2.795$.

因为 $u=2.795>u_{0.05}=1.645$，u 的值落在拒绝域中，所以拒绝 H_0，即质检部门可以认为生产商在牛奶中掺了水.

2. 当方差 σ^2 未知时

设总体 $X\sim N(\mu,\sigma^2)$，$X_1,X_2,\cdots,X_n$ 是来自总体的样本，显著性水平为 α.其中方差 σ^2 未知，故不能用 $\dfrac{\overline{X}-\mu_0}{\sigma/\sqrt{n}}$ 来作为检验统计量.而 S^2 是 σ^2 的无偏估计，可用 S 代替 σ，使用检验统计量

$$T=\frac{\overline{X}-\mu_0}{S/\sqrt{n}}.$$

当 $\mu=\mu_0$ 时，以上检验使用的检验统计量 $T=\dfrac{\overline{X}-\mu_0}{S/\sqrt{n}}\sim t(n-1)$，其观察值记为 t，相应的检验法记为 t **检验法**.与 § 8.1 节给出的假设检验方法基本原理类似，也可得到这类假设检验问题的拒绝域，分为以下三种情况：

(1)双边检验：检验假设 $H_0:\mu=\mu_0$，$H_1:\mu\neq\mu_0$，可得拒绝域为

$$|t|=\left|\frac{\bar{x}-\mu_0}{s/\sqrt{n}}\right|\geqslant t_{\frac{\alpha}{2}}(n-1);$$

(2)右边检验：检验假设 $H_0:\mu\leqslant\mu_0$，$H_1:\mu>\mu_0$，可得拒绝域为

$$t=\frac{\bar{x}-\mu_0}{s/\sqrt{n}}\geqslant t_{\alpha}(n-1);$$

(3)左边检验：检验假设 $H_0:\mu\geqslant\mu_0$，$H_1:\mu<\mu_0$，可得拒绝域为

$$t=\frac{\bar{x}-\mu_0}{s/\sqrt{n}}\leqslant -t_{\alpha}(n-1).$$

例 8.2.4　设新生儿体重 $X\sim N(\mu,\sigma^2)$，其中 σ^2 未知，但已知样本容量 $n=20$，样本均值 $\bar{x}=3\,160$，样本标准差 $s=300$，一般标准体重为 3 140，显著性水平 $\alpha=0.01$，问这批新生儿体重是否正常？(单位：g)

解　由题意可提出如下假设：

$$H_0:\mu=\mu_0=3\,140,\quad H_1:\mu\neq 3\,140.$$

令 $T=\dfrac{\overline{X}-\mu_0}{S/\sqrt{n}}$，则 $T=\dfrac{\overline{X}-3\,140}{S/\sqrt{20}}\sim t(19)$.

又 $\alpha=0.01$，$P\{|T|\geqslant t_{\frac{\alpha}{2}}(19)\}=0.01$，查附录 E 得 $t_{\frac{\alpha}{2}}(19)=2.860\,9$.将 $\bar{x}=3\,160$，$s=300$ 代入 $T=\dfrac{\overline{X}-3\,140}{S/\sqrt{20}}$，得

$$t=\frac{3\ 160-3\ 140}{300/\sqrt{20}}=0.298.$$

因为$|t|=0.298<2.860\ 9$,t 值处于“大概率范围”内,所以接受假设 $H_0:\mu=3\ 140$,即这批新生儿体重是正常的.

例 8.2.5 一工厂声称某种类型的电池的平均寿命至少为 21.5 h.有一实验室检验了该工厂制造的 6 套电池,得到如下的寿命小时数:

$$19,\quad 18,\quad 22,\quad 20,\quad 16,\quad 25.$$

问该工厂的断言是否正确?(取 $\alpha=0.05$)

解 由题意可提出如下假设:

$$H_0:\mu\geqslant 21.5,\quad H_1:\mu<21.5.$$

令 $T=\dfrac{\overline{X}-\mu_0}{S/\sqrt{n}}$,则 $T=\dfrac{\overline{X}-21.5}{S/\sqrt{6}}\sim t(5)$.

又 $\alpha=0.05$,$P\{T<-t_\alpha(5)\}=P\{T>t_\alpha(5)\}=0.05$,查附录 E 得 $t_\alpha(5)=2.015$,计算得 $\bar{x}=20$,$s^2=10$,代入 $T=\dfrac{\overline{X}-21.5}{S/\sqrt{6}}$,得

$$t=\frac{20-21.5}{\sqrt{10}/\sqrt{6}}=-1.162.$$

因为 $t=-1.162>-2.015=-t_\alpha(5)$,$t$ 值不在拒绝域内,所以接受原假设 H_0,即认为该工厂的断言是正确的.

8.2.2 总体方差的假设检验

设 $X_1,X_2,\cdots,X_n$ 是总体$N(\mu,\sigma^2)$的一个样本,μ,σ^2 均未知,显著性水平为α,关于方差 σ^2 的假设检验问题有以下三种:

(1)$H_0:\sigma^2=\sigma_0^2,H_1:\sigma^2\neq\sigma_0^2$;

(2)$H_0:\sigma^2\leqslant\sigma_0^2,H_1:\sigma^2>\sigma_0^2$;

(3)$H_0:\sigma^2\geqslant\sigma_0^2,H_1:\sigma^2<\sigma_0^2$.

其中,σ_0^2 为已知常数.

对于问题(1),因为样本方差 S^2 是总体方差 σ^2 无偏估计,由 § 6.3 节定理 6.3.2 可知

$$\frac{(n-1)S^2}{\sigma^2}\sim\chi^2(n-1).$$

在 $\sigma^2=\sigma_0^2$ 时,取 $\chi^2=\dfrac{(n-1)S^2}{\sigma_0^2}$作为检验统计量,有

$$P\{\chi^2\geqslant\chi^2_{\frac{\alpha}{2}}(n-1)\}=P\{\chi^2\leqslant\chi^2_{1-\frac{\alpha}{2}}(n-1)\}=\frac{\alpha}{2},$$

故得 H_0 的拒绝域为

$$\chi^2\geqslant\chi^2_{\frac{\alpha}{2}}(n-1)\quad 或\quad \chi^2\leqslant\chi^2_{1-\frac{\alpha}{2}}(n-1).$$

问题(2)即右边检验，检验假设 $H_0:\sigma^2\leqslant\sigma_0^2,H_1:\sigma^2>\sigma_0^2$，可得拒绝域为

$$\chi^2\geqslant\chi^2_{\alpha}(n-1).$$

问题(3)即左边检验，检验假设 $H_0:\sigma^2\geqslant\sigma_0^2,H_1:\sigma^2<\sigma_0^2$，可得拒绝域为

$$\chi^2\leqslant\chi^2_{1-\alpha}(n-1).$$

以上检验使用的检验统计量为 $\chi^2=\dfrac{(n-1)S^2}{\sigma_0^2}$，相应的检验法记为 χ^2 **检验法**.

例 8.2.6　某纺织车间生产的细纱支数服从正态分布，规定标准差是 1.2，现从某日生产的细纱中随机抽取 25 缕纱进行支数测量，算得标准差为 2.1，问细纱的均匀度（支数的方差）有无显著变化（取 $\alpha=0.1$）?

解　由题意可提出如下假设：

$$H_0:\sigma^2=1.2^2,H_1:\sigma^2\neq1.2^2.$$

令 $\chi^2=\dfrac{(n-1)S^2}{\sigma_0^2},\sigma_0^2=1.2^2$，则 $\chi^2=\dfrac{(n-1)S^2}{1.2^2}\sim\chi^2(24)$.

又 $\alpha=0.1$，查附录 D 得 $\chi^2_{0.95}(24)=13.848,\chi^2_{0.05}(24)=36.415$，将 $s=2.1$ 代入得

$$\chi^2=\frac{(n-1)s^2}{\sigma_0^2}=\frac{24\times2.1^2}{1.2^2}=73.5.$$

因为 $\chi^2=73.5>36.415$，χ^2 值在拒绝域内，故拒绝原假设 H_0，即细纱的均匀度有显著变化.

§8.3　两个正态总体的假设检验

在实际应用中，我们经常会遇到两个正态总体参数的比较问题.例如，为了比较甲、乙两家工厂生产的某种产品的质量，可将甲乙两厂生产的产品的质量指标看作两个正态总体，并进一步比较其均值和方差的差异，以此来判别两家工厂生产的产品孰优孰劣.

设总体 $X\sim N(\mu_1,\sigma_1^2)$，$X_1,X_2,\cdots,X_{n_1}$ 是来自 X 的样本；总体 $Y\sim N(\mu_2,\sigma_2^2)$，$Y_1,Y_2,\cdots,Y_{n_2}$ 是来自 Y 的样本，且这两个样本独立，$\overline{X}$ 和 S_1^2 分别表示 X 的样本均值和样本方差，$\overline{Y}$ 和 S_2^2 分别表示 Y 的样本均值和方差，显著性水平为 α.

8.3.1　两个正态总体均值的假设检验

要检验假设 $H_0:\mu_1=\mu_2,H_1:\mu_1\neq\mu_2$，下面分两种情况进行讨论.

1. 当 $\boldsymbol{\sigma_1^2,\sigma_2^2}$ 已知时

因为 $\overline{X}\sim N\left(\mu_1,\dfrac{\sigma_1^2}{n_1}\right)$，$\overline{Y}\sim N\left(\mu_2,\dfrac{\sigma_2^2}{n_2}\right)$，且二者相互独立，所以

$$\overline{X}-\overline{Y}\sim N\left(\mu_1-\mu_2,\frac{\sigma_1^2}{n_1}+\frac{\sigma_2^2}{n_2}\right),$$

即

$$\frac{\overline{X}-\overline{Y}-(\mu_1-\mu_2)}{\sqrt{\frac{\sigma_1^2}{n_1}+\frac{\sigma_2^2}{n_2}}}\sim N(0,1),$$

当 H_0 为真时,$U=\dfrac{\overline{X}\sim\overline{Y}}{\sqrt{\frac{\sigma_1^2}{n_1}+\frac{\sigma_2^2}{n_2}}}\sim N(0,1)$,$U$ 就是检验统计量.

给定显著性水平 α,可构造小概率事件 $P\{|U|\geqslant u_{\frac{\alpha}{2}}\}=\alpha$,可得 H_0 的拒绝域为

$$|u|\geqslant u_{\frac{\alpha}{2}},$$

即

$$u\geqslant u_{\frac{\alpha}{2}}\quad 或\quad u\leqslant -u_{\frac{\alpha}{2}}.$$

类似地,要检验假设 $H_0:\mu_1\leqslant\mu_2,H_1:\mu_1>\mu_2$,可得 H_0 的拒绝域为

$$u\geqslant u_\alpha;$$

要检验假设 $H_0:\mu_1\geqslant\mu_2,H_1:\mu_1<\mu_2$,可得 H_0 的拒绝域为

$$u\leqslant -u_\alpha.$$

2. 当 $\boldsymbol{\sigma_1^2=\sigma_2^2=\sigma^2}$ 均未知时

当 $\sigma_1^2=\sigma_2^2=\sigma^2$ 时,由 § 6.3 节定理 6.3.4 的推论知,

$$T=\frac{\overline{X}-\overline{Y}-(\mu_1-\mu_2)}{S_\omega\sqrt{\frac{1}{n_1}+\frac{1}{n_2}}}\sim t(n_1+n_2-2),$$

其中

$$S_\omega^2=\frac{(n_1-1)S_1^2+(n_2-1)S_2^2}{n_1+n_2-2}.$$

取 T 作为检验统计量,给定显著性水平 α,有

$$P\left\{|T|\geqslant t_{\frac{\alpha}{2}}(n_1+n_2-2)\right\}=\alpha,$$

可得 H_0 的拒绝域为

$$|t|\geqslant t_{\frac{\alpha}{2}}(n_1+n_2-2),$$

即

$$t\geqslant t_{\frac{\alpha}{2}}(n_1+n_2-2)\quad 或\quad t\leqslant -t_{\frac{\alpha}{2}}(n_1+n_2-2).$$

类似地,要检验假设 $H_0:\mu_1\leqslant\mu_2,H_1:\mu_1>\mu_2$,可得 H_0 的拒绝域为

$$t\geqslant t_\alpha(n_1+n_2-2);$$

要检验假设 $H_0:\mu_1\geqslant\mu_2,H_1:\mu_1<\mu_2$,可得 H_0 的拒绝域为

$$t\leqslant -t_\alpha(n_1+n_2-2).$$

例 8.3.1 有两种方法可用于制造两种以抗拉强度为重要特征的产品,经验表明,用这两种方法生产出的产品的抗拉强度都近似服从正态分布.方法 1 给出的标准差 $\sigma_1=6$ kg,方法 2 给出的标准差 $\sigma_2=8$ kg.从方法 1 中的产品中抽取样本容量为 12 的一个样本,得到样本均值为 40 kg.从方法 2 生产的产品中抽取样本容量为 16 的一

个样本，得到样本均值为 34 kg.问这两种方法所生产出来的产品的平均抗拉强度是否相同？（取 $\alpha=0.05$）

解　设两种方法生产出来的产品的抗拉强度分别是 X 和 Y，且

$$X\sim N(\mu_1,\sigma_1^2),Y\sim N(\mu_2,\sigma_2^2),$$

由题意可提出如下假设：

$$H_0:\mu_1=\mu_2,\quad H_1:\mu_1\neq\mu_2.$$

令

$$U=\frac{\overline{X}-\overline{Y}}{\sqrt{\dfrac{\sigma_1^2}{n_1}+\dfrac{\sigma_2^2}{n_2}}}\sim N(0,1).$$

又 $\alpha=0.05$，查附录 C 得 $u_{\frac{\alpha}{2}}=1.96$.

将 $\bar{x}=40,\bar{y}=34,\sigma_1=6,\sigma_2=8,n_1=12,n_2=16$ 代入得

$$u=\frac{(40-34)-0}{\sqrt{\dfrac{36}{12}+\dfrac{64}{16}}}=2.27.$$

因为 $u=2.27>u_{\frac{\alpha}{2}}=1.96$，$u$ 值在拒绝域内，故拒绝原假设 H_0，即两种方法所生产出来的产品的平均抗拉强度不相同.

例 8.3.2　比较某地区某年来自城市及农村的中学考生的平均成绩，已知总体服从正态分布且方差大致相同，由抽样获得以下资料，城市中学考生：$\bar{x}=495,s_1=50,n_1=17$；农村中学考生：$\bar{y}=454,s_2=55,n_2=16$，问该地区城市与农村的中学考生的平均成绩是否有显著差异？（取 $\alpha=0.05$）

解　由题意可提出如下假设：

$$H_0:\mu_1=\mu_2,H_1:\mu_1\neq\mu_2.$$

令 $T=\dfrac{\overline{X}-\overline{Y}}{S_\omega\sqrt{\dfrac{1}{n_1}+\dfrac{1}{n_2}}}$，其中 $S_\omega^2=\dfrac{(n_1-1)S_1^2+(n_2-1)S_2^2}{n_1+n_2-2}$，则

$$T\sim t(n_1+n_2-2).$$

将 $\bar{x}=495,s_1=50,n_1=17,\bar{y}=454,s_2=55,n_2=16$ 代入得

$$s_\omega^2=\frac{(17-1)\times50^2+(16-1)\times55^2}{17+16-2}=2\ 754,$$

$$t=\frac{495-454}{\sqrt{2\ 754}\times\sqrt{\dfrac{1}{17}+\dfrac{1}{16}}}=2.243.$$

又 $\alpha=0.05$，查附录 E 得 $t_{\frac{\alpha}{2}}(n_1+n_2-2)=t_{\frac{\alpha}{2}}(31)=2.039\ 5$，因为 $t=2.243>t_{\frac{\alpha}{2}}(31)=t=2.243>t_{\frac{\alpha}{2}}(31)=2.039\ 5$，$t$ 值在拒绝域内，故拒绝原假设 H_0，即该地区城市与农村的中学考生的平均成绩有显著差异.

8.3.2 两个正态总体方差的假设检验

设 $X_1,X_2,\cdots,X_{n_1}$ 为取自总体 X 的一个样本，$X\sim N(\mu_1,\sigma_1^2)$，$Y_1,Y_2,\cdots,Y_{n_2}$ 为取自总体 Y 的一个样本，$Y\sim N(\mu_2,\sigma_2^2)$，$\mu_1,\mu_2,\sigma_1^2,\sigma_2^2$ 均未知，且两个样本相互独立，$\overline{X}$ 和 S_1^2 分别表示 X 的样本均值值和样本方差，$\overline{Y}$ 和 S_2^2 分别表示 Y 的样本均值和方差，显著性水平为 α.

在方差未知时两个正态总体均值的假设检验中，假定了两个总体的方差相等.而要判别两个总体的方差是否相等，除可由大量经验或专业知识判断外，就要根据样本来进行检验.

一般要检验假设 $H_0:\sigma_1^2=\sigma_2^2$，$H_1:\sigma_1^2\neq\sigma_2^2$.构造检验统计量 $F=\dfrac{S_1^2/\sigma_1^2}{S_2^2/\sigma_2^2}$，在 H_0 成立时，根据§6.3节定理6.3.4的推论知

$$F=\frac{S_1^2}{S_2^2}\sim F(n_1-1,n_2-1).$$

给定显著性水平 α，有

$$P\{F\leqslant F_{1-\frac{\alpha}{2}}(n_1-1,n_2-1)\}=P\{F\geqslant F_{\frac{\alpha}{2}}(n_1-1,n_2-1)\}=\frac{\alpha}{2},$$

故得 H_0 的拒绝域为

$$F\leqslant F_{1-\frac{\alpha}{2}}(n_1-1,n_2-1)\quad 或\quad F\geqslant F_{\frac{\alpha}{2}}(n_1-1,n_2-1).$$

同理，要检验假设 $H_0:\sigma_1^2\leqslant\sigma_2^2$，$H_1:\sigma_1^2>\sigma_2^2$，可得 H_0 的拒绝域为

$$F\geqslant F_\alpha(n_1-1,n_2-1),$$

要检验假设 $H_0:\sigma_1^2\geqslant\sigma_2^2$，$H_1:\sigma_1^2<\sigma_2^2$，可得 H_0 的拒绝域为

$$F\leqslant F_{1-\alpha}(n_1-1,n_2-1).$$

上述检验法记为 F **检验法**.

例 8.3.3 用老材料和新材料分别生产同一种电器元件，根据经验，材料的疲劳寿命服从正态分布，各取一些样品进行疲劳寿命试验，测得数据如下：

老材料：$n_1=7$，样本方差 $s_1^2=0.083\,5$；

新材料：$n_2=10$，样本方差 $s_2^2=0.073\,7$.

问这两种材料所生产出来的电器元件的疲劳寿命的方差是否相同?（取 $\alpha=0.05$）

解 设两种材料生产出来的电器元件的疲劳寿命分别是 X 和 Y，且

$$X\sim N(\mu_1,\sigma_1^2),\quad Y\sim N(\mu_2,\sigma_2^2),$$

由题意可提出如下假设

$$H_0:\sigma_1^2=\sigma_2^2,\quad H_1:\sigma_1^2\neq\sigma_2^2.$$

令

$$F=\frac{S_1^2}{S_2^2}\sim F(n_1-1,n_2-1).$$

又 $\alpha=0.05$，查附录 F 得

$$F_{0.025}(6,9)=4.32,\quad F_{0.975}(6,9)=\frac{1}{F_{0.025}(9,6)}=\frac{1}{5.52}=0.181\,2.$$

将 $s_1^2=0.083\,5$，$s_2^2=0.073\,7$ 代入得

$$F=\frac{s_1^2}{s_2^2}\approx 1.133.$$

因为 $F_{0.975}(6,9)<F<F_{0.025}(6,9)$，$F$ 值不在拒绝域内，所以接受 H_0，即这两种材料所生产出来的电器元件的疲劳寿命的方差相同.

习　题　8

1. 设某产品指标服从正态分布，已知标准差 σ 为 150 h.今由一批产品中随机抽取了 26 个，测得指标的平均值为 1 637 h，取 $\alpha=0.05$，能否认为该批产品指标为 1 600 h？

2. 某电器零件的平均电阻一直保持在 2.64 Ω(欧姆)，均方差保持在 0.06 Ω，改变加工工艺后，测得 100 个零件，其平均电阻为 2.62 Ω，均方差不变，问两种工艺加工出来的零件的电阻有无显著差异？取显著性水平 $\alpha=0.01$.

3. 一车床工人需要加工各种规格的工件，已知加工一工件所需的时间服从正态分布 $N(\mu,\sigma^2)$，均值为 18 分，标准差为 4.62 分.现希望测定，对工作的厌烦是否会影响他的工作效率.今测得以下数据：

21.01，19.32　18.76　22.42　20.49　25.89　20.11　18.97　20.90

试依据这些数据(取显著性水平 $\alpha=0.05$)，检验假设

$$H_0:\mu\leqslant 18,\quad H_1:\mu>18.$$

4. 要求一种元件使用寿命不得低于 1 000 h，今从一批这种元件中随机抽取 25 件，测得其寿命的平均值为 950 h，已知这种元件寿命服从标准差为 $\sigma=100$ h 的正态分布.试在显著水平 $\alpha=0.05$ 下确定这批元件是否合格？设总体均值 μ 未知.即需检验假设

$$H_0:\mu\geqslant 1\,000,\quad H_1:\mu<1\,000.$$

5. 已知某炼铁厂的铁水含碳量在正常情况下服从正态分布 $N(4.55,0.108^2)$，现在测了 5 炉铁水，其含碳量(%)分别为

4.28　4.40　4.42　4.35　4.37

问若标准差不改变，总体平均值有无显著性变化($\alpha=0.05$)？

6. 某批矿砂的 5 个样品中的镍含量，经测定为(%)3.25　3.27　3.24　3.26　3.24.设测定值总体服从正态分布，问在 $\alpha=0.01$ 下能否接受假设：这批矿砂的含镍量的均值为 3.25.

7. 某学术杂志刊文指出，从脂肪中摄取热量的平均百分比是 38.4%(范围为 6%～

71.6%),在某一大学医院进行一项研究以判定在该医院中病人的平均摄取量是否不同于38.4%,抽取了15个病人测得平均摄取量为40.5%,样本标准差为7.5%.设样本来自正态总体$N(\mu,\sigma^2)$,μ,σ^2均未知.试取显著性水平$\alpha=0.05$检验假设

$$H_0:\mu=38.4,\quad H_1:\mu\neq 38.4.$$

8. 自某种铜溶液测得9个样品铜含量百分比的平均观察值为8.3,标准差为0.025.设样本来自正态总体$N(\mu,\sigma^2)$,μ,σ^2均未知.试依据这一样本取显著性水平$\alpha=0.01$检验假设

$$H_0:\mu\geqslant 8.42,\quad H_1:\mu<8.42.$$

9. 测得某地区16个成年男子的体重(kg)为

77.18	80.81	65.83	66.28	71.28	79.45	78.54	62.20
69.01	77.63	74.00	77.18	61.29	72.19	90.35	59.47

设样本来自正态总体$N(\mu,\sigma^2)$,μ,σ^2均未知,试取$\alpha=0.05$,检验假设

$$H_0:\mu=72.64,\quad H_1:\mu\neq 72.64.$$

10. 一工厂的经理主张一新来的雇员在参加某项工作之前至少需要培训200 h才能成为独立工作者,为了检验这一主张的合理性,随机选取10名雇员询问他们独立工作之前所经历的培训时间(h),记录如下:

208 180 232 168 212 208 254 229 230 181

设样本来自正态总体$N(\mu,\sigma^2)$,μ,σ^2均未知.试取$\alpha=0.05$检验假设

$$H_0:\mu\leqslant 200,\quad H_1:\mu>200.$$

11. 如果一个矩形的宽度ω与长度l的比$\omega/l=\frac{1}{2}(\sqrt{5}-1)\approx 0.618$,这样的矩形称为黄金矩形.这种尺寸的矩形使人们看上去有良好的感觉.现代建筑构件(如窗架)、工艺品(如图片镜框),甚至司机的执照、商业的信用卡等都是采用黄金矩形.下面列出某工艺品工厂随机取的20个矩形的宽度与长度的比值:

0.693 0.749 0.654 0.670 0.662 0.672 0.615 0.606 0.690 0.628 0.668
0.611 0.606 0.609 0.601 0.553 0.570 0.844 0.576 0.933

设这一工厂生产的矩形的宽度与长度的比值总体服从正态分布,其均值为μ,取$\alpha=0.05$,试检验假设

$$H_0:\mu=0.618,\quad H_1:\mu\neq 0.618.$$

12. 在上题中记总体的标准差为σ.试检验假设(取$\alpha=0.05$)

$$H_0:\sigma^2=0.11^2,\quad H_1:\sigma^2\neq 0.11^2.$$

13. 某公司宣称由他们生产的某种型号的电容其平均寿命为21.5 h,标准差为2.9 h.在实验室测试了该公司生产的6只电容,得到它们的寿命(以h计)为19,18,20,22,16,25,问这些结果是否表明这种电容的平均寿命比该公司宣称的平均寿命要短?设电容寿命近似地服从正态分布(取$\alpha=0.05$).

14. 某种导线，要求其电阻的标准差不得超过 0.005 Ω.今在生产的一批导线中取样品 9 根，测得 $s=0.007\ \Omega$，设总体为正态分布.问在水平 $\alpha=0.05$ 能否认为这批导线的标准差显著地偏大？

15. 一制造商声称其工厂生产的某种牌号的灯泡的寿命的方差为 5 000(h^2)，为了检验这一主张，随机地取 26 只灯泡测得样本方差为7 200 h^2，有理由认为样本来自正态总体.现需取 $\alpha=0.02$ 检验假设 $H_0:\sigma^2=5\,000,\quad H_1:\sigma^2\neq 5\,000.$

16. 某种标准类型电池的容量(以 Ah 计)的标准差 $\sigma=1.66$，随机地取 10 只新类型的电池，测得它们的容量如下：

146　141　135　142　140　143　138　137　142　136

设样本来自正态总体 $N(\mu,\sigma^2)$，μ,σ^2 均未知，问标准差是否有变动，即需检验假设(取 $\alpha=0.05$)

$$H_0:\sigma^2=1.66^2,\quad H_1:\sigma^2\neq 1.66^2.$$

17. 设 X 是一头母牛生了小牛之后的 305 天产奶期内产出的黄油磅数.又设 $X\sim N(\mu,\sigma^2)$，μ,σ^2 均未知.今测得以下数据：

425	710	661	664	732	714	934	761	744
653	725	657	421	573	535	602	537	405
874	791	721	849	567	468	975		

试取显著性水平 $\alpha=0.05$ 检验假设

$$H_0:\sigma\leqslant 140,\quad H_1:\sigma>140.$$

18. 由某种铁的比热的 9 个观察值得到样本标准差 $s=0.008\,6$.设样本来自正态总体 $N(\mu,\sigma^2)$，μ,σ^2 均未知.试检验假设($\alpha=0.05$)

$$H_0:\sigma\geqslant 0.010\,0,\quad H_1:\sigma<0.010\,0.$$

19. 以 X 表示某城市新生儿的体重(以 g 计)，设 $X\sim N(\mu,\sigma^2)$，μ,σ^2 均未知.现测得一容量为 30 的样本，得样本均值为 3 189，样本标准差为 488.试检验假设($\alpha=0.1$)

(1) $H_0:\mu\geqslant 3\,315$，$H_1:\mu<3\,315$；

(2) $H_0':\sigma\leqslant 525$，$H_1':\sigma>525$.

20. 测量某种溶液中的水分(%)，从它的 10 个测定值得出 $\bar{x}=0.452$，$s=0.037$.设测定值总体为正态分布，μ 为总体均值，σ 为总体标准差，试在水平 $\alpha=0.05$ 下检验

(1) $H_0:\mu\geqslant 0.5$，$H_1:\mu<0.5$；

(2) $H_0':\sigma\geqslant 0.04$，$H_1':\sigma<0.04$.

21. 设甲、乙两厂生产同样的灯泡，其寿命 X,Y 分别服从正态分布 $N(\mu_1,\sigma_1^2)$，$N(\mu_2,\sigma_2^2)$，已知它们寿命的标准差分别为 84 h 和 96 h，现从两厂生产的灯泡中各取 60 只，测得平均寿命甲厂为 1 295 h，乙厂为 1 230 h，取 $\alpha=0.05$，能否认为两厂生产的灯泡寿命无显著差异？

22. 某厂甲乙两个车间都生产同一型号铆钉,现从甲、乙车间各抽出 80 个铆钉,测量它们的直径(单位:mm)经计算得:甲车间:$\bar{x}=3.969$,$s_1^2=0.283$,乙车间:$\bar{y}=3.982$,$s_2^2=0.291$,试问两车间生产的铆钉直径的平均值 μ_1 和 μ_2 有无显著差异($\alpha=0.05$)?

23. 两个班级 A 和 B,参加数学课的同一期中考试.分别在两个班级中随机地取 9 个,4 个学生,他们的得分如下:

A 班	65	68	72	75	82	85	87	91	95
B 班	50	59	71	80					

设 A 班、B 班考试成绩的总体分别为 $N(\mu_1,\sigma^2)$,$N(\mu_2,\sigma^2)$,μ_1,μ_2,σ^2 均未知,两样本独立.试取 $\alpha=0.05$ 检验假设

$$H_0:\mu_1\leqslant\mu_2,\quad H_1:\mu_1>\mu_2.$$

24. 溪流混浊是由于水中有悬浮固体,对一溪流的水观察了 26 天,一半是在晴天,一半是在下过中到大雨之后,分别以 X,Y 表示晴天和雨天水的混浊度(以 NTU 单位计)的总体,设 $X\sim N(\mu_1,\sigma^2)$,$Y\sim N(\mu_2,\sigma^2)$,μ_1,μ_2,σ^2 均未知.今取到 X 和 Y 的样本分别为

X:2.9 14.9 1.0 12.6 9.4 7.6 3.6 3.1 2.7 4.8 3.4 7.1 7.2

Y:7.8 4.2 2.4 12.9 17.3 10.4 5.9 4.9 5.1 8.4 10.8 23.4 9.7

设两样本独立.试取 $\alpha=0.05$ 检验假设

$$H_0:\mu_1\geqslant\mu_2,\quad H_1:\mu_1<\mu_2.$$

25. 用包装机包装产品,将产品分别装入包装机上编号为 1~24 的 24 个注入口,奇数号的注入口在机器的一边,偶数号的在机器的另一边.以 X,Y 分别表示自奇数号和偶数号注入口注入包装机的产品的质量(以 g 计).设 $X\sim N(\mu_1,\sigma^2)$,$Y\sim N(\mu_2,\sigma^2)$,μ_1,μ_2,σ^2 均未知.在总体 X 和 Y 中分别取到样本:

X:1 071 1 076 1 070 1 083 1 082 1 067 1 078 1 080 1 084 1 075 1 080 1 075

Y:1 074 1 069 1 067 1 068 1 079 1 075 1 082 1 064 1 073 1 070 1 072 1 075

设两样本独立.试检验假设($\alpha=0.10$)

$$H_0:\mu_1=\mu_2,\quad H_1:\mu_1\neq\mu_2.$$

26. 有两批棉纱,为比较其断裂强度,从中各取一个样本,测试得到:

第一批棉纱样本:$n_1=200$,$\bar{x}=0.532$ kg,$s_1=0.218$ kg;

第二批棉纱样本:$n_2=200$,$\bar{y}=0.57$ kg,$s_2=0.176$ kg.

设两强度总体服从正态分布,方差未知但相等,两批强度均值有无显著差异?($\alpha=0.05$)

27. 在 10 块土地上试种甲乙两种作物,所得产量分别为$(x_1,x_2,\cdots,x_{10})$,$(y_1,y_2,\cdots,y_{10})$,假设作物产量服从正态分布,并计算得 $\bar{x}=30.97$,$\bar{y}=21.79$,标准差分别

为 $s_1=26.7$，$s_2=12.1$，取显著性水平 0.01，问两个品种的产量有没有显著差异？

28. 测定家庭中的空气污染.令 X 和 Y 分别为房间中无吸烟者和有一名吸烟者在 24 h 内的悬浮颗粒量(以 $\mu g/m^3$ 计).设 $X\sim N(\mu_1,\sigma_1^2)$，$Y\sim N(\mu_2,\sigma_2^2)$，$\mu_1,\mu_2,\sigma_1^2,\sigma_2^2$ 均未知.今取到总体 X 的容量为 $n_1=9$ 的样本，算得样本均值为 $\bar{x}=93$，样本标准差为 $s_1=12.9$；取到总体 Y 的容量为 $n_2=11$ 的样本，算得样本均值为 $\bar{y}=132$，样本标准差为 $s_2=7.1$，两样本独立.

(1)试检验假设($\alpha=0.05$)：$H_0:\sigma_1^2=\sigma_2^2$，$H_1:\sigma_1^2\neq\sigma_2^2$.

(2)如能接受 H_0，接着检验假设($\alpha=0.05$)：$H_0':\mu_1\geqslant\mu_2$，$H_1':\mu_1<\mu_2$.

29. 有甲、乙两台机床，加工同样产品，从这两台机床加工的产品中随机地抽取若干产品，测得产品直径为(单位：mm)：

甲 20.5，　19.8，　19.7，　20.4，　20.1，　20.0，　19.6，　19.9

乙 19.7，　20.8，　20.5，　19.8，　19.4，　20.6，　19.2.

试比较甲乙两台机床加工的精度(即方差)有无显著差异？显著性水平为 $\alpha=0.05$.

30. 两位化验员 A，B 对一种矿砂的含铁量各自独立地用同一方法做了 5 次分析，得到样本方差($\%^2$)分别为 0.432 2 与 0.500 6.若 A，B 所得的测定值的总体都是正态分布，其方差分别为 σ_1^2，σ_2^2，试在水平 $\alpha=0.05$ 下检验

$$H_0:\sigma_1^2=\sigma_2^2,\quad H_1:\sigma_1^2\neq\sigma_2^2.$$

31. 分别在两种牌号的灯泡中各取样本容量为 $n_1=7$，$n_2=10$ 的样本，测得灯泡的寿命(以 h 计)的样本方差分别为 $s_1^2=9\ 201$，$s_2^2=4\ 856$.设两样本独立，两总体分别为 X 与 Y，$X\sim N(\mu_1,\sigma_1^2)$，$Y\sim N(\mu_2,\sigma_2^2)$，$\mu_1,\mu_2,\sigma_1^2,\sigma_2^2$ 均未知.试检验假设($\alpha=0.05$)：

$$H_0:\sigma_1^2\leqslant\sigma_2^2,\quad H_1:\sigma_1^2>\sigma_2^2.$$

数学家风采

陈希孺

陈希孺(1934—2005)，湖南省望城县人，数理统计学家，中国科学院院士，中国科学技术大学教授、博士生导师.

陈希孺是中国线性回归大样本理论的开拓者，他在参数统计领域以及非参数统计领域都作出了具有国际影响的工作.他解决了在一般同变损失下位置——刻度参数的序贯 Minimax 同变估计的存在和形式问题；给出了在种种抽样机制(固定、两阶段和序贯)之下，作为分布泛函的一般参数存在精确区间估计的条件，否定了国外学者关于此问题的某些猜测；特别关于 U 统计量逼近正

态分布的非一致收敛速度的工作被美国出版的"Encyclopedia of Statistical Sciences"所引用,并被苏联学者撰写的专著"Theory of U-Statistics"作为该领域重要的工作之一作了详细的论述;他在自变量带误差的线性回归模型和广义线性模型的研究方面,获得了若干重要的成果.陈希孺对线性统计模型作深入系统的研究,解决了一般损失函数下 M 估计的强、弱相合问题.在非参数计量,特别是极重要的 U 统计量的研究中获得 U 统计量分布的非一致收敛速度,具有国际领先水平.在参数估计这个基本分支中,解决了国际统计学界当时致力的一些问题,包括定出了重要的正态分布两参数在一般损失下的序贯 Minimax 估计,否定了关于某种区间估计存在条件的一个公开猜测,并提出了正确解等.在非参数回归、密度估计与判别中做出了一系列优秀成果,包括定出了错判概率的指数界限,"data based"型估计的收敛条件,以及对几个常用的密度估计和回归估计类定出了其最佳收敛速度等.

第9章 回归分析与方差分析

本章讨论两类重要的统计模型:回归分析模型和方差分析模型.

§9.1 一元线性回归分析

自然界中许多现象之间存在着相互依赖、相互制约的关系,一种现象的变化往往取决于其他现象的变化.若用变量描述这些现象,则现象之间的关系变成变量间的关系.变量之间的关系一般有两类.一类是变量之间存在着完全确定的关系,这种关系通常被称为函数关系.例如,圆的面积 S 和半径 r 之间存在着确定的关系 $S=\pi r^2$,销售收入 R 与所销售的产品数量 Q 之间存在着函数关系 $R=PQ$(P 表示单位产品的价格).另一类是变量之间存在着的关系具有某种程度的不确定性,例如,正常人的血压与年龄有一定的关系,一般而言,年龄大的人血压相对偏高,但是年龄与血压之间的关系不能用一个精确的函数式来表示;又如,粮食产量与施肥量有关,增加施肥量有助于提高产量,但施肥量相同的田块,粮食产量仍会有所差异.这种变量之间的非确定性的关系称为**相关关系**.

在以上两个例子中,年龄与施肥量都可以在某范围内随意地取指定数值,这种变量称为**可控变量**(或**自变量**);血压与粮食产量都是随机变量,这种变量的取值虽可测但不可控制,通常称为**不可控变量**(或**因变量**).

回归分析是研究变量之间的相关关系的一种重要工具,通过建立回归模型来描述变量之间的关系,对模型处理后可以得到回归方程,经检验有效后可用来作预测或估计.它是数理统计中应用最广泛的方法之一.

只有一个自变量的回归分析称为**一元回归分析**,有多个自变量的回归分析称为**多元回归分析**.变量之间具有线性关系的回归分析称为**线性回归分析**.

9.1.1 一元线性回归模型

设自变量 x 与因变量 Y 之间存在某种相关关系,对于 x 的一组不完全相同的值 $x_1,x_2,\cdots,x_n$ 作独立试验,得到 Y 的 n 个观察结果 $y_1,y_2,\cdots,y_n$,就得到 n 对观察结果:$(x_1,y_1),(x_2,y_2),\cdots,(x_n,y_n)$,称之为样本容量为 n 的**样本**.将 n 对观察结果 $(x_i,y_i)(i=1,2,\cdots,n)$ 在平面直角坐标系中进行描点,所得的图像称为**散点图**.观察散点图有助于初步分析两个变量之间的关系.

例 9.1.1 从某高中二年级中随机抽取 10 名学生,测得其身高(cm)及体重(kg)如下:

(171,65),(163,63),(184,70),(190,75),(158,60),(160,55),(175,64),(178,69),(180,65),(164,58),考察体重与身高的关系.

在直角坐标系中,作出这些点(x_i, y_i),$i=1,2,\cdots,10$,横坐标为身高 x,纵坐标为体重 y,得到图 9.1 所示的散点图.

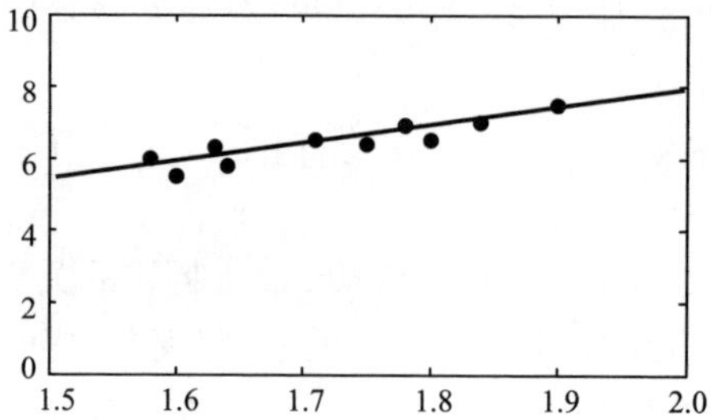

图 9.1

由图 9.1 可知,这 10 个点大致落在一条直线附近,Y 与 x 的关系基本上满足

$$Y=a+bx+\varepsilon.$$

该式称为**一元线性回归模型**,其中**随机误差项** $\varepsilon\sim N(0,\sigma^2)$,未知参数 a 与 b 称为**回归系数**.

回归分析的一个主要内容是要根据样本观察值来寻找 a,b 的估计量 $\hat{a},\hat{b}$,记

$$\hat{Y}=\hat{a}+\hat{b}x,$$

该式称为**线性回归方程或经验公式**,方程 $\hat{y}=\hat{a}+\hat{b}x$ 对应的直线称为**回归直线**.

9.1.2 未知参数的估计

1. 参数 a,b 的最小二乘估计

现利用最小二乘法来估计未知参数 a,b.设有样本(x_i, y_i),$i=1,2,\cdots,n$,满足

$$y_i=a+bx_i+\varepsilon_i,$$

$\varepsilon_i\sim N(0,\sigma^2)$且各 ε_i 相互独立.

利用 $\varepsilon_i=y_i-a-bx_i=y_i-\hat{y}_i$ 可度量点(x_i, y_i)与回归直线 $y=a+bx$ 的远近程度,ε_i 称为**离差**,作**离差平方和**

$$Q(a,b)=\sum_{i=1}^{n}\varepsilon_i^2=\sum_{i=1}^{n}(y_i-\hat{y}_i)^2=\sum_{i=1}^{n}(y_i-a-bx_i)^2,$$

所谓**最小二乘法**就是要选取 a,b 的估计值 $\hat{a},\hat{b}$,使得离差平方和 $Q(a,b)$达到最小,即

$$Q(\hat{a},\hat{b})=\min_{a,b}Q(a,b)=\min_{a,b}\sum_{i=1}^{n}(y_i-a-bx_i)^2,$$

此时得到的 $\hat{a}$,$\hat{b}$ 称为 a,b 的**最小二乘估计**.

根据多元函数求极值的方法,分别计算 Q 对 a 和 b 的偏导数,并令其等于 0,有

$$\begin{cases}\dfrac{\partial Q}{\partial a}=-2\sum\limits_{i=1}^{n}(y_i-a-bx_i)=0\\[2ex]\dfrac{\partial Q}{\partial b}=-2\sum\limits_{i=1}^{n}(y_i-a-bx_i)x_i=0\end{cases},$$

即

$$\begin{cases}na+b\sum\limits_{i=1}^{n}x_i=\sum\limits_{i=1}^{n}y_i\\[2ex]a\sum\limits_{i=1}^{n}x_i+b\sum\limits_{i=1}^{n}x_i^2=\sum\limits_{i=1}^{n}x_iy_i\end{cases},$$

这个方程组称为**正规方程组**.解之得 a,b 的估计值 $\hat{a}$,$\hat{b}$,即

$$\begin{cases}\hat{a}=\bar{y}-\hat{b}\bar{x}\\[2ex]\hat{b}=\dfrac{\sum\limits_{i=1}^{n}(x_i-\bar{x})(y_i-\bar{y})}{\sum\limits_{i=1}^{n}(x_i-\bar{x})^2}\end{cases},$$

其中,$\bar{x}=\dfrac{1}{n}\sum\limits_{i=1}^{n}x_i$,$\bar{y}=\dfrac{1}{n}\sum\limits_{i=1}^{n}y_i$,若记:

$$l_{xx}=\sum_{i=1}^{n}(x_i-\bar{x})^2=\sum_{i=1}^{n}x_i^2-\frac{1}{n}\left(\sum_{i=1}^{n}x_i\right)^2;$$

$$l_{yy}=\sum_{i=1}^{n}(y_i-\bar{y})^2=\sum_{i=1}^{n}y_i^2-\frac{1}{n}\left(\sum_{i=1}^{n}y_i\right)^2;$$

$$l_{xy}=\sum_{i=1}^{n}(x_i-\bar{x})(y_i-\bar{y})=\sum_{i=1}^{n}x_iy_i-\frac{1}{n}\left(\sum_{i=1}^{n}x_i\right)\left(\sum_{i=1}^{n}y_i\right).$$

则有

$$\begin{cases}\hat{a}=\bar{y}-\hat{b}\bar{x}\\[1ex]\hat{b}=\dfrac{l_{xy}}{l_{xx}}\end{cases},$$

得线性回归方程为

$$\hat{y}=\hat{a}+\hat{b}x.$$

2. 参数 σ^2 的估计

在一元线性回归模型中,离差 ε_i 的方差 σ^2 称为**离差方差**,它也是一个重要参数.

通过最小二乘法估计 $\hat{a},\hat{b}$ 后,可以构造 σ^2 的估计.

由于 $\sigma^2=D(\varepsilon)=E(\varepsilon^2)$,故可用 $\frac{1}{n}\sum_{i=1}^{n}\varepsilon_i^2$ 作为σ^2 的矩估计,其中 $\varepsilon_i=y_i-\hat{a}-\hat{b}x_i$.

可以证明 $\hat{\sigma}^2=\frac{Q(a,b)}{n-2}=\frac{\sum_{i=1}^{n}(y_i-\hat{a}-\hat{b}x_i)^2}{n-2}$ 是 σ^2 的无偏估计,为计算方便,将 Q 作如下变形:

$$
\begin{aligned}
Q(a,b)&=\sum_{i=1}^{n}(y_i-\hat{a}-\hat{b}x_i)^2=\sum_{i=1}^{n}(y_i-\bar{y}+\hat{b}\bar{x}-\hat{b}x_i)^2\\
&=\sum_{i=1}^{n}(y_i-\bar{y})^2-2\hat{b}\sum_{i=1}^{n}(y_i-\bar{y})(x_i-\bar{x})+\hat{b}^2\sum_{i=1}^{n}(x_i-\bar{x})^2\\
&=l_{yy}-2\hat{b}l_{xy}+\hat{b}^2l_{xx}=l_{yy}-2\hat{b}(\hat{b}l_{xx})+\hat{b}^2l_{xx}=l_{yy}-\hat{b}^2l_{xx},
\end{aligned}
$$

得

$$\hat{\sigma}^2=\frac{l_{yy}-\hat{b}^2l_{xx}}{n-2}.$$

例 9.1.2 下表给出了 12 个动点坐标数据$(x_i,y_i)(i=1,2,\cdots,12)$,求纵坐标 y 关于横坐标 x 的回归方程.

x	65	63	67	64	68	62	70	66	68	67	69	71
y	68	66	68	65	69	66	68	65	71	67	68	70

解 由上表数据计算得 $\sum_{i=1}^{12}x_i=800$, $\sum_{i=1}^{12}y_i=811$, $\sum_{i=1}^{12}x_i^2=53\ 418$, $\sum_{i=1}^{12}x_iy_i=54\ 107$. 故

$$l_{xx}=\sum_{i=1}^{12}x_i^2-\frac{1}{n}\left(\sum_{i=1}^{12}x_i\right)^2=53\ 418-\frac{1}{12}\times 800^2=84\frac{2}{3},$$

$$l_{xy}=\sum_{i=1}^{12}x_iy_i-\frac{1}{n}\left(\sum_{i=1}^{12}x_i\right)\left(\sum_{i=1}^{12}y_i\right)=54\ 107-\frac{1}{12}\times 800\times 811=40\frac{1}{3}.$$

$$\hat{b}=\frac{l_{xy}}{l_{xx}}=0.476,\qquad \hat{a}=\bar{y}-\hat{b}\bar{x}=35.82.$$

故 y 关于 x 的回归方程为

$$\hat{y}=35.82+0.476x.$$

9.1.3 一元线性回归的显著性检验

对于任意给定的样本数据(x_i,y_i),$i=1,2,\cdots,n$,根据参数的最小二乘法都可以确定一个线性回归方程 $\hat{y}=\hat{a}+\hat{b}x$.这个方程是否有效,还需要作进一步的检验.以上关于线性回归方程的讨论是在线性假设 $Y=a+bx+\varepsilon$ 下进行的,若 $b=0$,则 Y 与 x 之间不存在线性关系,若 $b_1\neq 0$,则回归方程才有意义.因而对回归方程作显著性检验

就是要检验如下假设

$$H_0: b=0, \quad H_1: b\neq 0.$$

下面只介绍相关系数检验法，先作离差平方和分解，

$$\begin{aligned} l_{yy} &= \sum_{i=1}^{n}(y_i-\bar{y})^2=\sum_{i=1}^{n}[(y_i-\hat{y}_i)+(\hat{y}_i-\bar{y})]^2 \\ &= \sum_{i=1}^{n}(y_i-\hat{y}_i)^2+\sum_{i=1}^{n}(\hat{y}_i-\bar{y})^2+2\sum_{i=1}^{n}(y_i-\hat{y}_i)(\hat{y}_i-\bar{y}). \end{aligned}$$

可以验证，上式最后一项为 0，并记 $U=\sum_{i=1}^{n}(\hat{y}_i-\bar{y})^2$，$Q=\sum_{i=1}^{n}(y_i-\hat{y}_i)^2$，则

$$l_{yy}=Q+U.$$

在总的离差平方和 l_{yy} 中，l_{yy} 是由**剩余离差平方和** Q 和**回归离差平方和** U 组成，其中，Q 表示除了 x 以外的其他随机因素引起的数据 y 的波动，而 U 表示由 x 与 y 之间线性关系所引起的 y 的波动.因此 U 越大，说明 x 与 y 的线性关系越显著.

$$\frac{U}{l_{yy}}=\frac{\sum_{i=1}^{n}(\hat{y}_i-\bar{y})^2}{l_{yy}}=\frac{\sum_{i=1}^{n}[\hat{b}(x_i-\bar{x})]^2}{l_{yy}}=\frac{\hat{b}^2 l_{xx}}{l_{yy}}=\left(\frac{l_{xy}}{\sqrt{l_{xx}l_{yy}}}\right)^2.$$

定义**样本相关系数**为

$$r=\frac{l_{xy}}{\sqrt{l_{xx}l_{yy}}}.$$

显然，$|r|\leqslant 1$，相关系数的大小可以表示 y 与 x 的线性关系的密切程度，$|r|$ 越大，线性回归的效果就越好.给定显著性水平 α，查相关系数临界值表(附录 G)得 $r_\alpha(n-2)$，根据试验数据计算 r 的值，当 $|r|>r_\alpha(n-2)$ 时，拒绝 H_0，表明 y 与 x 两个变量的线性相关关系显著；当 $|r|\leqslant r_\alpha(n-2)$ 时，接受 H_0，表明回归方程不显著.

而当线性回归方程不显著时，可能有以下几种原因：

(1)影响 y 的因素除了 x 外，还有其他不可忽略的因素；

(2)y 与 x 有关系，但不是线性关系；

(3)y 与 x 无相关关系.

例 9.1.3　为了研究某一化学反应过程中温度 x 对产品得率 y 的影响，测得数据如下：

温度 x/℃	100	120	110	130	140	150	160	170	180	190
得率 y/%	45	54	51	64	66	70	74	78	85	89

求：(1)y 关于 x 的回归方程；

(2)检验回归方程的显著性(取 $\alpha=0.05$).

解　(1)设回归方程为 $\hat{y}=a+bx$.

由上表数据计算得

$$\bar{x}=\frac{1}{10}\sum_{i=1}^{10}x_i=145,\bar{y}=\frac{1}{10}\sum_{i=1}^{10}y_i=67.3,$$

$$l_{xx}=\sum_{i=1}^{10}x_i^2-\frac{1}{10}\left(\sum_{i=1}^{10}x_i\right)^2=218\,500-\frac{1}{10}\times 1\,450^2=8\,250,$$

$$l_{xy}=\sum_{i=1}^{10}x_iy_i-\frac{1}{10}\left(\sum_{i=1}^{10}x_i\right)\left(\sum_{i=1}^{10}y_i\right)=101\,570-\frac{1}{10}\times 1\,450\times 673=3\,985,$$

$$l_{yy}=\sum_{i=1}^{10}y_i^2-\frac{1}{10}\left(\sum_{i=1}^{10}y_i\right)^2=47\,225-\frac{1}{10}\times 673^2=1\,932.1,$$

有

$$\hat{b}=\frac{l_{xy}}{l_{xx}}=\frac{3\,985}{8\,250}=0.483,$$

$$\hat{a}=\bar{y}-\hat{b}\bar{x}=67.3-0.483\times 145=-2.735,$$

故回归直线方程为

$$\hat{y}=-2.735+0.483x.$$

(2)计算相关系数,得

$$r=\frac{l_{xy}}{\sqrt{l_{xx}l_{yy}}}=\frac{3\,985}{\sqrt{8\,250\times 1\,932.1}}=0.998,$$

查相关系数临界值表附录 G 得 $r_\alpha(n-2)=r_{0.05}(8)=0.631\,9$.

因$|r|>r_{0.05}(8)$,故认为 y 与 x 两个变量的线性相关关系显著,回归方程显著成立.

9.1.4 利用回归方程进行预测

当回归效果显著时,可以利用回归方程进行预测和控制.在 x 的指定值 $x=x_0$ 处,利用一元线性回归方程可以确定对应的 y_0 值的大小及 y_0 的取值范围,即点预测和区间预测.

1. 点预测

将 $x=x_0$ 代入回归方程,得 $\hat{y}_0=\hat{a}+\hat{b}x_0$,$\hat{y}_0$ 就是 y_0 的**点预测**.

2. 区间预测

根据一元线性回归模型的假设,当 $x=x_0$ 时,$y_0=a+bx_0+\varepsilon_0$,$\varepsilon_0\sim N(0,\sigma^2)$,有 $y_0\sim N(a+bx_0,\sigma^2)$.

可以证明,$\hat{y}_0\sim N\left(a+bx_0,\left[\frac{1}{n}+\frac{(x_0-\bar{x})^2}{l_{xx}}\right]\sigma^2\right)$.

因为 $y_0,y_1,y_2,\cdots,y_n$ 相互独立,而 $\hat{y}_0$ 是 $y_0,y_1,y_2,\cdots,y_n$ 的线性组合,所以 y_0 与 $\hat{y}_0$ 相互独立,有

$$y_0-\hat{y}_0\sim N\left(0,\left[1+\frac{1}{n}+\frac{(x_0-\bar{x})^2}{l_{xx}}\right]\sigma^2\right),$$

标准化后得

$$\frac{y_0-\hat{y}_0}{\sigma\sqrt{1+\frac{1}{n}+\frac{(x_0-\bar{x})^2}{l_{xx}}}}\sim N(0,1).$$

可以证明

$$\frac{(n-2)\hat{\sigma}^2}{\sigma^2}\sim\chi^2(n-2).$$

又 $y_0,\hat{y}_0,\hat{\sigma}^2$ 是相互独立的，则

$$T=\frac{y_0-\hat{y}_0}{\hat{\sigma}\sqrt{1+\frac{1}{n}+\frac{(x_0-\bar{x})^2}{l_{xx}}}}\sim t(n-2).$$

给定显著性水平 α，有 $P\{|T|<t_{\frac{\alpha}{2}}(n-2)\}=1-\alpha$，即

$$P\left\{\hat{y}_0-t_{\frac{\alpha}{2}}(n-2)\hat{\sigma}\sqrt{1+\frac{1}{n}+\frac{(x_0-\bar{x})^2}{l_{xx}}}<y_0<\hat{y}_0+t_{\frac{\alpha}{2}}(n-2)\hat{\sigma}\sqrt{1+\frac{1}{n}+\frac{(x_0-\bar{x})^2}{l_{xx}}}\right\}=1-\alpha.$$

故 y_0 的置信度为 $1-\alpha$ 的预测区间为

$$(\hat{y}_0-\delta(x_0),\ \hat{y}_0+\delta(x_0)),$$

其中

$$\delta(x_0)=t_{\frac{\alpha}{2}}(n-2)\hat{\sigma}\sqrt{1+\frac{1}{n}+\frac{(x_0-\bar{x})^2}{l_{xx}}}.$$

可以看到，y_0 的预测区间长度为 $2\delta(x_0)$，对给定的 α，x_0 越接近样本均值 $\bar{x}$，$\delta(x_0)$越小，预测区间长度越小，预测效果越好.

特别地，当 n 很大且 x_0 在 $\bar{x}$ 附近时，$t_{\frac{\alpha}{2}}(n-2)\approx u_{\frac{\alpha}{2}}$，$\delta(x_0)\approx u_{\frac{\alpha}{2}}\hat{\sigma}$.

例 9.1.4　例 9.1.3 中，当温度 $x_0=155$ ℃时，求得率 y_0 的点预测值和预测区间(取 $\alpha=0.05$).

解　例 9.1.3 中，回归直线方程为

$$\hat{y}=-2.735+0.483x,$$

故得率 y_0 的点预测值　$\hat{y}_0=-2.735+0.483\times155=72.13.$

又

$$x_0-\bar{x}=155-145=10,\hat{\sigma}=\sqrt{\frac{l_{yy}-\hat{b}^2l_{xx}}{n-2}}=0.966,$$

查附录 E 得　$t_{0.025}(10-2)=2.306$，

$$\delta(x_0)=2.306\times0.966\times\sqrt{1+\frac{1}{10}+\frac{10^2}{8\ 250}}=2.35,$$

故 y_0 的置信度为 0.95 的预测区间为

$$(72.13-2.35,\ 72.13+2.35)=(69.78,\ 74.48).$$

§9.2 可线性化的非线性回归分析

在实际问题中,常会遇到两个变量之间不是线性相关关系,而是存在某种非线性的相关关系.在某些情况下,可通过适当的变量代换,将其转化为线性相关关系,就能直接利用一元线性回归分析进行统计推断,得到线性回归方程,再将原变量代回,可得到所求的曲线回归方程.

下面介绍几种常见的可线性化的非线性回归模型.

(1)双曲线 $y=a+\frac{b}{x}$.

令 $v=\frac{1}{x}$,可得线性方程

$$y=a+bv.$$

利用一元线性回归估计出 $\hat{a},\hat{b}$,就可得曲线回归方程

$$\hat{y}=\hat{a}+\frac{\hat{b}}{x}.$$

(2)幂函数 $y=cx^b, c>0, x>0$,取对数得

$$\ln y=\ln c+b\ln x.$$

令 $u=\ln y,\ a=\ln c,\ v=\ln x$,得线性方程

$$u=a+bv.$$

利用一元线性回归估计出 $\hat{a},\hat{b}$,则 $\hat{c}=\mathrm{e}^{\hat{a}}$,就可得曲线回归方程

$$\hat{y}=\hat{c}x^{\hat{b}}.$$

(3)指数函数 $y=c\mathrm{e}^{bx}, c>0$,取对数得

$$\ln y=\ln c+bx.$$

令 $u=\ln y,\ a=\ln c$,得线性方程

$$u=a+bx.$$

利用一元线性回归估计出 $\hat{a},\hat{b}$,则 $\hat{c}=\mathrm{e}^{\hat{a}}$,得曲线回归方程为

$$\hat{y}=\hat{c}\mathrm{e}^{\hat{b}x}.$$

(4)倒指数函数 $y=c\mathrm{e}^{\frac{b}{x}}, a>0, b\neq 0$,取对数得

$$\ln y=\ln c+\frac{b}{x}.$$

令 $u=\ln y,\ a=\ln c,\ v=\frac{1}{x}$,得线性方程

$$u=a+bv.$$

利用一元线性回归估计出 $\hat{a}$, $\hat{b}$，则 $\hat{c}=e^{\hat{a}}$，得曲线回归方程为

$$\hat{y}=\hat{c}e^{\frac{\hat{b}}{x}}.$$

(5)对数函数 $y=a+b\ln x$.

令 $v=\ln x$，则有

$$y=a+bv.$$

利用一元线性回归估计出 $\hat{a}$, $\hat{b}$，得曲线回归方程

$$\hat{y}=\hat{a}+\hat{b}\ln x.$$

(6)S 形曲线 $y=\dfrac{1}{a+be^{-x}}$，令 $u=\dfrac{1}{y}$, $v=e^{-x}$，则有

$$u=a+bv.$$

利用一元线性回归估计出 $\hat{a}$, $\hat{b}$，则得曲线回归方程

$$\hat{y}=\frac{1}{\hat{a}+\hat{b}e^{-x}}.$$

对于一些较复杂的非线性方程，常常要综合利用上述方法作变换，这些方法并不是相互孤立的.在作变量代换时，所有新变量中都不允许包含未知的参数，否则就不可能根据原变量的样本观测值，对关于新变量的线性回归方程进行统计推断.

例　一种害虫的产卵数 y 与温度 x(℃)之间近似满足指数曲线型关系，测得数据如下：

温度 x	21	23	25	27	29	32	35
产卵数 y	7	11	21	24	66	115	325

求 y 关于 x 的回归方程.

解　设指数曲线为 $y=ce^{bx}$，取对数得

$$\ln y=\ln c+bx.$$

令 $u=\ln y$, $a=\ln c$，得线性方程

$$u=a+bx.$$

将原始数据变成如下数据：

x	21	23	25	27	29	32	35
$u=\ln y$	1.945 9	2.397 9	3.044 5	3.178 1	4.189 7	4.744 9	5.783 8

由上表数据计算得

$$\sum_{i=1}^{7}x_i=192,\quad \bar{x}=\frac{1}{7}\times 192=27.428\,6,\quad \sum_{i=1}^{7}x_i^2=5\,414.$$

$$\sum_{i=1}^{7}u_i=25.284\,8,\quad \bar{u}=3.612\,1,\quad \sum_{i=1}^{7}x_iu_i=733.707\,9.$$

代入公式得

$$l_{xx}=147.714\,3;\quad l_{xu}=40.182\,0.$$

$$\hat{b}=\frac{l_{xu}}{l_{xx}}=0.272\,0;\quad \hat{a}=\bar{u}-\hat{b}\bar{x}=-3.848\,5.$$

故 u 关于 x 的回归方程为

$$\hat{u}=-3.848\,5+0.272\,0x.$$

此时

$$\hat{c}=\mathrm{e}^{\hat{a}}=0.021\,31.$$

得 y 关于 x 的回归方程为

$$\hat{y}=0.021\,31\mathrm{e}^{0.272x}.$$

§9.3 多元线性回归分析

§9.1 节主要介绍了涉及一个自变量和一个因变量的简单线性回归模型.在许多实际问题中,影响因变量变化的自变量往往不止一个,而是多个,因此有必要使用多元回归的方法来进行分析.多元线性回归分析是一元线性回归分析的一种推广形式,两者在模型的基本假定、参数的估计、显著性检验以及预测等方面非常相似.下面简要介绍多元线性回归模型的基本假定及参数的估计.

9.3.1 多元线性回归模型

设有 p 个自变量 $x_1,x_2,\cdots,x_p(p\geqslant 2)$,这些自变量对随机变量 Y 的影响是线性的,当给定一个组值 $x_1,x_2,\cdots,x_p$ 时,有

$$Y=\beta_0+\beta_1x_1+\beta_2x_2+\cdots+\beta_px_p+\varepsilon,$$

其中 $\beta_0,\beta_1,\cdots,\beta_p$ 都是未知参数,称为**回归系数**,随机误差 $\varepsilon\sim N(0,\sigma^2)$.当 $p=1$ 时,上式即为一元线性回归模型,当 $p\geqslant 2$ 时,称上式为**多元线性回归模型**.

若将$(x_1,x_2,\cdots,x_p,y)$的 n 组观察值$(x_{i1},x_{i2},\cdots,x_{ip},y_i)(i=1,2,\cdots,n)$代入方程,有

$$\begin{cases}y_1=\beta_0+\beta_1x_{11}+\beta_2x_{12}+\cdots+\beta_px_{1p}+\varepsilon_1\\ y_2=\beta_0+\beta_1x_{21}+\beta_2x_{22}+\cdots+\beta_px_{2p}+\varepsilon_2\\ \quad\vdots\\ y_n=\beta_0+\beta_1x_{n1}+\beta_2x_{n2}+\cdots+\beta_px_{np}+\varepsilon_n\end{cases},$$

其中 $\varepsilon_1,\varepsilon_2,\cdots,\varepsilon_n$ 相互独立,且 $\varepsilon_i\sim N(0,\sigma^2)$, $i=1,2,\cdots,n$.为简化表达式,令

$$\boldsymbol{y}=\begin{pmatrix}y_1\\y_2\\\vdots\\y_n\end{pmatrix},\quad \boldsymbol{x}=\begin{pmatrix}1&x_{11}&x_{12}&\cdots&x_{1p}\\1&x_{21}&x_{22}&\cdots&x_{2p}\\\vdots&\vdots&\vdots&&\vdots\\1&x_{n1}&x_{n2}&\cdots&x_{np}\end{pmatrix},\quad \boldsymbol{\beta}=\begin{pmatrix}\beta_0\\\beta_1\\\vdots\\\beta_p\end{pmatrix},\quad \boldsymbol{\varepsilon}=\begin{pmatrix}\varepsilon_1\\\varepsilon_2\\\vdots\\\varepsilon_n\end{pmatrix},$$

这时，上述模型可转化为矩阵形式

$$\boldsymbol{y}=x\boldsymbol{\beta}+\boldsymbol{\varepsilon}.$$

9.3.2　多元回归模型的参数估计

采用最小二乘法来估计回归系数 $\beta_0,\beta_1,\beta_2,\cdots,\beta_p$，即应使估计值 $\hat{y}$ 与观测值 y 之间的离差平方和在所有样本点上达到最小.即要求 $\beta_0,\beta_1,\beta_2,\cdots,\beta_p$，使得

$$Q(\beta_0,\beta_1,\cdots,\beta_p)=\sum_{i=1}^{n}(y_i-\beta_0-\beta_1x_{i1}-\beta_2x_{i2}-\cdots-\beta_px_{ip})^2$$

达到最小，即

$$Q(\hat{\beta}_0,\hat{\beta}_1,\cdots,\hat{\beta}_p)=\min Q(\beta_0,\beta_1,\cdots,\beta_p).$$

分别计算 Q 关于 $\beta_0,\beta_1,\cdots,\beta_p$ 的偏导数，并令其为 0，得到方程组

$$\begin{cases}\dfrac{\partial Q}{\partial\beta_0}=\sum\limits_{i=1}^{n}2(y_i-\beta_0-\beta_1x_{i1}-\cdots-\beta_px_{ip})(-1)=0\\\dfrac{\partial Q}{\partial\beta_1}=\sum\limits_{i=1}^{n}2(y_i-\beta_0-\beta_1x_{i1}-\cdots-\beta_px_{ip})(-x_{i1})=0\\\vdots\\\dfrac{\partial Q}{\partial\beta_p}=\sum\limits_{i=1}^{n}2(y_i-\beta_0-\beta_1x_{i1}-\cdots-\beta_px_{ip})(-x_{ip})=0\end{cases}.$$

该方程组称为**正规方程组**，上式写成矩阵形式为

$$(\boldsymbol{x}^{\mathrm{T}}\boldsymbol{x})\hat{\boldsymbol{\beta}}=\boldsymbol{x}^{\mathrm{T}}\boldsymbol{y},$$

当 $(\boldsymbol{x}^{\mathrm{T}}\boldsymbol{x})^{-1}$ 存在时，得

$$\hat{\boldsymbol{\beta}}=(\boldsymbol{x}^{\mathrm{T}}\boldsymbol{x})^{-1}\boldsymbol{x}^{\mathrm{T}}\boldsymbol{y},$$

其中，$\hat{\boldsymbol{\beta}}=(\hat{\beta}_0,\hat{\beta}_1,\cdots,\hat{\beta}_p)$ 是 $\boldsymbol{\beta}=(\beta_0,\beta_1,\cdots,\beta_p)$ 的最小二乘估计.

从而得到 y 关于 $x_1,x_2,\cdots,x_p$ 的线性回归方程为

$$\hat{y}=\hat{\beta}_0+\hat{\beta}_1x_1+\cdots+\hat{\beta}_px_p.$$

例　某养猪场经常要根据猪的身长(cm)和肚围(cm)估算猪的质量(kg)，现测量了 14 头猪的身长 x_1、肚围 x_2 与体重 y 的数据，试求 y 关于 x_1,x_2 的线性回归方程.

x_1	41	45	51	52	59	62	69	72	78	80	90	92	98	103
x_2	49	58	62	71	62	74	71	74	79	84	85	94	91	95
y	28	39	41	44	43	50	51	57	63	66	70	76	80	84

解　设二元线性回归方程为 $\hat{y}=\beta_0+\beta_1x_1+\beta_2x_2$.

由上表数据代入公式计算可得

$$\hat{\boldsymbol{\beta}}=(\hat{\beta}_0\quad\hat{\beta}_1\quad\hat{\beta}_2)^{\mathrm{T}}=(-15.936\quad0.522\quad0.474)^{\mathrm{T}},$$

故所求回归方程为

$$\hat{y}=-15.936+0.522x_1+0.474x_2.$$

本例中 $\hat{\beta}_1$ 的含义是,身长每增加 1 cm,猪的体重平均增加 0.522 kg;$\hat{\beta}_2$ 的含义是,肚围每增加 1 cm,猪的体重平均增加 0.474 kg.

需要说明的是,类似一元线性回归分析,对多元线性回归模型的假设是否符合实际,需要进一步进行假设检验.多元线性回归中涉及的计算数据较多,计算量较大,一般可以采用专业的统计分析软件进行计算分析.

§9.4 方差分析

9.4.1 基本概念

在科学实验和生产实践中,任何事物总是受到多种因素的影响.例如,在农业中,土壤、肥料及日照时间等因素影响农作物的产量;在医学研究中,几种药物都会影响某种疾病的疗效;等等.这些因素中,有的影响较大,有的影响较小,为此,需要找出其中有显著影响的因素.方差分析就是鉴别各因素效应的一种有效的统计方法.

在试验中,将要考察的指标称为**试验指标**,影响试验指标的条件称为**因素**或**因子**.因素所处的每一个状态或等级称为该因素的**水平**.如果试验仅考虑一个因素,则称为**单因素试验**,否则称为**多因素试验**.下面仅讨论单因素试验.

例 9.4.1 进行一项农作物栽培试验,考虑不同的施氮肥量(15 kg,25 kg,35 kg,45 kg)对农作物产量(kg)的影响.如果在相同条件下重复 3 次,进行小区试验,得产量表 9.1,问施氮肥量这一因素对农作物产量是否有显著影响?

表 9.1

小区	水平			
	A_1	A_2	A_3	A_4
1	375	395	385	405
2	390	382.5	415	415
3	405	407.5	400	395
平均	390	395	400	405

由上表数据可以看出,四种不同水平下的平均产量有差异,大致上施肥越多,产量越高.但是,由于随机误差的存在,即使在同一施肥水平下,不同小区的产量数据波动也较大,这样自然会对上述看法表示怀疑,平均产量间的差异是不是由随机误差造成的呢?

9.4.2　数学模型

用假设检验的方法，设在 A_i 水平下的理论产量为 μ_i，$i=1,2,3,4$，提出假设，在各施肥水平下的平均产量之间没有显著差异，即

$$H_0:\mu_1=\mu_2=\mu_3=\mu_4.$$

若假定各总体都服从正态分布，且各总体方差相等，此时即归结为一个检验同方差的多个正态总体均值是否相等的问题.

设在某试验中，因素 A 有 r 个水平 $A_1,A_2,\cdots,A_r$，在水平 A_i 下的试验结果 X_i 服从正态分布 $N(\mu_i,\sigma^2)$，$i=1,2,\cdots,r$，这里 $X_1,X_2,\cdots,X_r$ 相互独立.在水平 A_i 下做了 n_i 次试验，得到 n_i 个样本 X_{ij}，$j=1,2,\cdots,n_i$，它们可以看作来自 X_i 的一个容量为 n_i 的样本.

因为 $X_{ij}\sim N(\mu_i,\sigma^2)$，所以可得**单因素方差分析模型**

$$X_{ij}=\mu_i+\varepsilon_{ij}.$$

其中**随机误差** ε_{ij} 相互独立，都服从正态分布 $N(0,\sigma^2)$，要检验的假设是

$$H_0:\mu_1=\mu_2=\cdots=\mu_r,\quad H_1:\mu_1,\mu_2,\cdots,\mu_r \text{ 不全相等}.$$

以 μ 表示这 r 个总体均值的加权平均值，即

$$\mu=\frac{1}{n}\sum_{i=1}^{r}n_i\mu_i,$$

称为**总平均**，其中，$n=\sum\limits_{i=1}^{r}n_i$. 令 $\alpha_i=\mu_i-\mu$，称 α_i 为因素 A 的第 i 个水平 A_i 的**效应**，易得 $\sum\limits_{i=1}^{r}n_i\alpha_i=0$. 效应式可改写为 $\mu_i=\alpha_i+\mu$，此式表明第 i 个总体的均值 μ_i 为总平均 μ 和效应 α_i 的叠加.

把原参数 μ_i 变换成新参数 α_i 后，$i=1,2,\cdots,r$，单因素方差分析模型可记为

$$X_{ij}=\mu+\alpha_i+\varepsilon_{ij},\quad j=1,\cdots,n_i;i=1,\cdots,r.$$

上述要检验的假设则等价于

$$H_0:\alpha_1=\alpha_2=\cdots=\alpha_r=0;\quad H_1:\alpha_1,\alpha_2,\cdots,\alpha_r \text{ 不全为 } 0.$$

9.4.3　统计分析

下面来构造检验统计量.

为了检验假设，首先分析为什么各个 X_{ij} 不相等.从模型来看不外乎两个方面的原因：一是各总体均值确实有差异，样本来自不同的总体，不同的试验条件、不同的水平造成了差异，这种差异称为**组间差异**；二是随机误差的存在，即随机因素、不可控因素造成的差异.若前者较后者大得多，则有理由认为因素 A 的各个水平对应的实验结果有显著差异，从而拒绝 H_0.对于全部的样本观测值 X_{ij}，可构造一个衡量 X_{ij} 之间差异的量

$$S_T=\sum_{i=1}^{r}\sum_{j=1}^{n_i}(X_{ij}-\overline{X})^2.$$

其中 $\overline{X}=\frac{1}{n}\sum_{i=1}^{r}\sum_{j=1}^{n_i}X_{ij}$，称 S_T 为**总离差平方和**(或**总偏差平方和**).S_T 值愈大，说明 X_{ij} 之间的差异愈大.再引入

$$S_A=\sum_{i=1}^{r}\sum_{j=1}^{n_i}(\overline{X}_{i\cdot}-\overline{X})^2=\sum_{i=1}^{r}n_i(\overline{X}_{i\cdot}-\overline{X})^2,$$

其中 $\overline{X}_{i\cdot}=\frac{1}{n_i}\sum_{j=1}^{n_i}X_{ij}$，$S_A$ 是各水平 A_i 的样本均值 $\overline{X}_{i\cdot}$ 与总样本均值 $\overline{X}$ 之间偏差的总平方和，S_A 反映了样本之间的差异，它是由 A 的不同水平效应的差异引起的，称 S_A 为**组间平方和**(或**效应平方和**).同理可引入

$$S_E=\sum_{i=1}^{r}\sum_{j=1}^{n_i}(X_{ij}-\overline{X}_{i\cdot})^2,$$

S_E 表示在水平 A_i 下样本均值与样本值之间的差异，与因素 A 各水平无关，S_E 实质上反映了随机误差带来的影响，称 S_E 为**误差平方和**(或**组内平方和**).因为

$$\sum_{j=1}^{n_i}(X_{ij}-\overline{X}_{i\cdot})(\overline{X}_{i\cdot}-\overline{X})=(\overline{X}_{i\cdot}-\overline{X})\sum_{j=1}^{n_i}(X_{ij}-\overline{X}_{i\cdot})=0,$$

易证

$$S_T=S_A+S_E.$$

称上式为总离差平方和 S_T 的**平方和分解式**.

由于 $X_{ij}\sim N(\mu_i,\sigma^2)$，$j=1,2,\cdots,n_i$；$i=1,2,\cdots,r$，且 X_{ij} 相互独立，可以证明以下结论成立：

定理 (1) S_A 与 S_E 相互独立；

(2) $\frac{S_E}{\sigma^2}\sim\chi^2(n-r)$；

(3) 当 H_0 成立时，有

$$\frac{S_A}{\sigma^2}\sim\chi^2(r-1),\ \frac{S_T}{\sigma^2}\sim\chi^2(n-1);$$

(4) 当 H_0 成立时，有

$$\frac{S_A}{r-1}\Big/\frac{S_E}{n-r}\sim F(r-1,n-r).$$

对于假设检测问题：

$$H_0:\alpha_1=\alpha_2=\cdots=\alpha_r=0,\quad H_1:\alpha_1,\alpha_2,\cdots,\alpha_r\text{ 不全为 }0.$$

可构造检验统计量

$$F=\frac{S_A}{r-1}\Big/\frac{S_E}{n-r},$$

当 H_0 为真时，有 $F \sim F(r-1, n-r)$.

F 统计量的直观意义是明显的，当 H_0 成立时，各水平的理论均值相等，各组观测值来自同一总体，比值 F 不会太大.F 统计量的值较小时，则倾向于接受原假设 H_0；反之，当 F 值过大时，就可以认为 H_0 不成立，拒绝原假设 H_0，即认为因素 A 的各水平效应有显著差异.

给定显著性水平 α，得 H_0 的拒绝域为 $F \geqslant F_\alpha(r-1, n-r)$.

在统计应用上常将上述分析结果以表格的形式表示出来，称为**方差分析表**，见表 9.2.

表　9.2

方差来源	平方和	自由度	均方	F 值
因素	S_A	$r-1$	$\overline{S}_A = \dfrac{S_A}{r-1}$	$F = \dfrac{\overline{S}_A}{\overline{S}_E}$
误差	S_E	$n-r$	$\overline{S}_E = \dfrac{S_E}{n-r}$	
总和	S_T	$n-1$		

其中

$$\overline{S}_A = S_A/(r-1); \tag{9.1}$$

$$\overline{S}_E = S_E/(n-r); \tag{9.2}$$

分别称为 S_A, S_E 的均方.

实际计算中，为了计算方便，常采用如下记号：

$$T_{i\cdot} = \sum_{j=1}^{n_i} X_{ij}, i = 1, 2, \cdots, r; \tag{9.3}$$

$$T = \sum_{i=1}^{r} \sum_{j=1}^{n_i} X_{ij} = \sum_{i=1}^{r} T_{i\cdot}; \tag{9.4}$$

$$S_T = \sum_{i=1}^{r} \sum_{j=1}^{n_i} X_{ij}{}^2 - \frac{T^2}{n}; \tag{9.5}$$

$$S_A = \sum_{i=1}^{r} \frac{T_{i\cdot}^2}{n_i} - \frac{T^2}{n}; \tag{9.6}$$

$$S_E = S_T - S_A. \tag{9.7}$$

例 9.4.2　在相同条件下分别使用六种不同的农药进行杀虫试验，试验结果见表 9.3，问六种农药的杀虫率是否有显著的差异(取 $\alpha = 0.01$)?

表 9.3

试验号	水平					
	A_1	A_2	A_3	A_4	A_5	A_6
1	87	90	56	55	92	75
2	85	88	62	48	99	72
3	80	87		95	81	
4		94		91		

解 设六种农药的杀虫率的均值分别为 $\mu_1,\mu_2,\cdots,\mu_6$,要检验的假设是

$$H_0:\mu_1=\mu_2=\cdots=\mu_6,H_1:\mu_1,\mu_2,\cdots,\mu_6 \text{ 不全相等}.$$

又 $r=6,n_1=3,n_2=4,n_3=n_4=2,n_5=4,n_6=3,n=\sum_{j=1}^{6}n_j=18.$

查附录 F 得

$$F_\alpha(r-1,n-r)=F_{0.01}(5,12)=5.06,$$

将表 9.3 中的数据代入式(9.1)~式(9.7),得方差分析表 9.4.

表 9.4

方差来源	平方和	自由度	均方	F 值
因素	3 794.5	5	758.9	51.17
误差	178	12	14.83	
总和	3 972.5	17		

因 $F=51.17>F_{0.01}(5,12)=5.06$,故拒绝 H_0,即认为不同的农药的杀虫率有显著的差异.

例 9.4.3 某公司采用四种方式推销其产品.为检验不同方式推销产品的效果,随机抽样得到数据见表 9.5.

表 9.5

销售方式	序号					水平均值
	1	2	3	4	5	
方式一	77	86	81	88	83	83
方式二	95	92	78	96	89	90
方式三	71	76	68	81	74	74
方式四	80	84	79	70	82	79
总均值						81.5

问这四种方式的销售量的均值之间是否有显著差异?(取 $\alpha=0.05$)

解 设四种方式的销售量的均值分别为 μ_1,μ_2,μ_3,μ_4,要检验的假设是

$$H_0:\mu_1=\mu_2=\mu_3=\mu_4;H_1:\mu_1,\mu_2,\mu_3,\mu_4\text{ 不全相等}.$$

又
$$r=4,n_1=n_2=n_3=n_4=5,n=\sum_{j=1}^{4}n_4=20,$$

查附录F得
$$F_\alpha(r-1,n-r)=F_{0.05}(3,16)=3.24,$$

将表9.5中的数据代入式(9.1)～式(9.7),计算结果见表9.6.

表 9.6

方差来源	平方和	自由度	均方	F 值
组间	685	3	228.333 3	7.336
误差	498	16	31.125	
总和	1 183	19		

因 $F=7.336>F_{0.05}(3,16)=3.24$,故拒绝 H_0,即认为四种方式的销售量的均值之间有显著差异.

习 题 9

1. 对不同的麦堆测得如下数据:

堆号	1	2	3	4	5	6
质量 p/kg	2 813	2 705	11 103	2 590	2 131	5 181
跨度 l/m	3.25	3.20	5.07	3.14	2.90	4.02

试求质量对跨度的回归方程.

2. 通过原点的一元线性回归模型为 $y=bx+\varepsilon,\varepsilon\sim N(0,\sigma^2)$,试由独立样本观测值$(x_i,y_i)$,$i=1,2,\cdots,n$,采用最小二乘法估计 b.

3. 为了研究钢线含碳量(单位:%)x 对于电阻(单位:μΩ)y 在20 ℃下的影响,作了7次试验,得数据如下:

x_i	0.10	0.30	0.40	0.55	0.70	0.80	0.95
y_i	15	18	19	21	22.6	23.8	26

(1)求线性回归方程;

(2)检验线性关系的显著性(取 $\alpha=0.01$).

4. 某种产品在生产时产生的有害物质的质量(单位:g)y 与它的燃料消耗量(单位:kg)x 之间存在某种相关关系.由以往的生产记录得到如下数据.

x_i	289	298	316	327	329	329	331	250
y_i	43.5	42.9	42.1	39.1	38.5	38.0	38.0	37.0

(1)求线性回归方程;

(2)检验回归方程的显著性(取 $\alpha=0.01$).

5. 某医院用光色比色计检验尿汞时,得尿汞含量与消光系数读数的结果如下:

尿汞含量 x	2	4	6	8	10
消光系数 y	64	138	205	285	360

已知它们之间有下述关系式:

$$y_i=\beta_0+\beta_1 x_i+\varepsilon_i,\quad i=1,2,3,4,5,$$

各 ε_i 相互独立,均服从 $N(0,\sigma^2)$ 分布,试求 β_0,β_1 的最小二乘估计.

6. 为研究某国标准普通信件(质量不超过 50 g)的邮资与时间的关系,得到如下数据:

年份 x	1978	1981	1984	1985	1987	1991	1995	1997	2001	2005	2008
价格 y/元	0.06	0.08	0.10	0.13	0.15	0.20	0.22	0.25	0.29	0.32	0.33

求信件的邮资关于时间的回归方程.

7. 某建材实验室做陶粒混凝土实验室时,考察每立方米混凝土的水泥用量(kg)对混凝土抗压强度(kg/cm^2)的影响,测得下列数据.

水泥用量 x	150	160	170	180	190	200
抗压强度 y	56.9	58.3	61.6	64.6	68.1	71.3
水泥用量 x	210	220	230	240	250	260
抗压强度 y	74.1	77.4	80.2	82.6	86.4	89.7

(1)求经验回归方程 $\hat{y}=\hat{\beta}_0+\hat{\beta}_1 x$;

(2)设 $x_0=225$kg,求 y 的预测值及置信度为 0.95 的预测区间.

8. 气体的体积(单位:m^3)V 与压强(单位:atm)p 之间的一般关系为 $pV^k=c$.今对某种气体测试得到下列数据:

V_i	1.62	1	0.75	0.62	0.52
p_i	0.5	1	1.5	2	2.5

试对参数 k,c 进行估计.

9. 在彩色显像技术中,考虑析出银的光学密度 x 与形成染料光学密度 y 之间的相关关系,其中 11 个样本数据如下:

x_i	0.05	0.06	0.07	0.10	0.14	0.20	0.25	0.31	0.38	0.43	0.47
y_i	0.10	0.14	0.23	0.37	0.59	0.79	1.00	1.12	1.19	1.25	1.29

10. 下面给出了某种产品每件平均单价 y(元)与批量 x(件)之间的关系的一组数据:

x	20	25	30	35	40	50	60	65	70	75	80	90
y	1.81	1.70	1.65	1.55	1.48	1.40	1.30	1.26	1.24	1.21	1.20	1.18

选取模型：$y=\beta_0+\beta_1x+\beta_2x^2+\varepsilon,\varepsilon\sim N(0,\sigma^2)$，求回归方程.

11. 某种膨胀合金含有两种主要成分，通过试验获得数据如下所示，从中发现这两种成分含量之和 x 与合金的膨胀系数 y 之间存在关系：$y=\beta_0+\beta_1x+\beta_2x^2$，

(1)求出其中系数的最小二乘估计；

(2)对回归方程作显著性检验(取 $\alpha=0.05$).

试验号	金属成分和 x	膨胀系数 y
1	37.0	3.40
2	37.0	3.00
3	38.0	3.00
4	38.5	3.27
5	39.0	2.10
6	39.5	1.83
7	40.0	1.53
8	40.5	1.70
9	41.0	1.80
10	41.5	1.90
11	42.0	2.35
12	42.5	2.54
13	43.0	3.90

12. 研究同一地区土壤中所含植物可给态磷的情况，得到 18 组数据如下，其中，x_1 为土壤内所含无机磷浓度；x_2 为土壤内溶于 K_2CO_3 溶液并受溴化物水解的有机磷浓度；x_3 为土壤内溶于 K_2CO_3 溶液但不溶于溴化物的有机磷浓度；y 为栽在 20 ℃ 土壤内的玉米中可给态磷的浓度.

已知 y 与 x_1,x_2,x_3 之间有下述关系：

$$y_i=\beta_0+\beta_1x_{i1}+\beta_2x_{i2}+\beta_3x_{i3}+\varepsilon_i,\quad i=1,2,\cdots,18,$$

各 ε_i 相互独立，均服从 $N(0,\sigma^2)$分布，试求出回归方程.

土壤样本	x_1	x_2	x_3	y
1	0.4	53	158	64
2	0.4	23	163	60
3	3.1	19	37	71
4	0.6	34	157	61

续表

土壤样本	x_1	x_2	x_3	y
5	4.7	24	59	54
6	1.7	65	123	77
7	9.4	44	46	81
8	10.1	31	117	93
9	11.6	29	173	93
10	12.6	58	112	51
11	10.9	37	111	76
12	23.1	46	114	96
13	23.1	50	134	77
14	21.6	44	73	93
15	23.1	56	168	95
16	1.9	36	143	54
17	26.8	28	202	168
18	29.9	51	124	99

13. 考察温度(℃)对某一化工产品得率的影响,选了五种不同的温度,在同一温度下做了三次实验,测得其得率如下,试分析温度对得率有无显著影响.

温度	60	65	70	75	80
得率	90 92 88	91 93 92	96 96 93	84 83 83	84 89 82

14. 灯泡厂用 4 种不同的材料制成灯丝,检验灯线材料这一因素对灯泡寿命的影响.若灯泡寿命服从正态分布,不同材料的灯丝制成的灯泡寿命的方差相同,试根据表中试验数据,在显著性水平 0.05 下检验灯泡寿命是否因灯丝材料不同而有显著差异?

试验批号	灯丝材料							
	1	2	3	4	5	6	7	8
A_1	1 600	1 610	1 650	1 680	1 700	1 720	1 800	
A_2	1 580	1 640	1 640	1 700	1 750			
A_3	1 460	1 550	1 600	1 620	1 640	1 660	1 740	1 820
A_4	1 510	1 520	1 530	1 570	1 600	1 680		

15. 一个年级有三个小班,他们进行了一次数学考试,现从各个班级随机地抽取了一些学生,记录其成绩如下:

Ⅰ班		Ⅱ班		Ⅲ班	
73	66	88	77	68	41
89	60	78	31	79	59
82	45	48	78	56	68
43	93	91	62	91	53
80	36	51	76	71	79
73	77	85	96	71	15
		74	80	87	
		56			

试在显著性水平 0.05 下检验各班级的平均分数有无显著差异.设各个总体服从正态分布,且方差相等.

16. 设有三台机器,用来生产规格相同的铝合金薄板.取样测量薄板的厚度精确至 1‰ cm,得结果如下表:

机器Ⅰ	机器Ⅱ	机器Ⅲ
0.236	0.257	0.258
0.238	0.253	0.264
0.248	0.255	0.259
0.245	0.254	0.267
0.243	0.261	0.262

问各台机器生产的薄板厚度是否有显著差异?

17. 某食品公司对一种食品设计了四种新包装.为了考察哪种包装最受欢迎,选了十个有近似相同销售量的商店作试验,其中两种包装各指定两个商店销售,另两种包装各指定三个商店销售.在试验期中各商店的货架排放位置、空间都尽量一致,营业员的促销方法也基本相同.观察在一定时期的销售量,数据如下:

商店	包装			商店数 n_i
	1	2	3	
A_1	12	18		2
A_2	14	12	13	3
A_3	19	17	21	3
A_3	24	30		2

问四种包装的销售量是否有显著差异?

数学家风采

彭实戈

彭实戈(1947—),生于山东省滨州市,数学家,中国科学院院士,欧洲科学院院士,中国工业与应用数学学会会士.他被誉为“中国金融数学第一人”,其科研工作以概率论、控制论和金融数学为核心,开创了多个具有国际影响力的研究方向.

彭实戈与法国数学家 Étienne Pardoux 合作,于 1990 年首次证明了倒向随机微分方程的存在唯一性定理,该成果被国际学界视为该领域的奠基性工作.BSDE 突破了传统随机微分方程的前向性限制,成为研究金融衍生品定价、风险管理的重要工具,尤其在期权定价和对冲策略中具有核心价值.他提出并发展了以 G-期望为核心的非线性数学期望理论,包括非线性布朗运动、非线性大数定律和非线性中心极限定理.这一理论解决了概率分布不确定性问题,为金融风险度量提供了更符合实际市场的数学框架.其成果被应用于动态金融风险度量,例如波动率不确定条件下的稳健分析.

他提出的 BSDE 理论被广泛应用于金融衍生品定价,尤其是期权和期货的定价模型.其研究团队开发的非线性期望工具,能够更准确地预测极端市场条件下的价格波动,帮助金融机构设计风险对冲策略.彭实戈将理论成果应用于中国金融市场,推动了金融风险管理的标准化和科学化.例如,其模型被用于评估系统性金融风险,并为政策制定提供量化依据.

彭实戈在随机控制领域提出了“彭最大值原理”,解决了随机最优控制中长期未解的公开问题,为动态系统的优化控制提供了新方法.其理论还被拓展至工程控制、气候预测等领域.例如,通过随机微分方程分析气候系统的长期演变,为环境风险管理提供数学模型.

习题参考答案

习题 1 答案

1. (1) $\{1,2,3,4,5,6\}$；$\{1,3,5\}$.

   (2) $\{0,1,2,\cdots,n,\cdots\}$；$\{0,1\}$.

   (3) $\{1,2,3,\cdots,n,\cdots\}$；$\{1,2,3\}$.

   (4) $\{3,4,5,\cdots,18\}$；$\{3,6,9,12,15,18\}$.

2. (1) ABC；(2) $\overline{A}\,\overline{B}\,\overline{C}$；

   (3) $\overline{AB\cup BC\cup AC}$ 或 $\overline{A}\,\overline{B}\,\overline{C}\cup A\overline{B}\,\overline{C}\cup\overline{A}B\overline{C}\cup\overline{A}\,\overline{B}C$；

   (4) $A\cup B\cup C$；(5) $A\overline{B}\,\overline{C}\cup\overline{A}B\overline{C}\cup\overline{A}\,\overline{B}C$.

3. (1) $D_1=A_1\overline{A_2}\,\overline{A_3}\cup\overline{A_1}A_2\overline{A_3}\cup\overline{A_1}\,\overline{A_2}A_3$；

   (2) $D_2=\overline{A_1}\cup\overline{A_2}\cup\overline{A_3}$ 或 $\overline{A_1A_2A_3}$；

   (3) $D_3=\overline{A_1}\,\overline{A_2}\,\overline{A_3}$；

   (4) $D_4=A_1A_2\cup A_2A_3\cup A_1A_3$.

4. D.　　5. A.　　6. B.　　7. A.

8. D.　　9. C.　　10. 0.6.

11. (1) 0.7；0.　(2) 0.4；0.3.

12. $1-\gamma$；　$\beta-\gamma$；　$1-\alpha+\gamma$.

13. $P(AB)=P(A)+P(B)-P(A\cup B)=0.6+0.5-0.8=0.3$,

$P(\overline{A}\,\overline{B})=1-P(A\cup B)=1-0.8=0.2$,

$P(\overline{A}\cup\overline{B})=P(\overline{A})+P(\overline{B})-P(\overline{A}\,\overline{B})=0.7$.

14. $P(AB)=P(A)-P(A-B)=0.7-0.3=0.4$，得 $P(\overline{AB})=1-P(AB)=0.6$.

15. $\dfrac{C_5^1C_{45}^2}{C_{50}^3}=\dfrac{99}{392}$

16. $1-\dfrac{P_{12}^6}{12^6}=\dfrac{1\ 343}{1\ 728}$.

17. $\dfrac{5^n-4^n}{6^n}$.

18. $\dfrac{5\times 8\times 8\times 7}{10\times 9\times 8\times 7}=\dfrac{4}{9}$.

19. $\dfrac{C_2^1C_6^3C_3^3}{C_8^4C_4^4}=\dfrac{4}{7}$.

20. $\dfrac{6\times 5!}{8\times 7\times 6\times 5\times 4}=\dfrac{3}{28}$.

21. $\dfrac{2}{9}$.

22. $\dfrac{A_9^7}{9^7}$.

23. $\dfrac{3}{8}$.

24. $P(A\overline{B}\cup\overline{A}B)=P(A\overline{B})+P(\overline{A}B)-P(A\overline{B}\,\overline{A}B)=P(A-B)+P(B-A)=P(A)-P(AB)+P(B)-P(AB)=P(A)+P(B)-2P(AB)$.

25. $\dfrac{1}{4}$.

26. $\dfrac{24^2-\dfrac{1}{2}\times 23^2-\dfrac{1}{2}\times 22^2}{24^2}=\dfrac{139}{1\ 152}$.

27. 设 A:“有女孩”，B:“有男孩”，则 $P(B|A)=\dfrac{P(AB)}{P(A)}=\dfrac{6/8}{7/8}=\dfrac{6}{7}$.

28. 0.18.

29. D.

30. (1) 0.988；(2) 0.829.

31. $P(AB)=P(A)P(B|A)=0.5\times 0.8=0.4$,

$P(A\cup B)=P(A)+P(B)-P(AB)=0.7$,

得 $P(\overline{A}\,\overline{B})=1-P(A\cup B)=1-0.7=0.3$.

32. 略.

33. $1-0.4^2=0.84$；$1-P(\bigcap\limits_{k=1}^{n}\overline{A}_k)=1-0.4^n>0.99$，得 $n=6$，即至少需要 6 门高射炮.

34. C.　　35. B.

36. 设 A：迟到，B_1：乘火车，B_2：乘汽车，B_3：乘飞机，则 $P(A)=0.4\times 0.1+0.2\times 0.5+0.1\times 0=0.14$.

37. 设 $B_i=\{$第一次取出的 3 个球中有 i 个新球$\}(i=0,1,2,3)$，$A=\{$第二次取出的 3 球均为新球$\}$，则

$P(A)=\sum\limits_{i=0}^{3}P(A|B_i)P(B_i)=\dfrac{C_6^3}{C_{15}^3}\times\dfrac{C_9^3}{C_{15}^3}+\dfrac{C_9^1C_6^2}{C_{15}^3}\times$

$\frac{C_8^3}{C_{15}^3}+\frac{C_9^2C_6^1}{C_{15}^3}\times\frac{C_7^3}{C_{15}^3}+\frac{C_9^3}{C_{15}^3}\times\frac{C_6^3}{C_{15}^3}=0.089.$

38. 设 A:及格,B:努力,则

$P(\overline{B}\mid A)=\frac{P(\overline{B})P(A\mid\overline{B})}{P(\overline{B})P(A\mid\overline{B})+P(B)P(A\mid B)}=$
$\frac{0.2\times0.1}{0.2\times0.1+0.8\times0.9}=\frac{1}{37}.$

39. 设 A:该客户在一年内出了事故,
B_1:该客户是"谨慎的",B_2:该客户是"一般的",
B_3:该客户是"冒失的",

则 $P(B_1|A)=\frac{P(B_1A)}{P(A)}$

$=\frac{P(B_1)P(A|B_1)}{P(B_1)P(A|B_1)+P(B_2)P(A|B_2)+P(B_3)P(A|B_3)}$

$=0.057.$

40. (1)$\frac{17}{30}$; (2)$\frac{6}{51}$.

习题 2

1.

X	3	4	5
p_k	0.1	0.3	0.6

2.

X	0	1	2	3
p_k	0.008	0.096	0.384	0.512

$F(x)=\begin{cases}0, & x<0\\ 0.008, & 0\leqslant x<1\\ 0.104, & 1\leqslant x<2\\ 0.488, & 2\leqslant x<3\\ 1, & x\geqslant 3\end{cases}$, $P\{X\geqslant 2\}=0.896.$

3. $a=e^{-\lambda}$.

4. 机场至少应配备 9 条跑道.

5. $1-e^{-0.1}-0.1\times e^{-0.1}$.

6. $\frac{10}{243}$.

7. (1)0.163 08;(2) 0.352 93.

8. (1)$e^{-\frac{3}{2}}$; (2)$1-e^{-\frac{5}{2}}$.

9. $\frac{e^{-2}2^5}{5!}=0.001\ 8$.

10. $\frac{1}{5}$.

11. (1) $1-\sum_{k=0}^{14}\frac{e^{-5}5^k}{k!}\approx 0.000\ 069$;

(2) $\sum_{k=0}^{10}\frac{e^{-5}5^k}{k!}\approx 0.986\ 305$,即保险公司获利不少于 10 000 元的概率在 98%以上;$\sum_{k=0}^{5}\frac{e^{-5}5^k}{k!}\approx 0.615\ 961$,即保险公司获利不少于 20 000 元的概率约为 62%.

12. $\frac{1}{3}$.

13.

X	0	1	2
p_k	0.01	0.18	0.81

至少投中 1 次的概率为 0.99.

14.

X	0	1	2
p_k	0.3	0.6	0.1

2 块被检查芯片中不超过 1 块有缺陷的概率为 0.9.

15.

Y	0	1	4	9
p_k	1/5	7/30	1/5	11/30

16. $P\{Y=1\}=\frac{1}{3}$;$P\{Y=-1\}=\frac{2}{3}$.

17.

Y	−1	0	1
p_k	1/15	2/3	4/15

18. (1)$f_Y(y)=\begin{cases}\frac{1}{y}\frac{1}{\sqrt{2\pi}}e^{-\ln 2y/2}, & y>0\\ 0, & y\leqslant 0\end{cases}$;

(2)$f_Y(y)=\begin{cases}\frac{1}{2}\sqrt{\frac{2}{y-1}}\frac{1}{\sqrt{2\pi}}e^{-(y-1)/4}, & y>1\\ 0, & y\leqslant 1\end{cases}$;

(3) $f_Y(y)=\begin{cases}\frac{2}{\sqrt{2\pi}}e^{-y^2/2}, & y>0\\ 0, & y\leqslant 0\end{cases}$.

19. (1)$F_T(t)=\begin{cases}1-e^{-\lambda t}, & t\geqslant 0\\ 0, & t<0\end{cases}$,即间隔时间 T

服从参数为 λ 的指数分布；(2) $e^{-8\lambda}$.

20. 4.5.

21. 2.8，1.96.

22. $\frac{1}{2}$，$\frac{5}{4}$，4.

23. $p_1=0.4$，$p_2=0.1$，$p_3=0.5$.

24. 0.4.

25.

X	2	3	4
p_k	28/45	14/45	1/15

数学期望 $E(X)=\frac{22}{9}$.

26. $E(X)=0.3$，$\sigma(X)=0.5$.

27. $\lambda=2$.

28. 1.8.

29. $P\{X=2\}=0.1875$，$E(X)=\frac{4}{3}$.

30. 0.616 0.

31. (1)0.002 8；(2)0.978 6.

习题 3

1. (1) $A=\frac{1}{2}$；(2) $\frac{1}{2}(1-e^{-1})$；(3) $F(x)=\begin{cases}\frac{1}{2}e^{x}, & x<0,\\ 1-\frac{1}{2}e^{-x}, & x\geqslant 0\end{cases}$.

2. (1)$A=1$，$B=-1$；(2) $1-e^{-2\lambda}$，$e^{-3\lambda}$；

(3)$f(x)=\begin{cases}\lambda e^{-\lambda x}, & x\geqslant 0\\ 0, & x<0\end{cases}$.

3. (1)$\frac{8}{27}$；(2) $\frac{4}{9}$；

(3) $F(x)=\begin{cases}1-\frac{100}{x}, & x\geqslant 100\\ 0, & x<0\end{cases}$.

4. $F(x)=\begin{cases}0, & x<0\\ \frac{x}{a}, & 0\leqslant x\leqslant a.\\ 1, & x>a\end{cases}$

5. $\frac{20}{27}$.

6. (1)走第二条路乘上火车的把握大些；(2)走第一条路乘上火车的把握大些；

7. (1) 0.532 8，0.697 7，0.5；(2) 3.

8. 0.045 6.

9. 31.25.

10. $F(x)=\begin{cases}0, & x<0\\ \frac{x^2}{2}, & 0\leqslant x<1\\ -\frac{x^2}{2}+2x-1, & 1\leqslant x<2\\ 1, & x\geqslant 2\end{cases}$.

11. $\frac{2}{\sqrt{\ln 3}}$.

12. $\frac{4}{5}$.

13. 0.2.

14. 0.682.

15. (1)$f_Y(y)=\begin{cases}\frac{1}{y}\cdot\frac{1}{\sqrt{2\pi}}e^{-\ln^2 y/2}, & y>0\\ 0, & y\leqslant 0\end{cases}$.

(2)$f_Y(y)=\begin{cases}\frac{1}{2}\cdot\sqrt{\frac{2}{y-1}}\cdot\frac{1}{\sqrt{2\pi}}e^{-(y-1)/4}, & y>1\\ 0, & y\leqslant 1\end{cases}$;

(3) $f_Y(y)=\begin{cases}\frac{2}{\sqrt{2\pi}}e^{-y^2/2}, & y>0\\ 0, & y\leqslant 0\end{cases}$.

16. (1)$F_T(t)=\begin{cases}1-e^{-\lambda t}, & t\geqslant 0\\ 0, & t<0\end{cases}$，即间隔时间 T 服从参数为 λ 的指数分布；(2) $e^{-8\lambda}$.

17. 略.

18. $\frac{1}{3}$.

19. 33.64.

20. $a=1$，$b=1/2$，

$F(x)=\begin{cases}0, & x<0\\ \frac{1}{2}(x^2+x), & 0\leqslant x<1.\\ 1, & x\geqslant 1\end{cases}$

21. $\frac{\pi}{12}(a^2+ab+b^2)$.

22. (1) $\frac{1}{3}$；(2) $2+e^{-2}$；(3) $1-e^{-2}$.

23. $\frac{1}{18}$.

24. 1, $\frac{1}{6}$.

25. (1) $\frac{1}{4}, -\frac{1}{4}, 1$；(2) $\frac{2}{3}$；

(3) $\frac{1}{4}(e^2-1)^2, \frac{1}{4}e^2(e^2-1)^2$.

26. 10.9.

27. 37.

28. $x_{0.5}=\frac{a+b}{2}, x_{0.8}=0.8b+0.2a, C_v(X)=\frac{\sqrt{3}(b-a)}{3|a+b|}, \beta_s(X)=0, \beta_k(X)=-\frac{6}{5}$.

29. $x_{0.5}=\frac{\ln 2}{\lambda}, x_{0.6}=\frac{\ln 5-\ln 2}{\lambda}, C_v(X)=1, \beta_s(X)=2, \beta_k(X)=6$.

30. $C_v(X)=\lambda^{-\frac{1}{2}}, \beta_s(X)=\lambda^{-\frac{1}{2}}, \beta_k(X)=\lambda^{-1}$.

习题 4

1.

Y	X			
	0	1	2	3
1	0	$\frac{3}{8}$	$\frac{3}{8}$	0
3	$\frac{1}{8}$	0	0	$\frac{1}{8}$

2.

Y	X			
	0	1	2	3
0	0	0	$\frac{3}{35}$	$\frac{2}{35}$
1	0	$\frac{6}{35}$	$\frac{12}{35}$	$\frac{2}{35}$
2	$\frac{1}{35}$	$\frac{6}{35}$	$\frac{3}{35}$	0

3. $\frac{\sqrt{2}}{4}(\sqrt{3}-1)$.

4. (1) 由 $A=12$；

(2) $F(x,y)=\begin{cases}(1-e^{-3x})(1-e^{-4y}), & y>0, x>0, \\ 0, & \text{其他}\end{cases}$；

(3) $(1-e^{-3})(1-e^{-8})\approx 0.949\,9$.

5. (1) $k=\frac{1}{8}$；(2) $\frac{3}{8}$；(3) $\frac{27}{32}$；(4) $\frac{2}{3}$.

6. (1) $f(x,y)=\begin{cases}25e^{-5y}, & 0<x<0.2, y>0 \\ 0, & \text{其他}\end{cases}$；

(2) $e^{-1}\approx 0.367\,9$.

7. $f(x,y)=\begin{cases}4, & (x,y)\in D \\ 0, & \text{其他}\end{cases}$；

$F(x,y)=$

$$\begin{cases}0, & x<-\frac{1}{2}\text{ 或 }y<0 \\ 4xy-y^2+2y, & -\frac{1}{2}\leqslant x<0\text{ 且 }0\leqslant y<2x+1 \\ 4x^2+4x+1, & -\frac{1}{2}\leqslant x<0\text{ 且 }y\geqslant 2x+1 \\ 2y-y^2, & x\geqslant 0\text{ 且 }0\leqslant y<1 \\ 1, & x\geqslant 0\text{ 且 }y\geqslant 1\end{cases}.$$

8. $f(x,y)=\begin{cases}8e^{-(4x+2y)}, & x>0, y>0 \\ 0, & \text{其他}\end{cases}$.

9. $\frac{1}{4}$.

10. $f_X(x)=\begin{cases}2.4x^2(2-x), & 0\leqslant x\leqslant 1, \\ 0, & \text{其他}\end{cases}$；

$f_Y(y)=\begin{cases}2.4y(3-4y+y^2), & 0\leqslant y\leqslant 1 \\ 0, & \text{其他}\end{cases}$.

11. $f_X(x)=\begin{cases}e^{-x}, & x>0 \\ 0, & \text{其他}\end{cases}$；

$f_Y(y)=\begin{cases}ye^{-x}, & y>0 \\ 0, & \text{其他}\end{cases}$.

12. (1) $\frac{21}{4}$；

(2) $f_X(x)=\begin{cases}\frac{21}{8}x^2(1-x^4), & -1\leqslant x\leqslant 1 \\ 0, & \text{其他}\end{cases}$,

$f_Y(y)=\begin{cases}\frac{7}{2}y^{\frac{5}{2}}, & 0\leqslant y\leqslant 1 \\ 0, & \text{其他}\end{cases}$.

13. 当 $0<x<1$ 时,

$$f_{Y|X}(y|x)=\begin{cases}\frac{1}{2x}, & |y|<x<1\\ 0, & \text{其他}\end{cases};$$

当 $-1<y<1$ 时，$f_{X|Y}(x|y)=\begin{cases}\frac{1}{1-y}, & y<x<1\\ \frac{1}{1+y}, & -y<x<1.\\ 0, & \text{其他}\end{cases}$

14.

Y	X		
	-0.5	1	3
-2	$\frac{1}{8}$	$\frac{1}{16}$	$\frac{1}{16}$
-1	$\frac{1}{6}$	$\frac{1}{12}$	$\frac{1}{12}$
0	$\frac{1}{24}$	$\frac{1}{48}$	$\frac{1}{48}$
0.5	$\frac{1}{6}$	$\frac{1}{12}$	$\frac{1}{12}$

15.(1)

X	Y			$P\{X=x_i\}$
	3	4	5	
1	$\frac{1}{10}$	$\frac{2}{10}$	$\frac{3}{10}$	$\frac{6}{10}$
2	0	$\frac{1}{10}$	$\frac{2}{10}$	$\frac{3}{10}$
3	0	0	$\frac{1}{10}$	$\frac{1}{10}$
$P\{Y=y_i\}$	$\frac{1}{10}$	$\frac{3}{10}$	$\frac{6}{10}$	

(2)X 与 Y 不独立.

16. (1)$a=\frac{14}{25}$，$b=\frac{3}{25}$；(2)X 与 Y 不独立.

17. (1)$f(x,y)=\begin{cases}\frac{1}{2}e^{-y/2}, & 0<x<1, y>0\\ 0, & \text{其他}\end{cases}$；

(2) $1-\sqrt{2\pi}[\Phi(1)-\Phi(0)]=0.144\ 5$；

18. (1)$k=24$；

(2)$f_X(x)=\begin{cases}12x^2(1-x), & 0<x<1\\ 0, & \text{其他}\end{cases}$，

$f_Y(y)=\begin{cases}12y(1-y)^2, & 0<y<1\\ 0, & \text{其他}\end{cases}$；

(3)X 与 Y 不独立.

19.

X	Y			$P\{X=x_i\}=P_i$
	y_1	y_2	y_3	
x_1	$\frac{1}{24}$	$\frac{1}{8}$	$\frac{1}{12}$	$\frac{1}{4}$
x_2	$\frac{1}{8}$	$\frac{3}{8}$	$\frac{1}{4}$	$\frac{3}{4}$
$P\{Y=y_j\}=p_j$	$\frac{1}{6}$	$\frac{1}{2}$	$\frac{1}{3}$	1

20. (1) $C_n^m p^m(1-p)^{n-m}$，$0\leqslant m\leqslant n$，$n=0,1,\cdots$；

(2) $P\{X=n,Y=m\}=C_n^m p^m(1-p)^{n-m}\frac{e^{-\lambda}}{n!}\lambda^n$，$0\leqslant m\leqslant n$，$n=0,1,2,\cdots$.

21.

Z	0	1	2
p_k	$\frac{9}{16}$	$\frac{6}{16}$	$\frac{1}{16}$

22. 略.

23. $f_Z(z)=\begin{cases}\frac{3z^2}{4}, & 0\leqslant z\leqslant 1\\ -\frac{9z^2}{4}+6z-3, & 1<z<2\\ 0, & \text{其他}\end{cases}$.

24. (1)e^{-1}；(2)$f_Z(z)=\begin{cases}0, & z\leqslant 0\\ 1-e^{-z}, & 0<z<1\\ e^{1-z}-e^{-z}, & z\geqslant 1\end{cases}$.

25. $f_z(z)=\begin{cases}\frac{z^3}{6}e^{-z}, & z>0\\ 0, & z\leqslant 0\end{cases}$.

26. $g(u)=0.3f(u-1)+0.7f(u-2)$.

27. (1)$\frac{1}{2}$，$\frac{1}{3}$；

(2)

$V=\max(X,Y)$	0	1	2	3	4	5
p_k	0	0.04	0.16	0.28	0.24	0.28

(3)

$U=\min(X,Y)$	0	1	2	3
p_k	0.28	0.30	0.25	0.17

28. (1) $\frac{3}{4}$; (2) $\frac{3}{4}$.

29. $\frac{1}{9}$.

30. (1) $\frac{1}{1-e^{-1}}$;

(2) $f_X(x)=\begin{cases}0, & x\leqslant 0 \text{ 或 } x\geqslant 1\\ \frac{e^{-x}}{1-e^{-1}}, & 0<x<1\end{cases}$,

$f_Y(y)=\begin{cases}0, & y\leqslant 0\\ e^{-y}, & y>0\end{cases}$;

(3) $F_U(u)=\begin{cases}0, & u<0\\ \frac{(1-e^{-u})^2}{1-e^{-1}}, & 0\leqslant u<1.\\ 1-e^{-u}, & u\geqslant 1\end{cases}$

31. (1) 利用 $\Gamma(\alpha)=\int_0^{+\infty} x^{\alpha-1}e^{-x}dx$ 的性质：$\Gamma(\alpha+1)=\alpha\Gamma(\alpha)$, $c=1$;

(2) X 与 Y 不独立；(3) $y>0$ 时，

$f_{X|Y}(x|y)=\begin{cases}\frac{2x}{y^2}, & 0<x<y<+\infty\\ 0, & \text{其他}\end{cases}$,

$x>0$ 时，$f_{Y|X}(y|x)=\begin{cases}e^{x-y}, & 0<x<y<+\infty\\ 0, & \text{其他}\end{cases}$;

(4) $\frac{1-2e^{-1}-\frac{1}{2}e^{-2}}{1-5e^{-2}}$, $\frac{1}{4}$;

(5) $F(x,y)=$

$\begin{cases}0, & x<0 \text{ 或 } y<0\\ 1-\left(\frac{1}{2}y^2+y+1\right)e^{-y}, & 0\leqslant y<x<+\infty\\ 1-(x+1)e^{-x}-\frac{1}{2}x^2e^{-y}, & 0\leqslant x<y<+\infty\end{cases}$;

(6) $f_z(z)=\begin{cases}e^{-z}+\left(\frac{z}{2}-1\right)e^{-\frac{z}{2}}, & z\geqslant 0\\ 0, & z<0.\end{cases}$;

(7) $1-e^{-\frac{1}{2}}-e^{-1}$; (8) $1-\frac{5}{2}e^{-1}$.

32. (1) 2, 0; (2) $-\frac{1}{15}\frac{1}{2}$.

33. 4.

34. (1) $\frac{3}{4}$, $\frac{5}{8}$; (2) $\frac{1}{8}$.

35. 0, $\frac{16}{3}$, 28.

36. (1) 1 200, 1 225; (2) 1 282.

37. 略.

38. 略.

39. $\frac{4}{225}$, $\frac{1}{9}$.

40. -1.

41. $-\left(\frac{\pi-4}{4}\right)^2$, $-\frac{\pi^2-8\pi+16}{\pi^2+8\pi-32}$.

42. 0.

43. $-\frac{1}{2}$.

44. 85, 37.

45. (1) $\frac{1}{3}$, 3; (2) 0; (3) 略.

46. $\frac{7\sqrt{55}}{110}$.

习题 5

1. B.
2. 0.888 9.
3. $\frac{9}{14}$.
4. $\frac{1}{12}$.
5. 0.65.
6. A.
7. D.
8. D.
9. (1) $2\Phi(\sqrt{3n}\varepsilon)-1$; (2) 0.92; (3) 46.
10. 0.348.
11. (1) 0.135 7; (2) 0.993 8.
12. 98.
13. 0.94.
14. 0.997 7.
15. 16.
16. 1.25×10^{-4}.
17. 0.998.

18. 103.

19. (1)0.894 4；(2) 0.137 9 .

20. (1)$P(X=k)=C_{100}^{k}0.2^{k}\ 0.8^{100-k}$，$k=1,2,\cdots,100$；(2)0.927.

习题 6

1. (1)$16e^{-2(x_1+x_2+x_3+x_4)}$ $(x_1,x_2,x_3,x_4>0)$；(2)$(e^{-1}-e^{-2})(e^{-1.4}-e^{-2.4})$；

(3)$\frac{1}{2},\frac{1}{16}$；(4)$\frac{1}{4},\frac{1}{8}$；(5)$\frac{3}{16}$.

2. (1)0.000 398；(2)$10e^{-10}$.

3. C.

4. (1)T_1 和 T_4 是，T_2 和 T_3 不是；(2)$\overline{X}=0.8$，$S^2=0.052$，$S=0.228$.

5. $\frac{1}{3}$.

6. $\frac{1}{4}$.

7. A.

8. C.

9. C.

10. $a=26.105$.

11. 0.75.

12. 略.

13. B.

14. 0.05.

15. $T\sim t(n-1)$.

16. 略.

17. $F(5,n-5)$.

18. (1)$Y_1\sim t(m)$；(2)$Y_2\sim F(n,m)$.

19. (1)0.829 3；(2)0.262 8.

20. (1)21，0.4^2；(2)0.451 4.

21. 0.674 4.

22. 35.

23. 5.43.

24. (1)0.091 8；(2)0.682 6.

25. 0.816 4.

习题 7

1. $\hat{\theta}=\frac{5}{6}$.

2. $\hat{b}=1.69$.

3. $\hat{\theta}=3\overline{X}$.

4. $\hat{p}=1+\overline{X}-\frac{A_2}{\overline{X}}$，$\hat{m}=\frac{(\overline{X})^2}{\overline{X}+(\overline{X})^2-A_2}$.

5. (1)$\hat{\lambda}=\overline{X}$；(2) $\hat{\lambda}=\frac{1}{n}\sum_{i=1}^{n}x_i=\bar{x}$.

6. $\hat{p}=\frac{n}{\sum_{i=1}^{n}x_i}=\frac{1}{\bar{x}}$.

7. (1)$2\overline{X}$；(2)$\max\{X_1,X_2,\cdots,X_n\}$.

8. $\frac{2\overline{X}-1}{1-\overline{X}}$，$-1-\frac{n}{\sum_{i=1}^{n}\ln x_i}$.

9. (1) $\hat{\mu}=\frac{\sum_{i=1}^{n}x_i}{n}=\bar{x}$；

(2) $\hat{\sigma}^2=\frac{1}{n}\sum_{i=1}^{n}(x_i-\mu)^2$.

10. (1)$\frac{\overline{X}}{2},\frac{\bar{x}}{2}$；(2)$\frac{\bar{x}}{3}$；(3)$\frac{\bar{x}}{m}$.

11. $\hat{a}=\overline{X}-\sqrt{\frac{3}{n}\sum_{i=1}^{n}(X_i-\overline{X})^2}$，

$\hat{b}=\overline{X}+\sqrt{\frac{3}{n}\sum_{i=1}^{n}(X_i-\overline{X})^2}$.

12. 略.

13. (1)略；(2)略；(3)$4\lambda+\lambda^2$，略.

14. (1)T_1，T_3；(2)T_3 比 T_1 更有效.

15. (40.284, 204.984).

16. (−8.262 8, −0.137 2).

17. (0.645 7, 3.626 0).

18. (1)(1 464.42, 1 491.58)；

(2)(1 466.60, 1 489.40).

19. (1)$\hat{\mu}=\bar{x}=56.8$；(2)(55.56, 58.04).

20. (1)$\hat{\mu}=14.72$，$\hat{s}^2=1.907\ 2$；

(2)(14.292, 15.148).

21. (60.33, 72.27).

22. (17.90, 20.24).

23. (1)37.75；(2)(4.406, 10.142).

24. (−3.65, 9.05).

25. (0.148, 2.446).

26. 12.22.

27. 11.67.

28. 6.75.

习题 8

1. 可以.
2. 有.
3. 拒绝 H_0.
4. 不合格.
5. 有.
6. 接受 H_0.
7. 接受 H_0.
8. 拒绝 H_0.
9. 接受 H_0.
10. 接受 H_0.
11. 接受 H_0.
12. 接受 H_0.
13. 接受 H_0.
14. 拒绝 H_0.
15. 接受 H_0.
16. 拒绝 H_0.
17. 接受 H_0.
18. 接受 H_0.
19. (1)拒绝 H_0;(2)接受 H_0'.
20. (1)拒绝 H_0;(2)接受 H_0'.
21. 不能.
22. 无.
23. 拒绝 H_0.
24. 接受 H_0.
25. 拒绝 H_0.
26. 无.
27. 没有.
28. (1)接受 H_0;(2)拒绝 H_0'.
29. 无.
30. 接受 H_0.
31. 接受 H_0.

习题 9

1. $\hat{p}=-10\ 562+4\ 165.85l$.
2. $\dfrac{\sum\limits_{i=1}^{n}x_iy_i}{\sum\limits_{i=1}^{n}x_i^2}$.
3. (1)$y=13.96+12.55x$;(2)回归方程显著成立.
4. (1)$y=79.37-0.123x$;(2)回归方程显著成立.
5. $\hat{\beta}_0=-11.3,\hat{\beta}_1=36.95$.
6. $\hat{y}=5.898+0.961\ 8x$(以 1978 年为起点,即 $x=0$,价格单位为分).
7. (1)$\hat{y}=10.28+0.304x$;
   (2)(77.546,79.814).
8. $k=1.42,c=0.969$.
9. $y=1.79\mathrm{e}^{-\frac{0.15}{x}}$.
10. $\hat{y}=2.198\ 2-0.022\ 5x+0.000\ 125\ 1x^2$.
11. (1)$\hat{y}=257.070-12.620x+0.156x^2$;
    (2)回归方程显著成立.
12. $\hat{y}=43.65+1.78x_1-0.08x_2+0.16x_3$.
13. 有显著影响.
14. 灯丝材料对灯泡寿命无显著影响.
15. 无显著差异.
16. 有显著的差异.
17. 有显著的差异.

附　　录

附录 A　常用的概率分布表

分布名称	参数	分布律或概率密度	期望	方差
(0-1)分布	$0<p<1$	$P(X=k)=p^k(1-p)^{1-k},\quad k=0,1$	p	$p(1-p)$
二项分布	$n\geqslant 1$ $0<p<1$	$P(X=k)=C_n^k p^k(1-p)^{n-k},\quad k=0,1,\cdots,n$	np	$np(1-p)$
负二项分布	$r\geqslant 1$ $0<p<1$	$P(X=k)=C_{k-1}^{r-1}p^r(1-p)^{k-r},\quad k=r,r+1,\cdots$	$\frac{r}{p}$	$\frac{r(1-p)}{p^2}$
几何分布	$0<p<1$	$P(X=k)=p(1-p)^{k-1},\quad k=1,2,\cdots$	$\frac{1}{p}$	$\frac{1-p}{p^2}$
超几何分布	M,N,n $M\leqslant n$ $n\leqslant N$	$P(X=k)=\frac{C_M^k C_{N-M}^{n-k}}{C_N^n},\quad k=0,1,\cdots,n$	$\frac{nM}{N}$	$\frac{nM(N-M)(N-n)}{N^2(N-1)}$
泊松分布	$\lambda>0$	$P(X=k)=\frac{\lambda^k e^{-\lambda}}{k!},\quad k=0,1,\cdots$	λ	λ
均匀分布	$a<b$	$f(x)=\begin{cases}\frac{1}{b-a}, & a<x<b\\ 0, & 其他\end{cases}$	$\frac{a+b}{2}$	$\frac{(a-b)^2}{12}$
正态分布	$\mu\in\mathbf{R}$ $\sigma>0$	$f(x)=\frac{1}{\sqrt{2\pi}\,\sigma}e^{-\frac{(x-\mu)^2}{2\sigma^2}},\quad -\infty<x<\infty$	μ	σ^2
指数分布	$\lambda>0$	$f(x)=\begin{cases}\lambda e^{-\lambda x}, & x>0\\ 0, & x\leqslant 0\end{cases}$	$\frac{1}{\lambda}$	$\frac{1}{\lambda^2}$
Γ分布	$\alpha>0$ $\beta>0$	$f(x)=\begin{cases}\frac{1}{\beta^\alpha\Gamma(\alpha)}x^{\alpha-1}e^{-x/\beta}, & x>0\\ 0, & x\leqslant 0\end{cases}$	$\alpha\beta$	$\alpha\beta^2$

续表

分布名称	参　数	分布律或概率密度	期　望	方　差
χ^2 分布	$n\geqslant 1$	$f(x)=\begin{cases}\dfrac{1}{2^{\frac{n}{2}}\Gamma\left(\frac{n}{2}\right)}x^{\frac{n}{2}-1}\mathrm{e}^{-\frac{x}{2}}, & x>0\\ 0, & x\leqslant 0\end{cases}$	n	$2n$
t 分布	$n\geqslant 1$	$f(x)=\dfrac{\Gamma\left(\frac{n+1}{2}\right)}{\sqrt{n\pi}\,\Gamma\left(\frac{n}{2}\right)}\left(1+\dfrac{x^2}{n}\right)^{-\frac{n+1}{2}}$	$0\quad(n>1)$	$\dfrac{n}{n-2}\quad(n>2)$
F 分布	n_1,n_2	$f(x)=\begin{cases}\dfrac{\Gamma\left(\frac{n_1+n_2}{2}\right)}{\Gamma\left(\frac{n_1}{2}\right)\Gamma\left(\frac{n_2}{2}\right)}\left(\dfrac{n_1}{n_2}\right)^{\frac{n_1}{2}}x^{\frac{n_1}{2}-1}\left(1+\dfrac{n_1}{n_2}x\right)^{-\frac{n_1+n_2}{2}}, & x>0\\ 0, & x\leqslant 0\end{cases}$	$\dfrac{n_2}{n_2-2}$ $(n_2>2)$	$\dfrac{2n_2^2(n_1+n_2-2)}{n_1(n_2-2)^2(n_2-4)}\quad(n_2>4)$
β 分布	$\alpha>0$ $\beta>0$	$f(x)=\begin{cases}\dfrac{\Gamma(\alpha+\beta)}{\Gamma(\alpha)\Gamma(\beta)}x^{\alpha-1}(1-x)^{\beta-1}, & 0<x<1\\ 0, & x\leqslant 0\end{cases}$	$\dfrac{\alpha}{\alpha+\beta}$	$\dfrac{\alpha\beta}{(\alpha+\beta)^2(\alpha+\beta+1)}$
柯西分布	$\alpha\in\mathbf{R},\lambda>0$	$f(x)=\dfrac{1}{\pi}\cdot\dfrac{\lambda}{\lambda^2+(x-\alpha)^2}$	不存在	不存在
瑞利分布	$\sigma>0$	$f(x)=\begin{cases}\dfrac{x}{\sigma^2}\mathrm{e}^{-\frac{x^2}{2\sigma^2}}, & x>0\\ 0, & x\leqslant 0\end{cases}$	$\sqrt{\dfrac{\pi}{2}}\,\sigma$	$\left(2-\dfrac{\pi}{2}\right)\sigma^2$
对数正态分布	$\mu\in\mathbf{R}$ $\sigma>0$	$f(x)=\begin{cases}\dfrac{1}{\sqrt{2\pi}\,\sigma x}\mathrm{e}^{-\frac{(\ln x-\mu)^2}{2\sigma^2}}, & x>0\\ 0, & x\leqslant 0\end{cases}$	$\mathrm{e}^{\mu+\frac{\sigma^2}{2}}$	$\mathrm{e}^{2\mu+\sigma^2}(\mathrm{e}^{\sigma^2}-1)$
威布尔分布	$\eta>0$ $\beta>0$	$f(x)=\begin{cases}\dfrac{\beta}{\eta}\left(\dfrac{x}{\eta}\right)^{\beta-1}\mathrm{e}^{-\left(\frac{x}{\eta}\right)^{\beta}}, & x>0\\ 0, & x\leqslant 0\end{cases}$	$\eta\Gamma\left(\dfrac{1}{\beta}+1\right)$	$\eta^2\left\{\Gamma\left(\dfrac{2}{\beta}+1\right)-\left[\Gamma\left(\dfrac{1}{\beta}+1\right)\right]^2\right\}$

附录 B 泊松分布表

$$F(x) = P(X \leqslant x) = \sum_{k=0}^{x} \frac{\lambda^k e^{-\lambda}}{k!}$$

x	λ									
	0.1	0.2	0.3	0.4	0.5	0.6	0.7	0.8	0.9	1.0
0	0.904 8	0.818 7	0.740 8	0.670 3	0.606 5	0.548 8	0.496 6	0.449 3	0.406 6	0.367 9
1	0.995 3	0.982 5	0.963 1	0.938 5	0.909 8	0.878 1	0.844 2	0.808 8	0.772 5	0.735 8
2	0.999 8	0.998 9	0.996 4	0.992 1	0.985 6	0.976 9	0.965 9	0.952 6	0.937 1	0.919 7
3	1.000 0	0.999 9	0.999 7	0.999 2	0.998 3	0.996 7	0.994 3	0.990 9	0.986 5	0.981 0
4		1.000 0	1.000 0	0.999 9	0.999 8	0.999 6	0.999 2	0.998 6	0.997 7	0.996 3
5				1.000 0	1.000 0	1.000 0	0.999 9	0.999 8	0.999 7	0.999 4
6							1.000 0	1.000 0	1.000 0	0.999 9
7										1.000 0

x	λ									
	1.1	1.2	1.3	1.4	1.5	1.6	1.7	1.8	1.9	2
0	0.332 9	0.301 2	0.272 5	0.246 6	0.223 1	0.201 9	0.182 7	0.165 3	0.149 6	0.135 3
1	0.699 0	0.662 6	0.626 8	0.591 8	0.557 8	0.524 9	0.493 2	0.462 8	0.433 8	0.406 0
2	0.900 4	0.879 5	0.857 1	0.833 5	0.808 9	0.783 4	0.757 2	0.730 6	0.703 7	0.676 7
3	0.974 3	0.966 2	0.956 9	0.946 3	0.934 4	0.921 2	0.906 8	0.891 3	0.874 7	0.857 1
4	0.994 6	0.992 2	0.989 3	0.985 8	0.981 4	0.976 3	0.970 4	0.963 6	0.955 9	0.947 4
5	0.999 0	0.998 5	0.997 8	0.996 8	0.995 6	0.994 0	0.992 0	0.989 6	0.986 8	0.983 4
6	0.000 8	0.001 3	0.001 8	0.002 6	0.003 5	0.004 7	0.006 1	0.007 8	0.009 8	0.012 0
7	0.999 9	0.999 7	0.999 6	0.999 4	0.999 1	0.998 7	0.998 1	0.997 4	0.996 6	0.995 5
8	1.000 0	1.000 0	0.999 9	0.999 9	0.999 8	0.999 7	0.999 6	0.999 4	0.999 2	0.998 9
9			1.000 0	1.000 0	1.000 0	1.000 0	0.999 9	0.999 9	0.999 8	0.999 8

续表

x	λ									
	2.1	2.2	2.3	2.4	2.5	2.6	2.7	2.8	2.9	3
0	0.122 5	0.110 8	0.100 3	0.090 7	0.082 1	0.074 3	0.067 2	0.060 8	0.055 0	0.049 8
1	0.379 6	0.354 6	0.330 9	0.308 4	0.287 3	0.267 4	0.248 7	0.231 1	0.214 6	0.199 2
2	0.649 6	0.622 7	0.596 0	0.569 7	0.543 8	0.518 4	0.493 6	0.469 5	0.446 0	0.423 2
3	0.838 7	0.819 4	0.799 4	0.778 7	0.757 6	0.736 0	0.714 1	0.691 9	0.669 6	0.647 2
4	0.937 9	0.927 5	0.916 3	0.904 1	0.891 2	0.877 4	0.862 9	0.847 7	0.831 8	0.815 3
5	0.979 6	0.975 1	0.970 0	0.964 3	0.958 0	0.951 0	0.943 3	0.934 9	0.925 8	0.916 1
6	0.994 2	0.992 5	0.990 6	0.988 4	0.985 8	0.982 8	0.979 4	0.975 6	0.971 3	0.966 5
7	0.998 5	0.998 0	0.997 4	0.996 7	0.995 7	0.994 7	0.993 4	0.991 9	0.990 1	0.988 1
8	0.999 7	0.999 5	0.999 4	0.999 2	0.998 9	0.998 5	0.998 1	0.997 6	0.996 9	0.996 2
9	1.000 0	0.999 9	0.999 9	0.999 8	0.999 7	0.999 6	0.999 5	0.999 3	0.999 1	0.998 9
10		1.000 0	1.000 0	1.000 0	0.999 9	0.999 9	0.999 9	0.999 8	0.999 8	0.999 7
11					1.000 0	1.000 0	1.000 0	1.000 0	1.000 0	0.999 9
12										1.000 0

x	λ									
	3.1	3.2	3.3	3.4	3.5	3.6	3.7	3.8	3.9	4
0	0.045 1	0.040 8	0.036 9	0.033 4	0.030 2	0.027 3	0.024 7	0.022 4	0.020 2	0.018 3
1	0.184 7	0.171 2	0.158 6	0.146 8	0.135 9	0.125 7	0.116 2	0.107 4	0.099 2	0.091 6
2	0.401 2	0.379 9	0.359 4	0.339 7	0.320 9	0.302 8	0.285 4	0.268 9	0.253 1	0.238 1
3	0.624 8	0.602 5	0.580 3	0.558 4	0.536 6	0.515 2	0.494 2	0.473 5	0.453 2	0.433 5
4	0.798 2	0.780 6	0.762 6	0.744 2	0.725 5	0.706 4	0.687 2	0.667 9	0.648 4	0.628 9
5	0.905 7	0.894 6	0.882 9	0.870 5	0.857 6	0.844 1	0.830 1	0.815 6	0.800 6	0.785 1
6	0.961 2	0.955 4	0.949 0	0.942 1	0.934 7	0.926 7	0.918 2	0.909 1	0.899 5	0.889 3
7	0.985 8	0.983 2	0.980 2	0.976 9	0.973 3	0.969 2	0.964 8	0.959 9	0.954 6	0.948 9
8	0.995 3	0.994 3	0.993 1	0.991 7	0.990 1	0.988 3	0.986 3	0.984 0	0.981 5	0.978 7
9	0.998 6	0.998 2	0.997 8	0.997 3	0.996 7	0.996 0	0.995 2	0.994 2	0.993 1	0.991 9
10	0.999 6	0.999 5	0.999 4	0.999 2	0.999 0	0.998 7	0.998 4	0.998 1	0.997 7	0.997 2
11	0.999 9	0.999 9	0.999 8	0.999 8	0.999 7	0.999 6	0.999 5	0.999 4	0.999 3	0.999 1
12	1.000 0	1.000 0	1.000 0	0.999 9	0.999 9	0.999 9	0.999 9	0.999 8	0.999 8	0.999 7
13				1.000 0	1.000 0	1.000 0	1.000 0	1.000 0	0.999 9	0.999 9
14									1.000 0	1.000 0

续表

x	λ									
	4.1	4.2	4.3	4.4	4.5	4.6	4.7	4.8	4.9	5
0	0.016 6	0.015 0	0.013 6	0.012 3	0.011 1	0.010 1	0.009 1	0.008 2	0.007 5	0.006 7
1	0.084 5	0.078 0	0.071 9	0.066 3	0.061 1	0.056 3	0.051 9	0.047 7	0.043 9	0.040 4
2	0.223 8	0.210 2	0.197 4	0.185 1	0.173 6	0.162 6	0.152 3	0.142 5	0.133 3	0.124 7
3	0.414 2	0.395 4	0.377 2	0.359 5	0.342 3	0.325 7	0.309 7	0.294 2	0.279 4	0.265 0
4	0.609 3	0.589 8	0.570 4	0.551 2	0.532 1	0.513 2	0.494 6	0.476 3	0.458 2	0.440 5
5	0.769 3	0.753 2	0.736 7	0.719 9	0.702 9	0.685 8	0.668 5	0.651 0	0.633 5	0.616 0
6	0.878 7	0.867 5	0.855 8	0.843 7	0.831 1	0.818 0	0.804 6	0.790 8	0.776 7	0.762 2
7	0.942 7	0.936 1	0.929 0	0.921 4	0.913 4	0.905 0	0.896 1	0.886 7	0.876 9	0.866 6
8	0.975 5	0.972 1	0.968 3	0.964 2	0.959 8	0.954 9	0.949 8	0.944 2	0.938 3	0.931 9
9	0.990 5	0.988 9	0.987 1	0.985 1	0.982 9	0.980 5	0.977 8	0.974 9	0.971 7	0.968 2
10	0.996 6	0.995 9	0.995 2	0.994 3	0.993 3	0.992 2	0.991 0	0.989 6	0.988 0	0.986 3
11	0.998 9	0.998 6	0.998 3	0.998 0	0.997 6	0.997 1	0.996 6	0.996 0	0.995 3	0.994 5
12	0.999 7	0.999 6	0.999 5	0.999 4	0.999 2	0.999 0	0.998 8	0.998 6	0.998 3	0.998 0
13	0.999 9	0.999 9	0.999 8	0.999 8	0.999 7	0.999 7	0.999 6	0.999 5	0.999 4	0.999 3
14	1.000 0	1.000 0	1.000 0	1.000 0	0.999 9	0.999 9	0.999 9	0.999 9	0.999 8	0.999 8
15					1.000 0	1.000 0	1.000 0	1.000 0	1.000 0	0.999 9
16										1.000 0

x	λ								
	5.5	6	6.5	7	7.5	8	8.5	9	9.5
0	0.004 1	0.002 5	0.001 5	0.000 9	0.000 6	0.000 3	0.000 2	0.000 1	0.000 1
1	0.026 6	0.017 4	0.011 3	0.007 3	0.004 7	0.003 0	0.001 9	0.001 2	0.000 8
2	0.088 4	0.062 0	0.043 0	0.029 6	0.020 3	0.013 8	0.009 3	0.006 2	0.004 2
3	0.201 7	0.151 2	0.111 8	0.081 8	0.059 2	0.042 4	0.030 1	0.021 2	0.014 9
4	0.357 5	0.285 1	0.223 7	0.173 0	0.132 1	0.099 6	0.074 4	0.055 0	0.040 3
5	0.528 9	0.445 7	0.369 0	0.300 7	0.241 4	0.191 2	0.149 6	0.115 7	0.088 5
6	0.686 0	0.606 3	0.526 5	0.449 7	0.378 2	0.313 4	0.256 2	0.206 8	0.165 0
7	0.809 5	0.744 0	0.672 7	0.598 7	0.524 6	0.453 0	0.385 6	0.323 9	0.268 7

续表

x	λ								
	5.5	6	6.5	7	7.5	8	8.5	9	9.5
8	0.894 4	0.847 2	0.791 6	0.729 1	0.662 0	0.592 6	0.523 1	0.455 7	0.391 8
9	0.946 2	0.916 1	0.877 4	0.830 5	0.776 4	0.716 6	0.653 0	0.587 4	0.521 8
10	0.974 8	0.957 4	0.933 2	0.901 5	0.862 2	0.815 9	0.763 4	0.706 0	0.645 3
11	0.989 0	0.979 9	0.966 1	0.946 6	0.920 8	0.888 1	0.848 7	0.803 0	0.752 0
12	0.995 6	0.991 2	0.984 0	0.973 0	0.957 3	0.936 2	0.909 1	0.875 8	0.836 4
13	0.998 3	0.996 4	0.992 9	0.987 2	0.978 4	0.965 8	0.948 6	0.926 2	0.898 1
14	0.999 4	0.998 6	0.997 0	0.994 3	0.989 7	0.982 8	0.972 6	0.958 6	0.940 0
15	0.999 8	0.999 5	0.998 8	0.997 6	0.995 4	0.991 8	0.986 2	0.978 0	0.966 5
16	0.999 9	0.999 8	0.999 6	0.999 0	0.998 0	0.996 3	0.993 4	0.988 9	0.982 3
17	1.000 0	0.999 9	0.999 8	0.999 6	0.999 2	0.998 4	0.997 0	0.994 7	0.991 1
18		1.000 0	0.999 9	0.999 9	0.999 7	0.999 4	0.998 7	0.997 6	0.995 7
19			1.000 0	1.000 0	0.999 9	0.999 8	0.999 5	0.999 0	0.998 0
20					1.000 00	0.999 9	0.999 8	0.999 6	0.999 1
21						1.000 0	1.000 0	1.000 0	1.000 0

x	λ								
	10.0	11.0	12.0	13.0	14.0	15.0	16.0	17.0	18.0
0	0.000 1	0.000 0	0.000 0						
1	0.000 5	0.000 2	0.000 1	0.000 0	0.000 0				
2	0.002 8	0.001 2	0.000 5	0.000 2	0.001 0	0.000 0	0.000 0		
3	0.010 3	0.004 9	0.002 3	0.001 0	0.000 5	0.000 2	0.000 1	0.000 0	0.000 0
4	0.029 3	0.015 1	0.007 6	0.003 7	0.001 8	0.000 9	0.000 4	0.000 2	0.000 1
5	0.067 1	0.037 5	0.020 3	0.010 7	0.005 5	0.002 8	0.001 4	0.000 7	0.000 3
6	0.130 2	0.078 6	0.045 8	0.025 9	0.014 2	0.007 6	0.004 0	0.002 1	0.001 0
7	0.220 2	0.143 2	0.089 5	0.054 0	0.031 6	0.018 0	0.010 0	0.005 4	0.002 9
8	0.332 8	0.232 0	0.115 0	0.099 8	0.062 1	0.037 4	0.022 0	0.012 6	0.007 1
9	0.457 9	0.340 5	0.242 4	0.165 8	0.109 4	0.069 9	0.043 3	0.261	0.015 4
10	0.583 1	0.459 9	0.347 2	0.251 7	0.175 7	0.118 5	0.077 4	0.049 1	0.030 4

续表

x	λ								
	10.0	11.0	12.0	13.0	14.0	15.0	16.0	17.0	18.0
11	0.696 8	0.579 3	0.461 6	0.353 2	0.260 0	0.184 8	0.127 0	0.084 7	0.054 9
12	0.791 6	0.688 7	0.576 0	0.463 1	0.358 5	0.267 6	0.193 1	0.135 0	0.091 7
13	0.864 5	0.781 3	0.681 5	0.573 0	0.464 4	0.363 2	0.274 5	0.200 9	0.142 6
14	0.916 6	0.854 0	0.772 0	0.675 1	0.570 4	0.465 7	0.367 5	0.280 8	0.208 1
15	0.951 3	0.907 4	0.844 44	0.763 6	0.669 4	0.568 1	0.466 7	0.371 5	0.286 7
16	0.973 0	0.944 1	0.898 7	0.835 5	0.755 9	0.664 1	0.566 0	0.467 7	0.375 0
17	0.985 7	0.967 8	0.937 0	0.890 5	0.827 2	0.748 9	0.659 3	0.564 0	0.468 6
18	0.992 8	0.982 3	0.962 6	0.930 2	0.882 6	0.819 5	0.742 3	0.655 0	0.562 2
19	0.996 5	0.990 7	0.978 7	0.957 3	0.923 5	0.875 2	0.812 2	0.736 3	0.650 9
20	0.998 444	0.995 3	0.988 4	0.975 0	0.952 1	0.917 0	0.868 2	0.805 5	0.730 7
21	0.999 3	0.997 7	0.993 9	0.985 9	0.971 2	0.946 9	0.910 8	0.861 5	0.799 1
22	0.999 7	0.999 0	0.997 0	0.992 4	0.983 3	0.967 3	0.941 8	0.904 7	0.855 1
23	0.999 9	0.999 5	0.998 5	0.996 0	0.990 7	0.980 5	0.963 3	0.936 7	0.898 9
24	1.000 0	0.999 8	0.999 3	0.998 0	0.995 0	0.988 8	0.977 7	0.959 4	0.931 7
25		0.999 9	0.999 7	0.999 0	0.997 4	0.993 8	0.986 9	0.974 8	0.955 4
26		1.000 0	0.999 9	0.999 5	0.998 7	0.996 7	0.992 5	0.984 8	0.971 8
27			0.999 9	0.999 8	0.999 4	0.998 3	0.995 9	0.991 2	0.982 7
28			1.000 0	0.999 9	0.999 7	0.999 1	0.997 8	0.995 0	0.989 7
29				1.000 0	0.999 9	0.999 6	0.998 9	0.997 3	0.994 1
30					0.999 9	0.999 8	0.999 4	0.998 6	0.996 7
31					1.000 0	0.999 9	0.999 7	0.999 3	0.998 2
32						1.000 0	0.999 9	0.999 6	0.999 0
33							0.999 9	0.999 8	0.999 5
34							1.000 0	0.999 9	0.999 8
35								1.000 0	0.999 9
36									0.999 9
37									1.000 0

附录 C　标准正态分布表

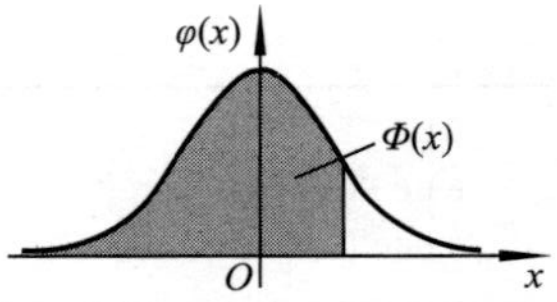

$$\Phi(x)=P\{X \leqslant x\}=\int_{-\infty}^{x} \frac{1}{\sqrt{2\pi}} e^{-\frac{t^2}{2}} dt$$

x	0.00	0.01	0.02	0.03	0.04	0.05	0.06	0.07	0.08	0.09
0.0	0.500 0	0.504 0	0.508 0	0.512 0	0.516 0	0.519 9	0.523 9	0.527 9	0.531 9	0.535 9
0.1	0.539 8	0.543 8	0.547 8	0.551 7	0.555 7	0.559 6	0.563 6	0.567 5	0.571 4	0.575 3
0.2	0.579 3	0.583 2	0.587 1	0.591 0	0.594 8	0.598 7	0.602 6	0.606 4	0.610 3	0.614 1
0.3	0.617 9	0.621 7	0.625 5	0.629 3	0.633 1	0.636 8	0.640 6	0.644 3	0.648 0	0.651 7
0.4	0.655 4	0.659 1	0.662 8	0.666 4	0.670 0	0.673 6	0.677 2	0.680 8	0.684 4	0.687 9
0.5	0.691 5	0.695 0	0.698 5	0.701 9	0.705 4	0.708 8	0.712 3	0.715 7	0.719 0	0.722 4
0.6	0.725 7	0.729 1	0.732 4	0.735 7	0.738 9	0.742 2	0.745 4	0.748 6	0.751 7	0.754 9
0.7	0.758 0	0.761 1	0.764 2	0.767 3	0.770 3	0.773 4	0.776 4	0.779 4	0.782 3	0.758 2
0.8	0.788 1	0.791 0	0.793 9	0.796 7	0.799 5	0.802 3	0.805 1	0.807 8	0.810 6	0.813 3
0.9	0.815 9	0.818 6	0.821 2	0.823 8	0.826 4	0.828 9	0.831 5	0.834 0	0.836 5	0.838 9
1.0	0.841 3	0.843 8	0.846 1	0.848 5	0.850 8	0.853 1	0.855 4	0.857 7	0.859 9	0.862 1
1.1	0.864 3	0.866 5	0.868 6	0.870 8	0.872 9	0.874 9	0.877 0	0.879 0	0.881 0	0.883 0
1.2	0.884 9	0.886 9	0.888 8	0.890 7	0.892 5	0.894 4	0.896 2	0.898 0	0.899 7	0.901 5
1.3	0.903 2	0.904 9	0.906 6	0.908 2	0.909 9	0.911 5	0.913 1	0.914 7	0.916 2	0.917 7
1.4	0.919 2	0.920 7	0.922 2	0.923 6	0.925 1	0.926 5	0.927 8	0.929 2	0.930 6	0.931 9
1.5	0.933 2	0.934 5	0.935 7	0.937 0	0.938 2	0.939 4	0.940 6	0.941 8	0.943 0	0.944 1
1.6	0.945 2	0.946 3	0.947 4	0.948 4	0.949 5	0.950 5	0.951 5	0.952 5	0.953 5	0.954 5
1.7	0.955 4	0.956 4	0.957 3	0.958 2	0.959 1	0.959 9	0.960 8	0.961 6	0.962 5	0.963 3
1.8	0.964 1	0.964 8	0.965 6	0.966 4	0.967 1	0.967 8	0.968 6	0.969 3	0.970 0	0.970 6
1.9	0.971 3	0.971 9	0.972 6	0.973 2	0.973 8	0.974 4	0.975 0	0.975 6	0.976 2	0.976 7
2.0	0.977 2	0.977 8	0.978 3	0.978 8	0.979 3	0.979 8	0.980 3	0.980 8	0.981 2	0.981 7
2.1	0.982 1	0.982 6	0.983 0	0.983 4	0.983 8	0.984 2	0.984 6	0.985 0	0.985 4	0.985 7
2.2	0.986 1	0.986 4	0.986 8	0.987 1	0.987 4	0.987 8	0.988 1	0.988 4	0.988 7	0.989 0
2.3	0.989 3	0.989 6	0.989 8	0.990 1	0.990 4	0.990 6	0.990 9	0.991 1	0.991 3	0.991 6
2.4	0.991 8	0.992 0	0.992 2	0.992 5	0.992 7	0.992 9	0.993 1	0.993 2	0.993 4	0.993 6
2.5	0.993 8	0.994 0	0.994 1	0.994 3	0.994 5	0.994 6	0.994 8	0.994 9	0.995 1	0.995 2
2.6	0.995 3	0.995 5	0.995 6	0.995 7	0.995 9	0.996 0	0.996 1	0.996 2	0.996 3	0.996 4
2.7	0.996 5	0.996 6	0.996 7	0.996 8	0.996 9	0.997 0	0.997 1	0.997 2	0.997 3	0.997 4
2.8	0.997 4	0.997 5	0.997 6	0.997 7	0.997 7	0.997 8	0.997 9	0.997 9	0.998 0	0.998 1
2.9	0.998 1	0.998 2	0.998 2	0.998 3	0.998 4	0.998 4	0.998 5	0.998 5	0.998 6	0.998 6
3.0	0.998 7	0.999 0	0.999 3	0.999 5	0.999 7	0.999 8	0.999 8	0.999 9	0.999 9	1.000 0

附录 D　χ^2分布表

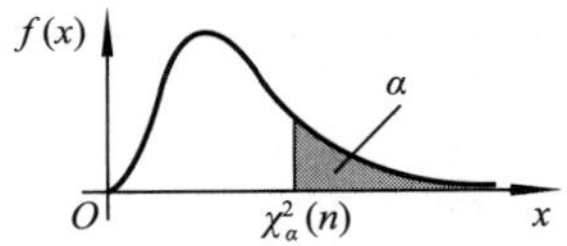

$$P\{\chi^2(n)>\chi^2_\alpha(n)\}=\alpha$$

n	α											
	0.995	0.99	0.975	0.95	0.90	0.75	0.25	0.1	0.05	0.025	0.01	0.005
1	—	—	0.001	0.004	0.016	0.102	1.323	2.706	3.841	5.024	6.635	7.879
2	0.010	0.020	0.051	0.103	0.211	0.575	2.773	4.605	5.991	7.378	9.210	10.597
3	0.072	0.115	0.216	0.352	0.584	1.213	4.108	6.251	7.815	9.348	11.345	12.838
4	0.207	0.297	0.484	0.711	1.064	1.923	5.385	7.779	9.488	11.143	13.277	14.860
5	0.412	0.554	0.831	1.145	1.610	2.675	6.626	9.236	11.070	12.833	15.086	16.750
6	0.676	0.872	1.237	1.635	2.204	3.455	7.841	10.645	12.592	14.449	16.812	18.548
7	0.989	1.239	1.690	2.167	2.833	4.255	9.037	12.017	14.067	16.013	18.475	20.278
8	1.344	1.646	2.180	2.733	3.490	5.071	10.219	13.362	15.507	17.535	20.090	21.955
9	1.735	2.088	2.700	3.325	4.168	5.899	11.389	14.684	16.919	19.023	21.666	23.589
10	2.156	2.558	3.247	3.940	4.865	6.737	12.549	15.987	18.307	20.483	23.209	25.188
11	2.603	3.053	3.816	4.575	5.578	7.584	13.701	17.275	19.675	21.920	24.725	26.757
12	3.074	3.571	4.404	5.226	6.304	8.438	14.845	18.549	21.026	23.337	26.217	28.300
13	3.565	4.107	5.009	5.892	7.042	9.299	15.984	19.812	22.362	24.736	27.688	29.819
14	4.075	4.660	5.629	6.571	7.790	10.165	17.117	21.064	23.685	26.119	29.141	31.319
15	4.601	5.229	6.262	7.261	8.547	11.037	18.245	22.307	24.996	27.488	30.578	32.801
16	5.142	5.812	6.908	7.962	9.312	11.912	19.369	23.542	26.296	28.845	32.000	34.267
17	5.697	6.408	7.564	8.672	10.085	12.792	20.489	24.769	27.587	30.191	33.409	35.718
18	6.265	7.015	8.231	9.390	10.865	13.675	21.605	25.989	28.869	31.526	34.805	37.156
19	6.844	7.633	8.907	10.117	11.651	14.562	22.718	27.204	30.144	32.852	36.191	38.582
20	7.434	8.260	9.591	10.851	12.443	15.452	23.828	28.412	31.410	34.170	37.566	39.997

续表

n	α											
	0.995	0.99	0.975	0.95	0.90	0.75	0.25	0.1	0.05	0.025	0.01	0.005
21	8.034	8.897	10.283	11.591	13.240	16.344	24.935	29.615	32.671	35.479	38.932	41.401
22	8.643	9.542	10.982	12.338	14.041	17.240	26.039	30.813	33.924	36.781	40.289	42.796
23	9.260	10.196	11.689	13.091	14.848	18.137	27.141	32.007	35.172	38.076	41.638	44.181
24	9.886	10.856	12.401	13.848	15.659	19.037	28.241	33.196	36.415	39.364	42.980	45.559
25	10.520	11.524	13.120	14.611	16.473	19.939	29.339	34.382	37.652	40.646	44.314	46.928
26	11.160	12.198	13.844	15.379	17.292	20.843	30.435	35.563	38.885	41.923	45.642	48.290
27	11.808	12.879	14.573	16.151	18.114	21.749	31.528	36.741	40.113	43.195	46.963	49.645
28	12.461	13.565	15.308	16.928	18.939	22.657	32.620	37.916	41.337	44.461	48.278	50.993
29	13.121	14.256	16.047	17.708	19.768	23.567	33.711	39.087	42.557	45.722	49.588	52.336
30	13.787	14.953	16.791	18.493	20.599	24.478	34.800	40.256	43.773	46.979	50.892	53.672
31	14.458	15.655	17.539	19.281	21.434	25.390	35.887	41.422	44.985	48.232	52.191	55.003
32	15.134	16.362	18.291	20.072	22.271	26.304	36.973	42.585	46.194	49.480	53.486	56.328
33	15.815	17.074	19.047	20.867	23.110	27.219	38.058	43.745	47.400	50.725	54.776	57.648
34	16.501	17.789	19.806	21.664	23.952	28.136	39.141	44.903	48.602	51.966	56.061	58.964
35	17.192	18.509	20.569	22.465	24.797	29.054	40.223	46.059	49.802	53.203	57.342	60.275
36	17.887	19.233	21.336	23.269	25.643	29.973	41.304	47.212	50.998	54.437	58.619	61.581
37	18.586	19.960	22.106	24.075	26.492	30.893	42.383	48.363	52.192	55.668	59.893	62.883
38	19.289	20.691	22.878	24.884	27.343	31.815	43.462	49.513	53.384	56.896	61.162	64.181
39	19.996	21.426	23.654	25.695	28.196	32.737	44.539	50.660	54.572	58.120	62.428	65.476
40	20.707	22.164	24.433	26.509	29.051	33.660	45.616	51.805	55.758	59.342	63.691	66.766
41	21.421	22.906	25.215	27.326	29.907	34.585	46.692	52.949	56.942	60.561	64.950	68.053
42	22.138	23.650	25.999	28.144	30.765	35.510	47.766	54.090	58.124	61.777	66.206	69.336
43	22.859	24.398	26.785	28.965	31.625	36.436	48.840	55.230	59.304	62.990	67.459	70.616
44	23.584	25.148	27.575	29.787	32.487	37.363	49.913	56.369	60.481	64.201	68.710	71.893
45	24.311	25.901	28.366	30.612	33.350	38.291	50.985	57.505	61.656	65.410	69.957	73.166

附录 E　t 分布表

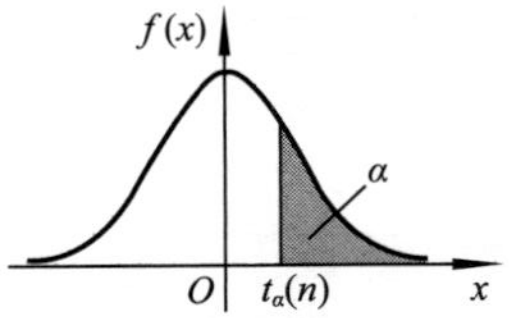

$$P\{t(n)>t_{\alpha}(n)\}=\alpha$$

n	α						
	0.20	0.15	0.10	0.05	0.025	0.01	0.005
1	1.376	1.963	3.077 7	6.313 8	12.70 62	31.82 05	63.65 67
2	1.061	1.386	1.885 6	2.920 0	4.302 7	6.964 6	9.924 8
3	0.978	1.250	1.637 7	2.353 4	3.182 4	4.540 7	5.840 9
4	0.941	1.190	1.533 2	2.131 8	2.776 4	3.746 9	4.604 1
5	0.920	1.156	1.475 9	2.015 0	2.570 6	3.364 9	4.032 1
6	0.906	1.134	1.439 8	1.943 2	2.446 9	3.142 7	3.707 4
7	0.896	1.119	1.414 9	1.894 6	2.364 6	2.998 0	3.499 5
8	0.889	1.108	1.396 8	1.859 5	2.306 0	2.896 5	3.355 4
9	0.883	1.100	1.383 0	1.833 1	2.262 2	2.821 4	3.249 8
10	0.879	1.193	1.372 2	1.812 5	2.228 1	2.763 8	3.169 3
11	0.876	1.088	1.363 4	1.795 9	2.201 0	2.718 1	3.105 8
12	0.873	1.083	1.356 2	1.782 3	2.178 8	2.681 0	3.054 5
13	0.870	1.079	1.350 2	1.770 9	2.160 4	2.650 3	3.012 3
14	0.868	1.076	1.345 0	1.761 3	2.144 8	2.624 5	2.976 8
15	0.866	1.074	1.340 6	1.753 1	2.131 4	2.602 5	2.946 7
16	0.865	1.071	1.336 8	1.745 9	2.119 9	2.583 5	2.920 8
17	0.863	1.069	1.333 4	1.739 6	2.109 8	2.566 9	2.898 2
18	0.862	1.067	1.330 4	1.734 1	2.100 9	2.552 4	2.878 4
19	0.861	1.066	1.327 7	1.729 1	2.093 0	2.539 5	2.860 9
20	0.860	1.064	1.325 3	1.724 7	2.086 0	2.528 0	2.845 3

续表

n	α						
	0.20	0.15	0.10	0.05	0.025	0.01	0.005
21	0.859	1.063	1.323 2	1.720 7	2.079 6	2.517 6	2.831 4
22	0.858	1.061	1.321 2	1.717 1	2.073 9	2.508 3	2.818 8
23	0.858	1.060	1.319 5	1.713 9	2.068 7	2.499 9	2.807 3
24	0.857	1.059	1.317 8	1.710 9	2.063 9	2.492 2	2.796 9
25	0.856	1.058	1.316 3	1.708 1	2.059 5	2.485 1	2.787 4
26	0.856	1.058	1.315 0	1.705 6	2.055 5	2.478 6	2.778 7
27	0.855	1.057	1.313 7	1.703 3	2.051 8	2.472 7	2.770 7
28	0.855	1.056	1.312 5	1.701 1	2.048 4	2.467 1	2.763 3
29	0.854	1.055	1.311 4	1.699 1	2.045 2	2.462 0	2.756 4
30	0.854	1.055	1.310 4	1.697 3	2.042 3	2.457 3	2.750 0
31	0.853 5	1.054 1	1.309 5	1.695 5	2.039 5	2.452 8	2.744 0
32	0.853 1	1.053 6	1.308 6	1.693 9	2.036 9	2.448 7	2.738 5
33	0.852 7	1.053 1	1.307 7	1.692 4	2.034 5	2.444 8	2.733 3
34	0.852 4	1.052 6	1.307 0	1.690 9	2.032 2	2.441 1	2.728 4
35	0.852 1	1.052 1	1.306 2	1.689 6	2.030 1	2.437 7	2.723 8
36	0.851 8	1.051 6	1.305 5	1.688 3	2.028 1	2.434 5	2.719 5
37	0.851 5	1.051 2	1.304 9	1.687 1	2.026 2	2.431 4	2.715 4
38	0.851 2	1.050 8	1.304 2	1.686 0	2.024 4	2.428 6	2.711 6
39	0.851 0	1.050 4	1.303 6	1.684 9	2.022 7	2.425 8	2.707 9
40	0.850 7	1.050 1	1.303 1	1.683 9	2.021 1	2.423 3	2.704 5
41	0.850 5	1.049 8	1.302 5	1.682 9	2.019 5	2.420 8	2.701 2
42	0.850 3	1.049 4	1.302 0	1.682 0	2.018 1	2.418 5	2.698 1
43	0.850 1	1.049 1	1.301 6	1.681 1	2.016 7	2.416 3	2.695 1
44	0.849 9	1.048 8	1.301 1	1.680 2	2.015 4	2.414 1	2.692 3
45	0.849 7	1.048 5	1.300 6	1.679 4	2.014 1	2.412 1	2.689 6

附录 F　F 分布表

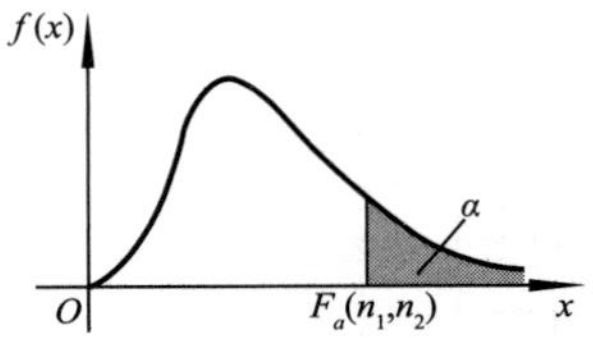

$$P\{F(n_1,n_2)>F_\alpha(n_1,n_2)\}=\alpha$$

$(\alpha=0.10)$

n_2 \ n_1	1	2	3	4	5	6	7	8	9	10	12	15	20	24	30	40	60	120	∞
1	39.86	49.50	53.59	55.83	57.24	58.20	58.91	59.44	59.86	60.19	60.71	61.22	61.74	62.00	62.26	62.53	62.79	63.06	63.33
2	8.53	9.00	9.16	9.24	9.29	9.33	9.35	9.37	9.38	9.39	9.41	9.42	9.44	9.45	9.46	9.47	9.47	9.48	9.49
3	5.54	5.46	5.39	5.34	5.31	5.28	5.27	5.25	5.24	5.23	5.22	5.20	5.18	5.18	5.17	5.16	5.15	5.14	5.13
4	4.54	4.32	4.19	4.11	4.05	4.01	3.98	3.95	3.94	3.92	3.90	3.87	3.84	3.83	3.82	3.80	3.79	3.78	3.76
5	4.06	3.78	3.62	3.52	3.45	3.40	3.37	3.34	3.32	3.30	3.27	3.24	3.21	3.19	3.17	3.16	3.14	3.12	3.10
6	3.78	3.46	3.29	3.18	3.11	3.05	3.01	2.98	2.96	2.94	2.90	2.87	2.84	2.82	2.80	2.78	2.76	2.74	2.72
7	3.59	3.26	3.07	2.96	2.88	2.83	2.78	2.75	2.72	2.70	2.67	2.63	2.59	2.58	2.56	2.54	2.51	2.49	2.47
8	3.46	3.11	2.92	2.81	2.73	2.67	2.62	2.59	2.56	2.54	2.50	2.46	2.42	2.40	2.38	2.36	2.34	2.32	2.29
9	3.36	3.01	2.81	2.69	2.61	2.55	2.51	2.47	2.44	2.42	2.38	2.34	2.30	2.28	2.25	2.23	2.21	2.18	2.16
10	3.29	2.92	2.73	2.61	2.52	2.46	2.41	2.38	2.35	2.32	2.28	2.24	2.20	2.18	2.16	2.13	2.11	2.08	2.06
11	3.23	2.86	2.66	2.54	2.45	2.39	2.34	2.30	2.27	2.25	2.21	2.17	2.12	2.10	2.08	2.05	2.03	2.00	1.97
12	3.18	2.81	2.61	2.48	2.39	2.33	2.28	2.24	2.21	2.19	2.15	2.10	2.06	2.04	2.01	1.99	1.96	1.93	1.90
13	3.14	2.76	2.56	2.43	2.35	2.28	2.23	2.20	2.16	2.14	2.10	2.05	2.01	1.98	1.96	1.93	1.90	1.88	1.85
14	3.10	2.73	2.52	2.39	2.31	2.24	2.19	2.15	2.12	2.10	2.05	2.01	1.96	1.94	1.91	1.89	1.86	1.83	1.80
15	3.07	2.70	2.49	2.36	2.27	2.21	2.16	2.12	2.09	2.06	2.02	1.97	1.92	1.90	1.87	1.85	1.82	1.79	1.76
16	3.05	2.67	2.46	2.33	2.24	2.18	2.13	2.09	2.06	2.03	1.99	1.94	1.89	1.87	1.84	1.81	1.78	1.75	1.72
17	3.03	2.64	2.44	2.31	2.22	2.15	2.10	2.06	2.03	2.00	1.96	1.91	1.86	1.84	1.81	1.78	1.75	1.72	1.69
18	3.01	2.62	2.42	2.29	2.20	2.13	2.08	2.04	2.00	1.98	1.93	1.89	1.84	1.81	1.78	1.75	1.72	1.69	1.66
19	2.99	2.61	2.40	2.27	2.18	2.11	2.06	2.02	1.98	1.96	1.91	1.86	1.81	1.79	1.76	1.73	1.70	1.67	1.63
20	2.97	2.59	2.38	2.25	2.16	2.09	2.04	2.00	1.96	1.94	1.89	1.84	1.79	1.77	1.74	1.71	1.68	1.64	1.61
21	2.96	2.57	2.36	2.23	2.14	2.08	2.02	1.98	1.95	1.92	1.87	1.83	1.78	1.75	1.72	1.69	1.66	1.62	1.59
22	2.95	2.56	2.35	2.22	2.13	2.06	2.01	1.97	1.93	1.90	1.86	1.81	1.76	1.73	1.70	1.67	1.64	1.60	1.57
23	2.94	2.55	2.34	2.21	2.11	2.05	1.99	1.95	1.92	1.89	1.84	1.80	1.74	1.72	1.69	1.66	1.62	1.59	1.55
24	2.93	2.54	2.33	2.19	2.10	2.04	1.98	1.94	1.91	1.88	1.83	1.78	1.73	1.70	1.67	1.64	1.61	1.57	1.53

续表

n_2	n_1=1	2	3	4	5	6	7	8	9	10	12	15	20	24	30	40	60	120	∞
25	2.92	2.53	2.32	2.18	2.09	2.02	1.97	1.93	1.89	1.87	1.82	1.77	1.72	1.69	1.66	1.63	1.59	1.56	1.52
26	2.91	2.52	2.31	2.17	2.08	2.01	1.96	1.92	1.88	1.86	1.81	1.76	1.71	1.68	1.65	1.61	1.58	1.54	1.50
27	2.90	2.51	2.30	2.17	2.07	2.00	1.95	1.91	1.87	1.85	1.80	1.75	1.70	1.67	1.64	1.60	1.57	1.53	1.49
28	2.89	2.50	2.29	2.16	2.06	2.00	1.94	1.90	1.87	1.84	1.79	1.74	1.69	1.66	1.63	1.59	1.56	1.52	1.48
29	2.89	2.50	2.28	2.15	2.06	1.99	1.93	1.89	1.86	1.83	1.78	1.73	1.68	1.65	1.62	1.58	1.55	1.51	1.47
30	2.88	2.49	2.28	2.14	2.05	1.98	1.93	1.88	1.85	1.82	1.77	1.72	1.67	1.64	1.61	1.57	1.54	1.50	1.46
40	2.84	2.44	2.23	2.09	2.00	1.93	1.87	1.83	1.79	1.76	1.71	1.66	1.61	1.57	1.54	1.51	1.47	1.42	1.38
60	2.79	2.39	2.18	2.04	1.95	1.87	1.82	1.77	1.74	1.71	1.66	1.60	1.54	1.51	1.48	1.44	1.40	1.35	1.29
120	2.75	2.35	2.13	1.99	1.90	1.82	1.77	1.72	1.68	1.65	1.60	1.55	1.48	1.45	1.41	1.37	1.32	1.26	1.19
∞	2.71	2.30	2.08	1.94	1.85	1.77	1.72	1.67	1.63	1.60	1.55	1.49	1.42	1.38	1.34	1.30	1.24	1.17	1.00

($\alpha=0.05$)

n_2	n_1=1	2	3	4	5	6	7	8	9	10	12	15	20	24	30	40	60	120	∞
1	161.45	199.50	215.71	224.58	230.16	233.99	236.77	238.88	240.54	241.88	243.91	245.95	248.01	249.05	250.10	251.14	252.20	253.25	254.31
2	18.51	19.00	19.16	19.25	19.30	19.33	19.35	19.37	19.38	19.40	19.41	19.43	19.45	19.45	19.46	19.47	19.48	19.49	19.50
3	10.13	9.55	9.28	9.12	9.01	8.94	8.89	8.85	8.81	8.79	8.74	8.70	8.66	8.64	8.62	8.59	8.57	8.55	8.53
4	7.71	6.94	6.59	6.39	6.26	6.16	6.09	6.04	6.00	5.96	5.91	5.86	5.80	5.77	5.75	5.72	5.69	5.66	5.63
5	6.61	5.79	5.41	5.19	5.05	4.95	4.88	4.82	4.77	4.74	4.68	4.62	4.56	4.53	4.50	4.46	4.43	4.40	4.36
6	5.99	5.14	4.76	4.53	4.39	4.28	4.21	4.15	4.10	4.06	4.00	3.94	3.87	3.84	3.81	3.77	3.74	3.70	3.67
7	5.59	4.74	4.35	4.12	3.97	3.87	3.79	3.73	3.68	3.64	3.57	3.51	3.44	3.41	3.38	3.34	3.30	3.27	3.23
8	5.32	4.46	4.07	3.84	3.69	3.58	3.50	3.44	3.39	3.35	3.28	3.22	3.15	3.12	3.08	3.04	3.01	2.97	2.93
9	5.12	4.26	3.86	3.63	3.48	3.37	3.29	3.23	3.18	3.14	3.07	3.01	2.94	2.90	2.86	2.83	2.79	2.75	2.71
10	4.96	4.10	3.71	3.48	3.33	3.22	3.14	3.07	3.02	2.98	2.91	2.85	2.77	2.74	2.70	2.66	2.62	2.58	2.54
11	4.84	3.98	3.59	3.36	3.20	3.09	3.01	2.95	2.90	2.85	2.79	2.72	2.65	2.61	2.57	2.53	2.49	2.45	2.40
12	4.75	3.89	3.49	3.26	3.11	3.00	2.91	2.85	2.80	2.75	2.69	2.62	2.54	2.51	2.47	2.43	2.38	2.34	2.30
13	4.67	3.81	3.41	3.18	3.03	2.92	2.83	2.77	2.71	2.67	2.60	2.53	2.46	2.42	2.38	2.34	2.30	2.25	2.21
14	4.60	3.74	3.34	3.11	2.96	2.85	2.76	2.70	2.65	2.60	2.53	2.46	2.39	2.35	2.31	2.27	2.22	2.18	2.13
15	4.54	3.68	3.29	3.06	2.90	2.79	2.71	2.64	2.59	2.54	2.48	2.40	2.33	2.29	2.25	2.20	2.16	2.11	2.07

续表

n_2	n_1: 1	2	3	4	5	6	7	8	9	10	12	15	20	24	30	40	60	120	∞
16	4.49	3.63	3.24	3.01	2.85	2.74	2.66	2.59	2.54	2.49	2.42	2.35	2.28	2.24	2.19	2.15	2.11	2.06	2.01
17	4.45	3.59	3.20	2.96	2.81	2.70	2.61	2.55	2.49	2.45	2.38	2.31	2.23	2.19	2.15	2.10	2.06	2.01	1.96
18	4.41	3.55	3.16	2.93	2.77	2.66	2.58	2.51	2.46	2.41	2.34	2.27	2.19	2.15	2.11	2.06	2.02	1.97	1.92
19	4.38	3.52	3.13	2.90	2.74	2.63	2.54	2.48	2.42	2.38	2.31	2.23	2.16	2.11	2.07	2.03	1.98	1.93	1.88
20	4.35	3.49	3.10	2.87	2.71	2.60	2.51	2.45	2.39	2.35	2.28	2.20	2.12	2.08	2.04	1.99	1.95	1.90	1.84
21	4.32	3.47	3.07	2.84	2.68	2.57	2.49	2.42	2.37	2.32	2.25	2.18	2.10	2.05	2.01	1.96	1.92	1.87	1.81
22	4.30	3.44	3.05	2.82	2.66	2.55	2.46	2.40	2.34	2.30	2.23	2.15	2.07	2.03	1.98	1.94	1.89	1.84	1.78
23	4.28	3.42	3.03	2.80	2.64	2.53	2.44	2.37	2.32	2.27	2.20	2.13	2.05	2.01	1.96	1.91	1.86	1.81	1.76
24	4.26	3.40	3.01	2.78	2.62	2.51	2.42	2.36	2.30	2.25	2.18	2.11	2.03	1.98	1.94	1.89	1.84	1.79	1.73
25	4.24	3.39	2.99	2.76	2.60	2.49	2.40	2.34	2.28	2.24	2.16	2.09	2.01	1.96	1.92	1.87	1.82	1.77	1.71
26	4.23	3.37	2.98	2.74	2.59	2.47	2.39	2.32	2.27	2.22	2.15	2.07	1.99	1.95	1.90	1.85	1.80	1.75	1.69
27	4.21	3.35	2.96	2.73	2.57	2.46	2.37	2.31	2.25	2.20	2.13	2.06	1.97	1.93	1.88	1.84	1.79	1.73	1.67
28	4.20	3.34	2.95	2.71	2.56	2.45	2.36	2.29	2.24	2.19	2.12	2.04	1.96	1.91	1.87	1.82	1.77	1.71	1.65
29	4.18	3.33	2.93	2.70	2.55	2.43	2.35	2.28	2.22	2.18	2.10	2.03	1.94	1.90	1.85	1.81	1.75	1.70	1.64
30	4.17	3.32	2.92	2.69	2.53	2.42	2.33	2.27	2.21	2.16	2.09	2.01	1.93	1.89	1.84	1.79	1.74	1.68	1.62
40	4.08	3.23	2.84	2.61	2.45	2.34	2.25	2.18	2.12	2.08	2.00	1.92	1.84	1.79	1.74	1.69	1.64	1.58	1.51
60	4.00	3.15	2.76	2.53	2.37	2.25	2.17	2.10	2.04	1.99	1.92	1.84	1.75	1.70	1.65	1.59	1.53	1.47	1.39
120	3.92	3.07	2.68	2.45	2.29	2.18	2.09	2.02	1.96	1.91	1.83	1.75	1.66	1.61	1.55	1.50	1.43	1.35	1.25
∞	3.84	3.00	2.60	2.37	2.21	2.10	2.01	1.94	1.88	1.83	1.75	1.67	1.57	1.52	1.46	1.39	1.32	1.22	1.00

($\alpha=0.025$)

n_2	n_1=1	2	3	4	5	6	7	8	9	10	12	15	20	24	30	40	60	120	∞
1	647.79	799.50	864.16	899.58	921.85	937.11	948.22	956.66	963.28	968.63	976.71	984.87	993.10	997.25	1 001.41	1 005.60	1 009.80	1 014.02	1 018.26
2	38.51	39.00	39.17	39.25	39.30	39.33	39.36	39.37	39.39	39.40	39.41	39.43	39.45	39.46	39.46	39.47	39.48	39.49	39.50
3	17.44	16.04	15.44	15.10	14.88	14.73	14.62	14.54	14.47	14.42	14.34	14.25	14.17	14.12	14.08	14.04	13.99	13.95	13.90
4	12.22	10.65	9.98	9.60	9.36	9.20	9.07	8.98	8.90	8.84	8.75	8.66	8.56	8.51	8.46	8.41	8.36	8.31	8.26
5	10.01	8.43	7.76	7.39	7.15	6.98	6.85	6.76	6.68	6.62	6.52	6.43	6.33	6.28	6.23	6.18	6.12	6.07	6.02
6	8.81	7.26	6.60	6.23	5.99	5.82	5.70	5.60	5.52	5.46	5.37	5.27	5.17	5.12	5.07	5.01	4.96	4.90	4.85
7	8.07	6.54	5.89	5.52	5.29	5.12	4.99	4.90	4.82	4.76	4.67	4.57	4.47	4.41	4.36	4.31	4.25	4.20	4.14
8	7.57	6.06	5.42	5.05	4.82	4.65	4.53	4.43	4.36	4.30	4.20	4.10	4.00	3.95	3.89	3.84	3.78	3.73	3.67
9	7.21	5.71	5.08	4.72	4.48	4.32	4.20	4.10	4.03	3.96	3.87	3.77	3.67	3.61	3.56	3.51	3.45	3.39	3.33
10	6.94	5.46	4.83	4.47	4.24	4.07	3.95	3.85	3.78	3.72	3.62	3.52	3.42	3.37	3.31	3.26	3.20	3.14	3.08
11	6.72	5.26	4.63	4.28	4.04	3.88	3.76	3.66	3.59	3.53	3.43	3.33	3.23	3.17	3.12	3.06	3.00	2.94	2.88
12	6.55	5.10	4.47	4.12	3.89	3.73	3.61	3.51	3.44	3.37	3.28	3.18	3.07	3.02	2.96	2.91	2.85	2.79	2.72
13	6.41	4.97	4.35	4.00	3.77	3.60	3.48	3.39	3.31	3.25	3.15	3.05	2.95	2.89	2.84	2.78	2.72	2.66	2.60
14	6.30	4.86	4.24	3.89	3.66	3.50	3.38	3.29	3.21	3.15	3.05	2.95	2.84	2.79	2.73	2.67	2.61	2.55	2.49
15	6.20	4.77	4.15	3.80	3.58	3.41	3.29	3.20	3.12	3.06	2.96	2.86	2.76	2.70	2.64	2.59	2.52	2.46	2.40
16	6.12	4.69	4.08	3.73	3.50	3.34	3.22	3.12	3.05	2.99	2.89	2.79	2.68	2.63	2.57	2.51	2.45	2.38	2.32
17	6.04	4.62	4.01	3.66	3.44	3.28	3.16	3.06	2.98	2.92	2.82	2.72	2.62	2.56	2.50	2.44	2.38	2.32	2.25
18	5.98	4.56	3.95	3.61	3.38	3.22	3.10	3.01	2.93	2.87	2.77	2.67	2.56	2.50	2.44	2.38	2.32	2.26	2.19
19	5.92	4.51	3.90	3.56	3.33	3.17	3.05	2.96	2.88	2.82	2.72	2.62	2.51	2.45	2.39	2.33	2.27	2.20	2.13
20	5.87	4.46	3.86	3.51	3.29	3.13	3.01	2.91	2.84	2.77	2.68	2.57	2.46	2.41	2.35	2.29	2.22	2.16	2.09
21	5.83	4.42	3.82	3.48	3.25	3.09	2.97	2.87	2.80	2.73	2.64	2.53	2.42	2.37	2.31	2.25	2.18	2.11	2.04
22	5.79	4.38	3.78	3.44	3.22	3.05	2.93	2.84	2.76	2.70	2.60	2.50	2.39	2.33	2.27	2.21	2.14	2.08	2.00
23	5.75	4.35	3.75	3.41	3.18	3.02	2.90	2.81	2.73	2.67	2.57	2.47	2.36	2.30	2.24	2.18	2.11	2.04	1.97
24	5.72	4.32	3.72	3.38	3.15	2.99	2.87	2.78	2.70	2.64	2.54	2.44	2.33	2.27	2.21	2.15	2.08	2.01	1.94
25	5.69	4.29	3.69	3.35	3.13	2.97	2.85	2.75	2.68	2.61	2.51	2.41	2.30	2.24	2.18	2.12	2.05	1.98	1.91
26	5.66	4.27	3.67	3.33	3.10	2.94	2.82	2.73	2.65	2.59	2.49	2.39	2.28	2.22	2.16	2.09	2.03	1.95	1.88
27	5.63	4.24	3.65	3.31	3.08	2.92	2.80	2.71	2.63	2.57	2.47	2.36	2.25	2.19	2.13	2.07	2.00	1.93	1.85
28	5.61	4.22	3.63	3.29	3.06	2.90	2.78	2.69	2.61	2.55	2.45	2.34	2.23	2.17	2.11	2.05	1.98	1.91	1.83
29	5.59	4.20	3.61	3.27	3.04	2.88	2.76	2.67	2.59	2.53	2.43	2.32	2.21	2.15	2.09	2.03	1.96	1.89	1.81
30	5.57	4.18	3.59	3.25	3.03	2.87	2.75	2.65	2.57	2.51	2.41	2.31	2.20	2.14	2.07	2.01	1.94	1.87	1.79
40	5.42	4.05	3.46	3.13	2.90	2.74	2.62	2.53	2.45	2.39	2.29	2.18	2.07	2.01	1.94	1.88	1.80	1.72	1.64
60	5.29	3.93	3.34	3.01	2.79	2.63	2.51	2.41	2.33	2.27	2.17	2.06	1.94	1.88	1.82	1.74	1.67	1.58	1.48
120	5.15	3.80	3.23	2.89	2.67	2.52	2.39	2.30	2.22	2.16	2.05	1.94	1.82	1.76	1.69	1.61	1.53	1.43	1.31
∞	5.02	3.69	3.12	2.79	2.57	2.41	2.29	2.19	2.11	2.05	1.94	1.83	1.71	1.64	1.57	1.48	1.39	1.27	1.00

(α=0.005)

n_2 \ n_1	1	2	3	4	5	6	7	8	9	10	12	15	20	24	30	40	60	120	∞
1	16 211	20 000	21 615	22 500	23 056	23 437	23 715	23 925	24 091	24 224	24 426	24 630	24 836	24 940	25 044	25 148	35 253	25 359	25 465
2	198.5	199.0	199.2	199.2	199.3	199.3	199.4	199.4	199.4	199.4	199.4	199.4	199.4	199.5	199.5	199.5	199.5	199.5	199.5
3	55.55	49.80	47.47	46.19	45.39	44.84	44.43	44.13	43.88	43.69	43.39	43.08	42.78	42.62	42.47	42.31	42.15	41.99	41.83
4	31.33	26.28	24.26	23.15	22.46	21.97	21.62	21.35	21.14	20.97	20.70	20.44	20.17	20.03	19.89	19.75	19.61	19.47	19.32
5	22.78	18.31	16.53	15.56	14.94	14.51	14.20	13.96	13.77	13.62	13.38	13.15	12.90	12.78	12.66	12.53	12.40	12.27	12.14
6	18.63	14.54	12.92	12.03	11.46	11.07	10.79	10.57	10.39	10.25	10.03	9.81	9.59	9.47	9.36	9.24	9.12	9.00	8.88
7	16.24	12.40	10.88	10.05	9.52	9.16	8.89	8.68	8.51	8.38	8.18	7.97	7.75	7.65	7.53	7.42	7.31	7.19	7.08
8	14.69	11.04	9.60	8.81	8.30	7.95	7.69	7.50	7.34	7.21	7.01	6.81	6.61	6.50	6.40	6.29	6.18	6.06	5.95
9	13.61	10.11	8.72	7.96	7.47	7.13	6.88	6.69	6.54	6.42	6.23	6.03	5.83	5.73	5.62	5.52	5.41	5.30	5.19
10	12.83	9.43	8.08	7.34	6.87	6.54	6.30	6.12	5.97	5.85	5.66	5.47	5.27	5.17	5.07	4.97	4.86	4.75	4.64
11	12.23	8.91	7.60	6.88	6.42	6.10	5.86	5.68	5.54	5.42	5.24	5.05	4.86	4.76	4.65	4.55	4.44	4.34	4.23
12	11.75	8.51	7.23	6.52	6.07	5.76	5.52	5.35	5.20	5.09	4.91	4.72	4.53	4.43	4.33	4.23	4.12	4.01	3.90
13	11.37	8.19	6.93	6.23	5.79	5.48	5.25	5.08	4.94	4.82	4.64	4.46	4.27	4.17	4.07	3.97	3.87	3.76	3.65
14	11.06	7.92	6.68	6.00	5.56	5.26	5.03	4.86	4.72	4.60	4.43	4.25	4.06	3.96	3.86	3.76	3.66	3.55	3.44
15	10.80	7.70	6.48	5.80	5.37	5.07	4.85	4.67	4.54	4.42	4.25	4.07	3.88	3.79	3.69	3.58	3.48	3.37	3.26
16	10.58	7.51	6.30	5.64	5.21	4.91	4.69	4.52	4.38	4.27	4.10	3.92	3.73	3.64	3.54	3.44	3.33	3.22	3.11
17	10.38	7.35	6.16	5.50	5.07	4.78	4.56	4.39	4.25	4.14	3.97	3.79	3.61	3.51	3.41	3.31	3.21	3.10	2.98
18	10.22	7.21	6.03	5.37	4.96	4.66	4.44	4.28	4.14	4.03	3.86	3.68	3.50	3.40	3.30	3.20	3.10	2.99	2.87
19	10.07	7.09	5.92	5.27	7.85	4.56	4.34	4.18	4.04	3.93	3.76	3.59	3.40	3.31	3.21	3.11	3.00	2.89	2.78
20	9.94	6.99	5.82	5.17	4.76	4.47	4.26	4.09	3.96	3.85	3.68	3.50	3.32	3.22	3.12	3.02	2.92	2.81	2.69
21	9.83	6.89	5.73	5.09	4.68	4.39	4.18	4.01	3.88	3.77	3.60	3.43	3.24	3.15	3.05	2.95	2.84	2.73	2.61
22	9.73	6.81	5.65	5.02	4.61	4.32	4.11	3.94	3.81	3.70	3.54	3.36	3.18	3.08	2.98	2.88	2.77	2.66	2.55
23	9.63	6.73	5.58	4.95	4.54	4.26	4.05	3.88	3.75	3.64	3.47	3.30	3.12	3.02	2.92	2.82	2.71	2.60	2.48
24	9.55	6.66	5.52	4.89	4.49	4.20	3.99	3.83	3.69	3.59	3.42	3.25	3.06	2.97	2.87	2.77	2.66	2.55	2.43
25	9.48	6.60	5.46	4.84	4.43	4.15	3.94	3.78	3.64	3.54	3.37	3.20	3.01	2.92	2.82	2.72	2.61	2.50	2.38
26	9.41	6.54	5.41	4.79	4.38	4.10	3.89	3.73	3.60	3.49	3.33	3.15	2.97	2.87	2.77	2.67	2.56	2.45	2.33
27	9.34	6.49	5.36	4.74	4.34	4.06	3.85	3.69	3.56	3.45	3.28	3.11	2.93	2.83	2.73	2.63	2.52	2.41	2.29
28	9.28	6.44	5.32	4.70	4.30	4.02	3.81	3.65	3.52	3.41	3.25	3.07	2.89	2.79	2.69	2.59	2.48	2.37	2.25
29	9.23	6.40	5.28	4.66	4.26	3.98	3.77	3.61	3.48	3.38	3.21	3.04	2.86	2.76	2.66	2.56	2.45	2.33	2.21
30	9.18	6.35	5.24	4.62	4.23	3.95	3.74	3.58	3.45	3.34	3.18	3.01	2.82	2.73	2.63	2.52	2.42	2.30	2.18
40	8.83	6.07	4.98	4.37	3.99	3.71	3.51	3.35	3.22	3.12	2.95	2.78	2.60	2.50	2.40	2.30	2.18	2.06	1.93
60	8.49	5.79	4.73	4.14	3.76	3.49	3.29	3.13	3.01	2.90	2.74	2.57	2.39	2.29	2.19	2.08	1.96	1.83	1.69
120	8.18	5.54	4.50	3.92	3.55	3.28	3.09	2.93	2.81	2.71	2.54	2.37	2.19	2.09	1.98	1.87	1.75	1.61	1.43
∞	7.88	5.30	4.28	3.72	3.35	3.09	2.90	2.74	2.62	2.52	2.36	2.19	2.00	1.90	1.79	1.67	1.53	1.36	1.00

($\alpha=0.001$)

n_2	n_1																		
	1	2	3	4	5	6	7	8	9	10	12	15	20	24	30	40	60	120	∞
1	4 052	5 000	5 403	5 625	5 764	5 859	5 928	5 981	6 022	6 056	6 106	6 157	6 209	6 235	6 261	6 287	6 313	6 339	6 366
2	98.50	99.00	99.17	99.25	99.30	99.33	99.36	99.37	99.39	99.40	99.42	99.43	99.45	99.46	99.47	99.47	99.48	99.49	99.50
3	34.12	30.82	29.46	28.71	28.24	27.91	27.67	27.49	27.35	27.23	27.05	26.87	26.69	26.60	26.50	26.41	26.32	26.22	26.13
4	21.20	18.00	16.69	15.98	15.52	15.21	14.98	14.80	14.66	14.55	14.37	14.20	14.02	13.93	13.84	13.75	13.65	13.56	13.46
5	16.26	13.27	12.06	11.39	10.97	10.67	10.46	10.29	10.16	10.05	9.89	9.72	9.55	9.47	9.38	9.29	9.20	9.11	9.02
6	13.75	10.92	9.78	9.15	8.75	8.47	8.26	8.10	7.98	7.87	7.72	7.56	7.40	7.31	7.23	7.14	7.06	6.97	6.88
7	12.25	9.55	8.45	7.85	7.46	7.19	6.99	6.84	6.72	6.62	6.47	6.31	6.16	6.07	5.99	5.91	5.82	5.74	5.65
8	11.26	8.65	7.59	7.01	6.63	6.37	6.18	6.03	5.91	5.81	5.67	5.52	5.36	5.28	5.20	5.12	5.03	4.95	4.86
9	10.56	8.02	6.99	6.42	6.06	5.80	5.61	5.47	5.35	5.26	5.11	4.96	4.81	4.73	4.65	4.57	4.48	4.40	4.31
10	10.04	7.56	6.55	5.99	5.64	5.39	5.20	5.06	4.94	4.85	4.71	4.56	4.41	4.33	4.25	4.17	4.08	4.00	3.91
11	9.65	7.21	6.22	5.67	5.32	5.07	4.89	4.74	4.63	4.54	4.40	4.25	4.10	4.02	3.94	3.86	3.78	3.69	3.60
12	9.33	6.93	5.95	5.41	5.06	4.82	4.64	4.50	4.39	4.30	4.16	4.01	3.86	3.78	3.70	3.62	3.54	3.45	3.36
13	9.07	6.70	5.74	5.21	4.86	4.62	4.44	4.30	4.19	4.10	3.96	3.82	3.66	3.59	3.51	3.43	3.34	3.25	3.17
14	8.86	6.51	5.56	5.04	4.69	4.46	4.28	4.14	4.03	3.94	3.80	3.66	3.51	3.43	3.35	3.27	3.18	3.09	3.00
15	8.68	6.36	5.42	4.89	4.56	4.32	4.14	4.00	3.89	3.80	3.67	3.52	3.37	3.29	3.21	3.13	3.05	2.96	2.87
16	8.53	6.23	5.29	4.77	4.44	4.20	4.03	3.89	3.78	3.69	3.55	3.41	3.26	3.18	3.10	3.02	2.93	2.84	2.75
17	8.40	6.11	5.18	4.67	4.34	4.10	3.93	3.79	3.68	3.59	3.46	3.31	3.16	3.08	3.00	2.92	2.83	2.75	2.65
18	8.29	6.01	5.09	4.58	4.25	4.01	3.84	3.71	3.60	3.51	3.37	3.23	3.08	3.00	2.92	2.84	2.75	2.66	2.57
19	8.18	5.93	5.01	4.50	4.17	3.94	3.77	3.63	3.52	3.43	3.30	3.15	3.00	2.92	2.84	2.76	2.67	2.58	2.49
20	8.10	5.85	4.94	4.43	4.10	3.87	3.70	3.56	3.46	3.37	3.23	3.09	2.94	2.86	2.78	2.69	2.61	2.52	2.42
21	8.02	5.78	4.87	4.37	4.04	3.81	3.64	3.51	3.40	3.31	3.17	3.03	2.88	2.80	2.72	2.64	2.55	2.46	2.36
22	7.95	5.72	4.82	4.31	3.99	3.76	3.59	3.45	3.35	3.26	3.12	2.98	2.83	2.75	2.67	2.58	2.50	2.40	2.31
23	7.88	5.66	4.76	4.26	3.94	3.71	3.54	3.41	3.30	3.21	3.07	2.93	2.78	2.70	2.62	2.54	2.45	2.35	2.26
24	7.82	5.61	4.72	4.22	3.90	3.67	3.50	3.36	3.26	3.17	3.03	2.89	2.74	2.66	2.58	2.49	2.40	2.31	2.21
25	7.77	5.57	4.68	4.18	3.85	3.63	3.46	3.32	3.22	3.13	2.99	2.85	2.70	2.62	2.54	2.45	2.36	2.27	2.17
26	7.72	5.53	4.64	4.14	3.82	3.59	3.42	3.29	3.18	3.09	2.96	2.81	2.66	2.58	2.50	2.42	2.33	2.23	2.13
27	7.68	5.49	4.60	4.11	3.78	3.56	3.39	3.26	3.15	3.06	2.93	2.78	2.63	2.55	2.47	2.38	2.29	2.20	2.10
28	7.64	5.45	4.57	4.07	3.75	3.53	3.36	3.23	3.12	3.03	2.90	2.75	2.60	2.52	2.44	2.35	2.26	2.17	2.06
29	7.60	5.42	4.54	4.04	3.73	3.50	3.33	3.20	3.09	3.00	2.87	2.73	2.57	2.49	2.41	2.33	2.23	2.14	2.03
30	7.56	5.39	4.51	4.02	3.70	3.47	3.30	3.17	3.07	2.98	2.84	2.70	2.55	2.47	2.39	2.30	2.21	2.11	2.01
40	7.31	5.18	4.31	3.83	3.51	3.29	3.12	2.99	2.89	2.80	2.66	2.52	2.37	2.29	2.20	2.11	2.02	1.92	1.80
60	7.08	4.98	4.13	3.65	3.34	3.12	2.95	2.82	2.72	2.63	2.50	2.35	2.20	2.12	2.03	1.94	1.84	1.73	1.60
120	6.85	4.79	3.95	3.48	3.17	2.96	2.79	2.66	2.56	2.47	2.34	2.19	2.03	1.95	1.86	1.76	1.66	1.53	1.38
∞	6.63	4.61	3.78	3.32	3.02	2.80	2.64	2.51	2.41	2.32	2.18	2.04	1.88	1.79	1.70	1.59	1.47	1.32	1.00

附录 G　相关系数临界值表

$$P\{|r|>r_\alpha(n-2)\}=\alpha$$

$n-2$	α				
	0.10	0.05	0.02	0.01	0.001
1	0.987 69	0.996 92	0.999 507	0.999 877	0.999 998 8
2	0.900 00	0.950 00	0.980 00	0.990 00	0.999 00
3	0.805 4	0.878 3	0.934 33	0.958 73	0.991 16
4	0.729 3	0.811 4	0.882 2	0.917 20	0.974 06
5	0.669 4	0.754 5	0.832 9	0.874 5	0.950 74
6	0.621 5	0.706 7	0.788 7	0.834 3	0.924 93
7	0.582 2	0.666 4	0.749 8	0.797 7	0.898 2
8	0.549 4	0.631 9	0.715 5	0.764 6	0.872 1
9	0.521 4	0.602 1	0.685 1	0.734 8	0.847 1
10	0.497 3	0.576 0	0.658 1	0.707 9	0.823 3
11	0.476 2	0.552 9	0.633 9	0.683 5	0.801 0
12	0.457 5	0.532 4	0.612 0	0.661 4	0.780 0
13	0.440 9	0.513 9	0.592 3	0.641 1	0.760 3
14	0.425 9	0.497 3	0.574 2	0.622 6	0.742 0
15	0.412 4	0.482 1	0.557 7	0.605 5	0.724 6
16	0.400 0	0.468 3	0.542 5	0.589 7	0.708 4
17	0.388 7	0.455 5	0.528 5	0.575 1	0.693 2
18	0.378 3	0.443 8	0.515 5	0.561 4	0.678 7
19	0.368 7	0.432 9	0.503 4	0.548 7	0.665 2
20	0.359 8	0.422 7	0.492 1	0.536 8	0.652 4
25	0.323 3	0.380 9	0.445 1	0.486 9	0.597 4
30	0.296 0	0.349 4	0.409 3	0.448 7	0.554 1
35	0.274 6	0.324 6	0.381 0	0.418 2	0.518 9
40	0.257 3	0.304 4	0.357 8	0.393 2	0.489 6
45	0.242 8	0.287 5	0.338 4	0.372 1	0.464 8
50	0.230 6	0.273 2	0.321 8	0.354 1	0.443 3
60	0.210 8	0.250 0	0.294 8	0.324 8	0.407 8
70	0.195 4	0.231 9	0.273 7	0.301 7	0.379 9
80	0.182 9	0.217 2	0.256 5	0.283 0	0.356 8
90	0.172 6	0.205 0	0.242 2	0.267 3	0.337 5
100	0.163 8	0.194 6	0.230 1	0.254 0	0.321 1

附录 H　正态总体参数的置信区间

(置信水平为 $1-\alpha$)

估计对象	条　件	枢轴量及其分布	置信区间
均值 μ	σ^2 已知	$U=\dfrac{\overline{X}-\mu}{\sigma/\sqrt{n}}\sim N(0,1)$	$\left(\overline{X}-\dfrac{\sigma}{\sqrt{n}}u_{\frac{\alpha}{2}},\overline{X}+\dfrac{\sigma}{\sqrt{n}}u_{\frac{\alpha}{2}}\right)$
均值 μ	σ^2 未知	$T=\dfrac{\overline{X}-\mu}{S/\sqrt{n}}\sim t(n-1)$	$\left(\overline{X}-\dfrac{S}{\sqrt{n}}t_{\frac{\alpha}{2}}(n-1),\overline{X}+\dfrac{S}{\sqrt{n}}t_{\frac{\alpha}{2}}(n-1)\right)$
方差 σ^2	μ 已知	$\dfrac{1}{\sigma^2}\sum\limits_{i=1}^{n}(X_i-\mu)^2\sim\chi^2(n)$	$\left(\dfrac{\sum\limits_{i=1}^{n}(X_i-\mu)^2}{\chi^2_{\frac{\alpha}{2}}(n)},\dfrac{\sum\limits_{i=1}^{n}(X_i-\mu)^2}{\chi^2_{1-\frac{\alpha}{2}}(n)}\right)$
方差 σ^2	μ 未知	$\dfrac{(n-1)S^2}{\sigma^2}\sim\chi^2(n-1)$	$\left(\dfrac{(n-1)S^2}{\chi^2_{\frac{\alpha}{2}}(n-1)},\dfrac{(n-1)S^2}{\chi^2_{1-\frac{\alpha}{2}}(n-1)}\right)$
均值差 $\mu_1-\mu_2$	σ_1^2,σ_2^2 均已知	$U=\dfrac{\overline{X}-\overline{Y}-(\mu_1-\mu_2)}{\sqrt{\dfrac{\sigma_1^2}{n_1}+\dfrac{\sigma_2^2}{n_2}}}\sim N(0,1)$	$\left(\overline{X}-\overline{Y}-u_{\frac{\alpha}{2}}\sqrt{\dfrac{\sigma_1^2}{n_1}+\dfrac{\sigma_2^2}{n_2}},\right.$ $\left.\overline{X}-\overline{Y}+u_{\frac{\alpha}{2}}\sqrt{\dfrac{\sigma_1^2}{n_1}+\dfrac{\sigma_2^2}{n_2}}\right)$
均值差 $\mu_1-\mu_2$	$\sigma_1^2=\sigma_2^2=\sigma^2$ 均未知	$T=\dfrac{\overline{X}-\overline{Y}-(\mu_1-\mu_2)}{S_\omega\sqrt{\dfrac{1}{n_1}+\dfrac{1}{n_2}}}\sim t(n_1+n_2-2)$ $S_\omega=\sqrt{\dfrac{(n_1-1)S_1^2+(n_2-1)S_2^2}{n_1+n_2-2}}$	$\left(\overline{X}-\overline{Y}-t_{\frac{\alpha}{2}}(n_1+n_2-2)S_\omega\sqrt{\dfrac{1}{n_1}+\dfrac{1}{n_2}},\right.$ $\left.\overline{X}-\overline{Y}+t_{\frac{\alpha}{2}}(n_1+n_2-2)S_\omega\sqrt{\dfrac{1}{n_1}+\dfrac{1}{n_2}}\right)$
方差比 $\dfrac{\sigma_1^2}{\sigma_2^2}$	μ_1,μ_2 均未知	$\left(\dfrac{\sigma_2}{\sigma_1}\right)^2\dfrac{S_1^2}{S_2^2}\sim F(n_1-1,n_2-1)$	$\left(\dfrac{1}{F_{\frac{\alpha}{2}}(n_1-1,n_2-1)}\cdot\dfrac{S_1^2}{S_2^2},\right.$ $\left.\dfrac{1}{F_{1-\frac{\alpha}{2}}(n_1-1,n_2-1)}\cdot\dfrac{S_1^2}{S_2^2}\right)$

附录 I　正态总体参数的检验法

（显著性水平为 α）

H_0	H_1	条　　件	检　验　统　计　量	拒　　绝　　域
$\mu=\mu_0$	$\mu\neq\mu_0$	方差 σ^2 已知	$U=\dfrac{\overline{X}-\mu_0}{\sigma/\sqrt{n}}$	$\lvert u\rvert\geqslant u_{\frac{\alpha}{2}}$
$\mu\leqslant\mu_0$	$\mu>\mu_0$			$u\geqslant u_\alpha$
$\mu\geqslant\mu_0$	$\mu<\mu_0$			$u\leqslant -u_\alpha$
$\mu=\mu_0$	$\mu\neq\mu_0$	方差 σ^2 未知	$T=\dfrac{\overline{X}-\mu_0}{S/\sqrt{n}}$	$\lvert t\rvert\geqslant t_{\frac{\alpha}{2}}(n-1)$
$\mu\leqslant\mu_0$	$\mu>\mu_0$			$t\geqslant t_\alpha(n-1)$
$\mu\geqslant\mu_0$	$\mu<\mu_0$			$t\leqslant -t_\alpha(n-1)$
$\sigma^2=\sigma_0^2$	$\sigma^2\neq\sigma_0^2$	μ 未知	$\chi^2=\dfrac{(n-1)S^2}{\sigma_0^2}$	$\chi^2\geqslant\chi^2_{\frac{\alpha}{2}}(n-1)$ 或 $\chi^2\leqslant\chi^2_{1-\frac{\alpha}{2}}(n-1)$
$\sigma^2\leqslant\sigma_0^2$	$\sigma^2>\sigma_0^2$			$\chi^2\geqslant\chi^2_\alpha(n-1)$
$\sigma^2\geqslant\sigma_0^2$	$\sigma^2<\sigma_0^2$			$\chi^2\leqslant\chi^2_{1-\alpha}(n-1)$
$\mu_1=\mu_2$	$\mu_1\neq\mu_2$	σ_1^2,σ_2^2 已知	$U=\dfrac{\overline{X}-\overline{Y}}{\sqrt{\dfrac{\sigma_1^2}{n_1}+\dfrac{\sigma_2^2}{n_2}}}$	$\lvert u\rvert\geqslant u_{\frac{\alpha}{2}}$
$\mu_1\leqslant\mu_2$	$\mu_1>\mu_2$			$u\geqslant u_\alpha$
$\mu_1\geqslant\mu_2$	$\mu_1<\mu_2$			$u\leqslant -u_\alpha$
$\mu_1=\mu_2$	$\mu_1\neq\mu_2$	$\sigma_1^2=\sigma_2^2=\sigma^2$ 均未知	$T=\dfrac{\overline{X}-\overline{Y}-(\mu_1-\mu_2)}{S_\omega\sqrt{\dfrac{1}{n_1}+\dfrac{1}{n_2}}}\sim t(n_1+n_2-2)$，$S_\omega=\sqrt{\dfrac{(n_1-1)S_1^2+(n_2-1)S_2^2}{n_1+n_2-2}}$	$\lvert t\rvert\geqslant t_{\frac{\alpha}{2}}(n_1+n_2-2)$
$\mu_1\leqslant\mu_2$	$\mu_1>\mu_2$			$t\geqslant t_\alpha(n_1+n_2-2)$
$\mu_1\geqslant\mu_2$	$\mu_1<\mu_2$			$t\leqslant -t_\alpha(n_1+n_2-2)$
$\sigma_1^2=\sigma_2^2$	$\sigma_1^2\neq\sigma_2^2$	μ_1,μ_2 均未知	$F=\dfrac{S_1^2}{S_2^2}$	$F\geqslant F_{\frac{\alpha}{2}}(n_1-1,n_2-1)$ 或 $F\leqslant F_{1-\frac{\alpha}{2}}(n_1-1,n_2-1)$
$\sigma_1^2\leqslant\sigma_2^2$	$\sigma_1^2>\sigma_2^2$			$F\geqslant F_\alpha(n_1-1,n_2-1)$
$\sigma_1^2\geqslant\sigma_2^2$	$\sigma_1^2<\sigma_2^2$			$F\leqslant F_{1-\alpha}(n_1-1,n_2-1)$

参考文献

[1] 同济大学数学科学学院.概率论与数理统计[M].北京:高等教育出版社,2023.
[2] 房彦兵,魏立力,包振华.概率论与数理统计[M].北京:科学出版社,2023.
[3] 柯忠义,周大镯.概率论与数理统计:方法与应用及 PYTHON 实现[M].北京:北京大学出版社,2023.
[4] 田霞.基于 Python 的概率论与数理统计实验[M].北京:电子工业出版社,2022.
[5] 盛骤,谢式千,潘承毅.概率论与数理统计[M].5 版.北京:高等教育出版社,2020.
[6] 王振友,陈学松,肖存涛.概率论与数理统计及 Python 实现[M].北京:机械工业出版社,2021.
[7] 徐小平.概率论与数理统计应用案例分析[M].北京:科学出版社,2019.
[8] 李昂.机器学习数学基础:概率论与数理统计[M].北京:北京大学出版社,2021.